21世纪高职高专规划教材

生物化学

（第二版）

主　编　宋　瑛
郭立达
李文红

副主编　李扉屏
高秀哲

中国人民大学出版社
·北京·

第二版前言

本书根据教育部有关高职高专教材建设要求，以高等职业教育制药类专业的培养目标、知识结构、能力要求为依据而编写的。

为适应我国制药行业发展的需要，培养技能型人才，本书围绕制药生产、质检类岗位需求和核心业务能力进行课程内容整合，实现“教学做合一”；遵从“理论够新、够用”的基本原则，在跟踪国内外理论最新发展的前提下，保证理论知识的健全、简洁、新鲜和生动。本书在基本理论介绍中注意选取典型案例，为学生指明分析问题的思路，注重训练学生的分析能力，突出学科实践性强的特点，确保教师的知识传授与学生的工作需要紧密结合。

本书通过综合性案例分析、简洁的理论阐述、链接、实验等环节，突出课程的基本要求和人才培养的实用性，使学生能够在全面掌握专业知识的基础上，具有实际操作技能。本次修订依据专业发展与课程建设的最新进展，并融入相关实验教学，使教材更加适用。

本书共十章。第一章为绪论，介绍了生物化学的研究内容、发展史以及生物化学与药学的关系、学习方法；第二章至第四章介绍了蛋白质、核酸化学、酶等组成生物体的大分子的化学组成、分子结构、理化性质及分离纯化方法；第五章介绍了维生素的性质、生理功能；第六章至第九章介绍了生物氧化、糖类、脂类、蛋白质在体内的代谢过程及其调节以及这些代谢过程的生理意义与相互联系；第十章介绍了生化药物的概念、来源、发展概况、工艺与技术以及现代生物制药技术的发展。

本书由河北工业职业技术学院宋瑛、郭立达、李文红担任主编，李扉屏、高秀哲担任副主编，曹津津、胡亚泽参与相关章节的编写。具体分工：李文红编写第一章，宋瑛编写第二章、第四章、第六章、第八章，郭立达编写第三章、第七章，高秀哲编写第五章，李扉屏编写第九章、第十章。全书由宋瑛、郭立达负责整理、统稿。在编写过程中参考了多位专家、学者的著作（参考文献附后），在此表示衷心的感谢！由于编者水平有限，对于书中出现的疏漏、错误及不当之处，恳请广大读者提出宝贵意见。

编者

目　录

第一章　绪论 …… 1
第一节　生物化学的概念和任务 …… 1
第二节　生物化学的发展简史 …… 2
第三节　生物化学与药学 …… 4
第四节　学习方法 …… 5
复习思考题 …… 5
第二章　蛋白质的化学 …… 6
第一节　蛋白质是生命的物质基础 …… 6
第二节　蛋白质的化学组成 …… 7
第三节　肽 …… 10
第四节　蛋白质的分子结构 …… 12
第五节　蛋白质的性质 …… 19
第六节　蛋白质的分离与纯化 …… 23
本章实验 …… 26
复习思考题 …… 29
第三章　核酸化学 …… 32
第一节　核酸的种类、分布与化学组成 …… 33
第二节　核酸的分子结构 …… 37
第三节　核酸的理化性质 …… 45
第四节　核酸的提取、分离和含量测定 …… 48
本章实验 …… 51
复习思考题 …… 52
第四章　酶 …… 55
第一节　概述 …… 55
第二节　酶的结构特点与催化机制 …… 59
第三节　影响酶促反应速度的因素 …… 62

第四节　酶的应用 …… 70
本章实验 …… 74
复习思考题 …… 77
第五章　维生素 …… 81
第一节　概述 …… 81
第二节　脂溶性维生素 …… 83
第三节　水溶性维生素 …… 86
本章实验 …… 90
复习思考题 …… 94
第六章　生物氧化 …… 96
第一节　概述 …… 96
第二节　线粒体氧化体系 …… 98
第三节　非线粒体氧化体系 …… 107
本章实验 …… 109
复习思考题 …… 112
第七章　糖代谢 …… 115
第一节　概述 …… 115
第二节　糖的分解代谢 …… 117
第三节　糖原的合成与分解 …… 128
第四节　糖异生作用 …… 129
第五节　血糖 …… 131
本章实验 …… 134
复习思考题 …… 137
第八章　脂类代谢 …… 141
第一节　脂类的化学 …… 141
第二节　脂肪的代谢 …… 145
第三节　类脂的代谢 …… 152
第四节　血脂及脂类的转运 …… 154
第五节　脂代谢异常 …… 157
本章实验 …… 158
复习思考题 …… 161
第九章　蛋白质分解代谢 …… 164
第一节　蛋白质的营养作用与消化吸收 …… 164
第二节　氨基酸的一般代谢 …… 167
第三节　个别氨基酸代谢 …… 176
第四节　糖、脂肪、氨基酸代谢之间的联系 …… 183
本章实验 …… 185
复习思考题 …… 186

第十章　生化药物 …… 188
第一节　生化药物概述 …… 188
第二节　生化药物的种类 …… 191
第三节　生化制药工艺与技术 …… 197
第四节　生化制药工艺技术的发展 …… 202
本章实验 …… 205
复习思考题 …… 208

参考文献 …… 209

第一章 绪　论

人为什么要吃饭？为什么要吃糖、脂肪、蛋白质和维生素等，这些物质进入体内如何转化？人的生命力是什么，是怎么生成的？生物化学将从化学的角度回答这些“为什么”。

本章重点知识

1. 掌握生物化学的概念、研究内容，使学生对本学科有一定的认识；
2. 了解生物化学的发展史；
3. 明确生物化学在各学科中的地位，激发学生学习热情；
4. 了解生物化学的学习内容和学习方法。

第一节　生物化学的概念和任务

一、生物化学的概念

生物化学（Biochemistry）是生物学与化学交叉而产生的一门边缘学科，是运用化学的理论和方法，从分子水平研究生物体内基本物质的化学组成和生命活动中所发生的化学变化规律的一门学科。简言之，就是研究生命现象本质的科学，又称为生命的化学。

二、生物化学的研究内容

生物化学按其研究内容的不同，分为静态生物化学和动态生物化学。

（一）静态生物化学

组成生物体的化学元素主要有 C、H、O、N、P、S 和 Ca、Mg、Na、K、Cl 等元素，由它们构成生物体内的各种无机物和有机物。无机物主要有无机盐和水，有机物有蛋白质、酶、核酸、糖类、脂类、维生素等生物分子。这些生物分子种类繁多，结构复杂，是一切生命现象的重要物质基础。要研究生命现象，首先要对这类分子的化学组成、结构、理化性质以及结构与功能的关系进行分析，这些研究内容是认识生物体的基础，称为“静态生物化学”。

（二）动态生物化学

生物体的各种基本物质在生命活动过程中，不断地进行着复杂多样而又有规律的化学变化。这些变化过程互相联系、互相制约，对立而又统一，其结果是生物体与外界环境进行有规律的物质交换，这一过程称为新陈代谢。生物体通过新陈代谢为生命活动提供能量，更新体内基本物质的化学组成，这是生命的基本特征。代谢速度的过快或过慢就是病态，代谢停止就是生命的终结。

新陈代谢包括物质代谢和能量代谢，其中物质代谢又包括合成代谢和分解代谢。合成代谢一般是指小分子合成大分子，即利用吸收的外源性营养物质和体内的原有物质，在能量的作用下，合成生物体的自身结构物质和具有生物活性的物质，使生物体得以生长、发育、繁殖、更新、修补，从而保证一个健康的机体，也称为同化作用。分解代谢是指大分子降解为小分子或代谢产物的过程，也称为异化作用。在分解代谢过程中，伴随着能量的释放，释放的能量又可供合成代谢使用，所以物质代谢过程始终贯穿着能量代谢。通过合成代谢，生物体不断地摄取外界营养物质并将其转化为自身物质；通过分解代谢，又将自身的结构物质不断地分解，将其中的代谢废物排出体外。

生物体内的代谢，是生物分子在细胞中分解、合成、转化和能量转移的过程。是通过多种调节因素来完成的。研究物质代谢的体内动态过程以及在代谢过程中能量的转换和代谢调节规律是生物化学的重要研究任务，这些内容称为“动态生物化学”。

第二节　生物化学的发展简史

生物化学在20世纪初才成为一门独立的学科，但它发展很迅速，目前已成为自然科学中发展最快、最引起人们重视的学科之一。

我国古代人民在长期的生活实践中，在生产、医疗和营养等方面积累了丰富的经验。在酶的应用方面，我国早在4 000多年前（夏禹时代）就已发明用粮食造酒，酿酒用的酒母称为“曲”或“媒”（通酶）；公元前12世纪（商周时期）已能制酱、制饴（麦芽糖）和制醋。我国特有的普洱茶是在漫长的茶马古道上由微生物的发酵作用导致而诞生的。这些都属于发酵酿造，是利用生物体内的酶催化相应的化学反应进行饮食加工及制作。

在医药方面，春秋战国时期已知用曲治疗消化道疾病，至今仍沿用，如神曲；在公元4世纪（晋朝）已知用含碘丰富的海带、海藻等治疗瘿病（甲状腺肿），而在欧洲直到公元1170年才有用海藻和海绵的灰分治疗此病的记载。唐朝初年孙思邈已知脚气病是一种食米区的疾病，并用含维生素 B_1 丰富的中草药治疗，另外，他还用含维生素A丰富的猪肝治疗雀目（夜盲症）。

中国古代的生产及医术等对生物化学的发展是有一定贡献的。但是因为历代封建王朝尊经崇儒，视科学为异端，所以近代生物化学的发展，欧洲处于领先地位。

生物化学的发展大体可分为三个阶段：

第一阶段从19世纪末到20世纪初，是静态的描述性阶段，主要进行生物体各种组成成分的分离、纯化、结构测定、合成和理化性质的研究。其中菲舍尔测定了多糖和氨基酸的结构，并指出氨基酸是肽键连接的。1926年萨姆纳（Sumner）制得了脲酶结晶，并证明它是蛋白质。此后四五年间诺思罗普（Northrop）等连续结晶了几种水解蛋白质的酶，指出它们都是蛋白质，确立了酶是蛋白质这一概念。通过对食物的分析和营养成分的研究，发现了一系列维生素并阐明了它们的结构。

第二阶段约在20世纪30年代至50年代，主要特点是研究生物体内物质的变化，即代谢途径，所以称动态生化阶段。突出成就是确定了糖酵解、三羧酸循环以及脂肪分解等重要的分解代谢途径。对呼吸、光合作用以及三磷酸腺苷（ATP）在能量转换中的关键作用有了较深入的认识。而对生物合成途径的认识要晚得多，在20世纪50年代至60年代才阐明了氨基酸、嘌呤、嘧啶及脂肪酸等的生物合成途径。

第三阶段从20世纪50年代到现在，称为分子生物学时代，主要是探索遗传信息的储存、传递和表达。1953年沃森（Watson）和克里克（Crick）创立了DNA的双螺旋结构模型，随后证明了遗传的中心法则，从而开创了分子生物学的新纪元。1973年科恩（Cohen）建立了体外重组DNA方法，标志着生物工程的诞生。

基因工程（Genetic Engineering，GE）也叫DNA重组技术，是按预先设计的蓝图，利用现代分子生物学技术，对遗传物质DNA进行体外重组操作与改造，将一种生物的基因（供体）转移到另外一种生物（受体）中去，从而实现受体生物的定向改造与改良。例如，本来大肠杆菌是无法合成胰岛素的，但是通过基因工程技术，将哺乳动物中能够合成胰岛素的基因结合到大肠杆菌中，大肠杆菌就能合成胰岛素，而且这个性状是可以遗传的。这样，利用大肠杆菌每20分钟就繁殖一代，可以得到丰富的胰岛素，大大降低了胰岛素的价格。

1990—2001年，历时十多年完成的人类基因组计划（Human Genome Project，HGP）绘制完成人类基因组序列图，即发现了所有人类基因并搞清其在染色体上的位置，破译人类全部遗传信息，从根本上阐明了生命活动的遗传学基础，为基因诊断、基因治疗及基因工程药物的开发创造了前提。

现在，基因工程制药已经成为制药行业的生力军，开发成功的很多药物如疫苗、单克隆抗体、基因治疗、白介素、干扰素、生长因子、反义药物和人生长激素等，已广泛用于治疗癌症、肝炎、发育不良和一些遗传病，在很多领域特别是疑难病症上，起到了传统化学药物难以达到的作用。

小链接

生物化学发展中的重大事件

匈牙利科学家阿尔伯特·森特·哲尔吉因发现维生素C，获1937年诺贝尔医学奖。

英国生物化学家克雷布斯发现三羧酸循环，获1953年诺贝尔生理学奖。

1953年沃森、克里克和威尔金斯确定DNA双螺旋结构，获1962年诺贝尔生理、医学奖。

1955年，英国生物化学家桑格尔确定牛胰岛素结构，获1958年诺贝尔化学奖。

1975年，桑格尔和吉尔伯特设计出测定DNA序列的方法，获1980年诺贝尔化学奖。

1997年，史坦利·布鲁希纳因发现一新型的致病因子——感染性蛋白颗粒“prion”（疯牛病），获诺贝尔生理、医学奖。

第三节　生物化学与药学

生物化学与药学的其他学科有着广泛的联系。药理学在很大程度上是以生物化学为基础的，由于大多数药物都通过酶催化反应进行代谢，因此要了解药物在体内如何进入细胞，在细胞内如何代谢转化，并在分子水平上探讨药物作用机制，必须以生物化学知识为基础。药剂学研究药物制剂与药物在体内的吸收、分布、代谢转化和排泄过程的关系，从而阐明药物剂型因素与疗效之间的关系，因此生化代谢与调控理论是药剂学的重要基础；药物化学研究药物的化学性质、合成以及结构与药效的关系，应用生物化学的知识可为新药设计提供依据，以减少新药寻找过程的盲目性，提高寻找新药的效率。

目前在临床上得到广泛使用的许多药物就是利用生物化学的理论或受到相关知识的启发而研制出来的。如长效胰岛素的研制就是利用等电点的知识；许多抗过敏药物、抗溃疡药物和抗菌药物的研制也是建立在生化理论基础上的，如抗过敏药中的 H_1 受体拮抗剂（苯海拉明）、抗溃疡的 H_2 受体拮抗剂（雷尼替丁）和磺胺类抗菌药等。

生物化学对预防医学也很重要。如何供给人体适当的营养，从而增进人体的健康，是生物化学的一个重要问题，适当的营养可预防、治疗疾病。维生素是治疗维生素缺乏症的最有效药物；补充蛋白质可加速外科创伤的愈合。

生物化学在制药工业生产实践中也起着重要作用。生化药物就是运用生物化学理论和技术，把生物体内重要的基本物质用于治疗疾病的一大类药物，在临床应用的已有200多种，包括氨基酸、蛋白质、核酸、酶、维生素和激素等。例如，从动物脑组织提取物中制取脑磷脂、卵磷脂；从胃黏膜及分泌的消化液制备胃蛋白酶、胶原酶等；以人血为原料可生产人血白蛋白、免疫球蛋白等。生化药物因具有药理活性高、毒副作用小、营养价值高等特点而成为制药工业的新门类。

发酵工业是利用微生物的菌体或代谢产物以制备化工、医药等方面的产品，同时还可以进一步用人工方法来改变微生物的代谢途径，使其按照人们的需要进行生产，以提高产量或生产新品种。

在农业方面，很多杀虫农药就是根据对害虫体内酶的抑制作用来设计的，如有机磷农药就是胆碱酯酶抑制剂，核苷酸对农作物具有增产作用等，这些都与生物化学有密切关系。

第四节　学习方法

生物化学是一门理论性和实践性都较强的科目，内容复杂、抽象。结合高职特点和学科特点，联系有机化学和生物学的知识，在学习中应重点掌握基本理论、基本技术，应注意前后章节的联系。

本书分为静态生化和动态生化两大部分，两部分之间是互相联系的。物质结构是代谢过程的基础，而在学习物质结构时，往往也涉及部分代谢的内容；学完代谢过程之后，再复习物质结构的知识，将整体内容融会贯通，会有更深刻的理解。

对众多的体内化学反应过程，重点在于理解其存在的意义和各种物质代谢之间的有机联系，不必死记结构式、不必掌握具体步骤。生命是一个有机整体，组成体内的物质既有联系又有区别，在学习时要注意归纳对比，在理解的基础上记忆，在记忆的过程中加深理解。如来源去路可采用图表式归纳，一些相似易混淆的内容采用对比归纳法，经对比、分辨，知识点便容易记住。

生物化学是一门实验性很强的学科，必须重视实验、实训课的学习，掌握生物化学基本实验技术，培养和提高分析问题、解决问题的能力。

复习思考题

1. 简述生物化学的含义。
2. 简述生物化学与药学的关系。

第二章 蛋白质的化学

蛋白质（Protein）主要是由20种基本氨基酸（Amino Acid）组成的含氮大分子物质，并具有复杂的三维结构及一定的生物功能。蛋白质主要由碳、氢、氧、氮等元素组成，是生命的物质基础，其种类和功能繁多。蛋白质的基本结构是由氨基酸残基构成的多肽链，再由一条或一条以上的多肽链按一定的方式组合成具有特定结构的生物活性分子。蛋白质的结构有不同的层次，人们为了认识的方便通常将其分为一级结构和空间结构（包括二级结构、三级结构及四级结构等），且一级结构决定空间结构。当蛋白质的空间结构受到破坏时，会发生变性。蛋白质是两性电解质，能形成稳定的胶体溶液，但在一定的条件下，也会发生沉淀。蛋白质还具有特殊的颜色反应和紫外光吸收特性，在制药工业中常利用这些性质对蛋白质进行分离和纯化。

本章重点知识

1. 了解蛋白质的生物学功能；
2. 掌握蛋白质的元素组成；
3. 了解氨基酸的分类方法，掌握天然氨基酸的基本结构；
4. 掌握肽键、肽链的结构和蛋白质空间结构，理解蛋白质四级结构的表达意义，了解蛋白质结构与功能的关系；
5. 掌握蛋白质的主要理化性质；
6. 了解蛋白质的分离纯化方法。

第一节 蛋白质是生命的物质基础

蛋白质是构成生物体的基本物质。无论是单细胞生物，还是复杂的高等生物，都以蛋白质为主要组成成分，蛋白质是生物体内含量最丰富的有机物，占人体干重的45%。生物体内的蛋白质种类繁多，人体蛋白质初步估计在十万种左右，整个生物界大约有一百多亿种蛋白质。

蛋白质是生物体各种重要生命活动不可缺少的物质。概括起来，蛋白质主要有以下功能：

（1）催化功能。生物体内起催化作用的酶几乎都是由蛋白质构成的。没有酶，生物体内的各种化学反应就无法正常进行。例如，没有淀粉酶，淀粉就不能被分解利用。

（2）结构支持功能。高等动物的毛发、肌腱、韧带、软骨和皮肤等的主要成分都是蛋白质，如胶原蛋白、弹性蛋白、角蛋白等。它们起着维持器官、细胞的正常形态和抵御外界伤害的作用。

（3）运输和储存功能。血红蛋白能随血液循环运送氧气和二氧化碳；血液中的载脂蛋白可运输脂质；肝脏中的铁蛋白可将血液中多余的铁储存起来，供缺铁时使用；肌肉中的肌红蛋白具有储存氧气的功能。

（4）运动功能。肌肉收缩是通过蛋白质实现的。肌肉的松弛与收缩主要是由以肌球蛋白为主要成分的粗丝和以肌动蛋白为主要成分的细丝相互滑动来完成的。

（5）免疫功能。人和动物具有防御疾病和抵抗外界病原侵袭的免疫能力。免疫反应主要是通过蛋白质来实现的。这类蛋白称为抗体或免疫球蛋白，它能高度专一识别和结合相应抗原，即侵入生物体的相应外来物质（异体蛋白质、病毒和细菌等），抵抗其对机体的干扰。

（6）代谢调节功能。在动物体内起着代谢调节作用的激素，大多属于蛋白质或多肽，如胰岛素是调节血糖的一种蛋白质类激素。

（7）信息传递功能。生物体内的信息传递和接受过程也离不开蛋白质。例如，视紫红质参与视觉信息的传递，感受味道需要味觉蛋白。

（8）生长和遗传调控功能。遗传信息的传递和表达都与蛋白质有关，如朊病毒的复制以蛋白为模板。组蛋白和阻遏蛋白通过调节某种蛋白基因的表达来控制机体的生长、发育和分化。

第二节　蛋白质的化学组成

一、蛋白质的元素组成

经元素分析，蛋白质中元素组成主要是碳、氢、氧，还有氮和少量的硫、磷、铁、铜、碘、锌和钼等。这些元素在蛋白质中组成如图 2－1 所示。

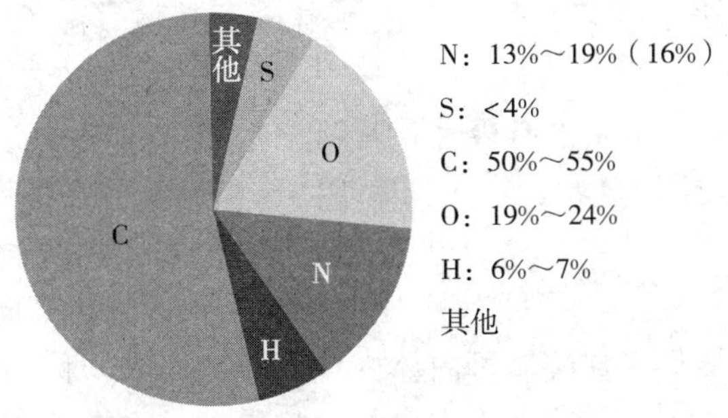

图 2－1　蛋白质的元素组成

不同来源的各种蛋白质的含氮量很接近，平均为 16%。因为动植物组织中含氮物以蛋白质为主，只要测定出含氮量即可得知样品中蛋白质的含量。

$$\frac{\text{蛋白质的含 N 量}}{\text{蛋白质含量}}=\frac{16}{100}$$

$$\text{蛋白质含量}=\text{蛋白质含 N 量}\times\frac{100}{16}=\text{蛋白质含 N 量}\times 6.25$$

二、蛋白质的基本结构单位——氨基酸

蛋白质最终水解产物是氨基酸。其主要水解方法有：酸水解、碱水解和酶水解三种基本方法。也可利用酸酶法、酶酸法、双酶法等多种水解组合方式共同完成蛋白质的水解。蛋白质的水解过程为：蛋白质→胨→多肽→二肽→氨基酸。所以，氨基酸是蛋白质的基本结构单位。

（一）氨基酸的结构

氨基酸是指含有氨基的羧酸，其共同点是与羧基相邻的 α-碳原子上都有一个氨基（脯氨酸除外）。在自然界，氨基酸通过肽键连接形成蛋白质，至今已发现 180 多种。但从天然蛋白质水解获得的氨基酸仅有 20 种，它们被称为天然氨基酸或基本氨基酸，其结构通式如图 2－2 所示。式中，R 基团为 α-氨基酸的侧链，氨基酸之间的不同，主要在于侧链 R 的不同。

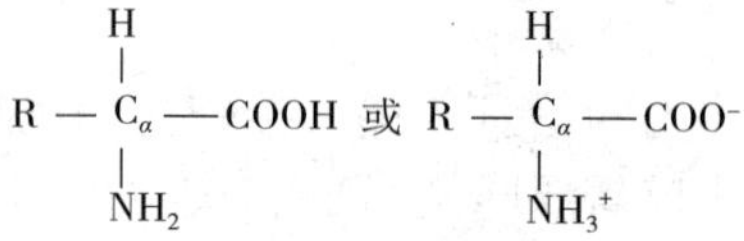

$$R-\overset{\displaystyle H}{\underset{\displaystyle NH_2}{\overset{|}{\underset{|}{C_\alpha}}}}-COOH \quad \text{或} \quad R-\overset{\displaystyle H}{\underset{\displaystyle NH_3^+}{\overset{|}{\underset{|}{C_\alpha}}}}-COO^-$$

图 2－2　α-氨基酸结构通式

在 20 种天然氨基酸中除脯氨酸为 α-亚氨基酸外，所有氨基酸均为 α-氨基酸。除甘氨酸外，其他氨基酸的 α-碳原子（除烷烃外，有机化合物中与其官能团紧挨的碳原子 C_α）均为不对称碳原子，有 D-型和 L-型两种旋光异物体。天然蛋白质中的氨基酸都是 L-型氨基酸，生物体中 D-型氨基酸很少。

氨基酸既有酸性的羧基，又有碱性的氨基，为两性电解质，因此可以发生电泳现象。

（二）氨基酸的分类

根据氨基酸侧链 R 在中性溶液中的解离状态，可分为极性氨基酸和非极性氨基酸两大类。极性氨基酸因为在 pH 6～7 范围内的电离程度不同，有的不带电荷，有的带负电荷或正电荷，所以又分为极性非电离氨基酸、极性电离氨基酸（酸性氨基酸和碱性氨基酸）。具体分类如下：

（1）非极性氨基酸：R 基团没有极性，是疏水基团；

（2）极性氨基酸
- 极性非电离氨基酸：R 基团有极性，但在中性溶液中不电离；
- 极性电离氨基酸
  - 酸性氨基酸：R 基团中含酸性基团；
  - 碱性氨基酸：R 基团中含碱性基团。

人和动物体所需的某些氨基酸，可由体内代谢转变而来，称为非必需氨基酸。而有些氨基酸是体内不能生成的，必须从食物中供给，如果食物中缺乏这些氨基酸，就会影响机体的正常生长和健康，这些氨基酸称为必需氨基酸。成年人的必需氨基酸有赖氨酸、缬氨酸、蛋氨酸、色氨酸、亮氨酸、异亮氨酸、苏氨酸和苯丙氨酸等 8 种，婴幼儿时期能合成

组氨酸和精氨酸，但合成数量不能满足要求，仍需由食物提供。

20 种常见氨基酸的结构和分类列于表 2－1。

表 2－1　构成蛋白质的氨基酸分类

分类	名称	三字母符号	分子结构	等电点
极性非电离氨基酸	甘氨酸	Gly	$H—CH(NH_2)—COOH$	5.97
	酪氨酸	Tyr	$HO—C_6H_4—CH_2—CH(NH_2)—COOH$	5.66
	天冬酰胺	Asn	$H_2N—C(=O)—CH_2—CH(NH_2)—COOH$	5.41
	谷酰胺	Gln	$H_2N—C(=O)—(CH_2)_2—CH(NH_2)—COOH$	5.65
	丝氨酸	Ser	$HO—CH_2—CH(NH_2)—COOH$	5.68
	苏氨酸	Thr	$CH_3—CH(OH)—CH(NH_2)—COOH$	6.16
	半胱氨酸	Cys	$HS—CH_2—CH(NH_2)—COOH$	5.07
非极性氨基酸	蛋氨酸（甲硫氨酸）	Met	$CHs—S—CH_2—CH_2—CH(NH_2)—COOH$	5.74
	丙氨酸	Ala	$CH_3—CH(NH_2)—COOH$	6.00
	脯氨酸	Pro	吡咯烷环（NH）—COOH	6.30
	苯丙氨酸	Phe	$C_6H_5—CH_2—CH(NH_2)—COOH$	5.48
	缬氨酸	Val	$CH_3—CH(CH_3)—CH(NH_2)—COOH$	5.96
	色氨酸	Try	吲哚环（N—N）$—CH_2—CH(NH_2)—COOH$	5.89
	亮氨酸	Leu	$CH_3—CH(CH_3)—CH_2—CH(NH_2)—COOH$	5.98
	异亮氨酸	Ile	$CH_3—CH_2—CH(CH_3)—CH(NH_2)—COOH$	6.02

续表

分类	名称	三字母符号	分子结构	等电点
酸性氨基酸	天冬氨酸	Asp	$HOOC—CH_2—CH(NH_2)—COOH$	2.77
	谷氨酸	Glu	$HOOC—CH_2—CH_2—CH(NH_2)—COOH$	3.22
碱性氨基酸	精氨酸	Arg	$H_2N—C(=NH)—NH—(CH_2)_3—CH(NH_2)—COOH$	10.76
	组氨酸	His	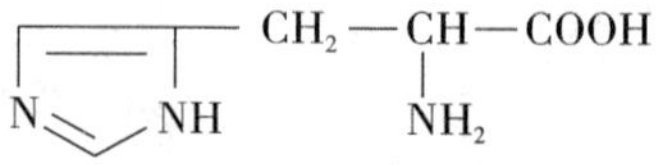 咪唑环（N、NH）$—CH_2—CH(NH_2)—COOH$	7.59
	赖氨酸	Lys	$H_2N—CH_2—(CH_2)_3—CH(NH_2)—COOH$	9.74

第三节　肽

一、肽键

一个氨基酸的α-氨基和另一个氨基酸的α-羧基脱水后形成的键称为肽键，又称酰胺键。在蛋白质分子中氨基酸之间通过肽键连接。肽键属于共价键，是蛋白质和多肽分子中的基本化学键。

例如，由丙氨酸的α-羧基和甘氨酸的α-氨基缩合形成丙氨酰甘氨酸。由于形成肽键时氨基酸脱水导致结构不完整，因此蛋白质分子中氨基酸称为氨基酸残基。

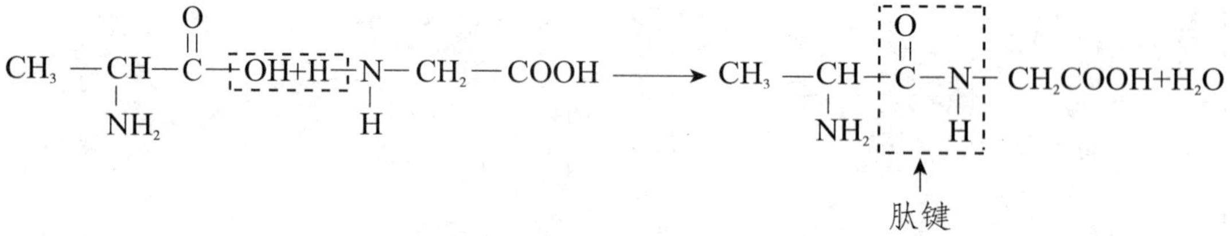

$$CH_3—CH(NH_2)—C(=O)—OH + H—N(H)—CH_2—COOH \longrightarrow CH_3—CH(NH_2)—C(=O)—N(H)—CH_2COOH + H_2O$$

丙氨酸　　甘氨酸　　丙氨酰甘氨酸（二肽）（方框内 $—C(=O)—N(H)—$ 为肽键）

肽键的特点：一是氮原子上的孤对电子与羰基具有明显的共轭作用（见图 2-3），因此肽键虽是单键，但具有部分双键的特点，即有一定刚性难以自由旋转；二是羧基的氧原子和氨基的氢原子处于“反式”位置；三是肽键中 C、O、N、H 与 2 个相邻的α-C 共 6 个原子处在同一个平面上，这个平面被称为肽键平面。而 $C—C_{\alpha1}$ 和 $N—C_{\alpha2}$ 之间的单键可以自由旋转，这样就牵动多肽链形成各种形式的构象，构成蛋白质的三维结构。肽平面是蛋白质构象的基本结构单位，其结构如图 2-4 所示。

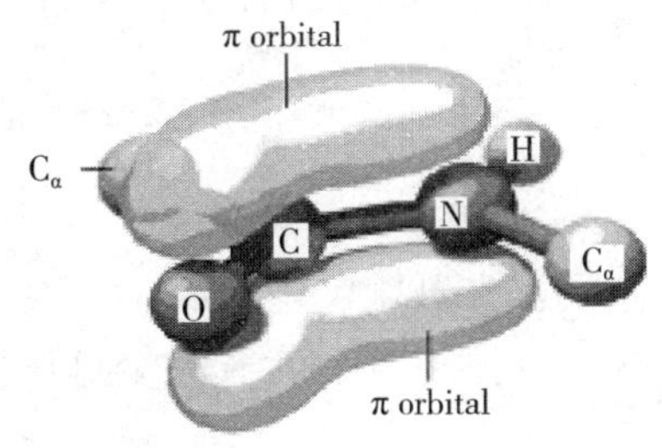

图 2－3　共轭作用

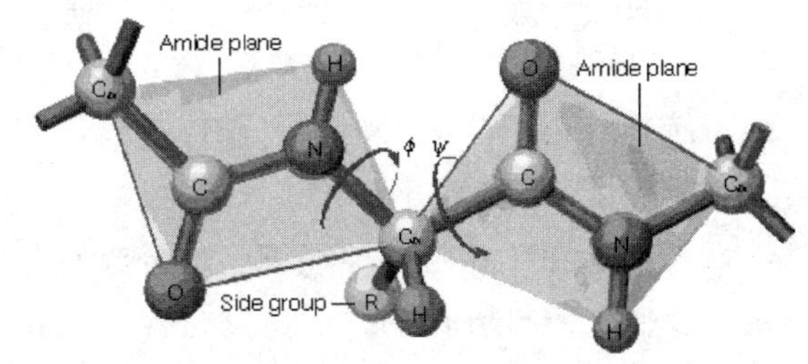

图 2－4　肽键平面

二、肽

氨基酸通过肽键相连而成的化合物称为肽。2 个氨基酸缩合成二肽，二肽分子中有一个自由的 α-氨基和一个自由的 α-羧基，所以还能和第 3 个氨基酸借肽键缩合成三肽。多个氨基酸分子用上述方式相结合，则形成多肽。多肽为链状结构，所以多肽也称多肽链。

下面是一段多肽链的结构。

$$H_2N-\overset{R_1}{\overset{|}{CH}}-\overset{O}{\overset{\|}{C}}-\underset{H}{\underset{|}{N}}-\overset{R_2}{\overset{|}{CH}}-\overset{O}{\overset{\|}{C}}-\overset{H}{\overset{|}{N}}-\overset{R_3}{\overset{|}{CH}}-\overset{O}{\overset{\|}{C}}\cdots\underset{H}{\underset{|}{N}}-\overset{R_n}{\overset{|}{CH}}-COOH$$

N-末端　　　　　　多肽链　　　　　　C-末端

多肽链两端分别含有自由的 α-氨基和 α-羧基，它们分别称为氨基末端（N-末端）和羧基末端（C-末端）。书写时习惯上把 N-末端写在左边，把 C-末端写在右边。多肽链中的肽键连接成的长链骨架一般称为主链，R_1、R_2、R_3…R_n 化学基团从主链伸出，称为侧链。它们常担任重要的生物化学功能。蛋白质就是由几十个到几百个甚至几千个氨基酸借肽键相互连接起的多肽链，像长满了枝叶的葡萄藤一样，包含一条或多条主链和许多侧链。

三、生物活性肽

除了蛋白质部分水解可以产生各种简单的多肽以外，生物体中天然还存在着一类具有活性的肽，称为活性肽，它们在体内一般含量较少，却起着重要的生理作用。

（一）谷胱甘肽

谷胱甘肽是动植物细胞中的一种三肽，因其含有巯基（—SH），故常以 GSH 来表示。结构式如下：

$$\underbrace{H_2N-\overset{COOH}{\overset{|}{CH}}-CH_2-CH_2-\overset{O}{\overset{\|}{C}}}_{\text{r-谷氨酸残基}}-\underbrace{\underset{H}{\underset{|}{N}}-\overset{SH}{\overset{|}{\overset{CH_2}{\overset{|}{CH}}}}-\overset{O}{\overset{\|}{C}}}_{\text{半胱氨酸残基}}-\underbrace{\underset{H}{\underset{|}{N}}-CH_2-COOH}_{\text{甘氨酸残基}}$$

巯基具有还原性。2 个分子谷胱甘肽脱氢以二硫键相连形成氧化型的谷胱甘肽。

2GSH（还原型）→ G-S-S-G（氧化型）

谷胱甘肽是某些酶的辅酶，在体内氧化还原过程中起重要的作用。

（二）催产素和升压素

两者都是在下丘脑的神经细胞中合成的九肽激素。前者使子宫和乳腺平滑肌收缩，具有催产及使乳腺排乳作用；后者则是促进血管平滑肌收缩，从而升高血压，并有减少排尿的作用，所以也称为抗利尿激素。

（三）脑啡肽

脑啡肽是近年来在高等动物脑中发现的比吗啡更有镇痛作用的活性肽，是天然止痛剂，且不会使人上瘾。1975 年年底从猪脑中分离出两种类型脑啡肽，一种的 C-端氨基酸残基为甲硫氨酸称 Met-脑啡肽，另一种的 C-端氨基酸残基为亮氨酸，称 Leu-脑啡肽，它们都是五肽，其结构如下：

甲硫氨酸型（Met-脑啡肽）H-Tyr-Gly-Gly-Phe-Met-OH

亮氨酸型（Leu-脑啡肽）H-Tyr-Gly-Gly-Phe-Leu-OH

由于脑啡肽是高等动物脑组织中原来就有的，如果能合成出来，必然是一类既有镇痛作用而又不会像吗啡那样使病人上瘾的药物，我国中科院上海生化所于 1982 年 5 月利用蛋白质工程技术成功地合成了亮氨酸-脑啡肽。

（四）短杆菌酪肽

由短杆菌产生的一类环状十肽抗生素，能抑制革兰氏阳性菌，从而达到治病的目的。

第四节　蛋白质的分子结构

蛋白质的基本结构是由 20 种氨基酸通过肽键构成的多肽链，再由一条或一条以上的多肽链按一定的方式组合成具有特定结构的生物活性分子。随着氨基酸的组成及排列顺序、肽链数目和空间结构的不同就形成了不同的蛋白质。

根据对不同种类、形状、功能的蛋白质三维结构的研究，已确认蛋白质的结构有不同的层次，人们为了认识的方便通常将其分为一级结构和空间结构（包括二级结构、三级结构及四级结构等）如图 2－5 所示。

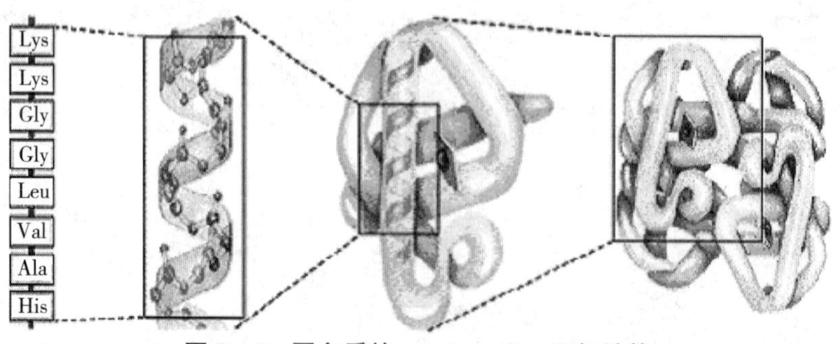

图 2－5　蛋白质的一、二、三、四级结构

一、蛋白质分子中重要的化学键

蛋白质分子中的化学键可分为两大类——共价键与次级键。前者包括肽键与二硫键，后者包括氢键、盐键、疏水键和范德华力等。

（一）共价键

肽键前已叙述，这里主要介绍二硫键。二硫键产生于2个半胱氨酸残基之间，使不同肽链或同一肽链的不同部分连接起来，起了“桥梁”作用。

二硫键是一种共价键，键能比较高则较牢固，在蛋白质分子中起着稳定肽链空间结构的作用。一般在蛋白质分子中二硫键数目越多，则蛋白质的结构就越稳定。生物体内起保护作用的毛、发、皮、角、甲壳等之所以比较坚固，与其组成蛋白质中含二硫键较多有关。当二硫键遭到破坏后，蛋白质的空间结构遭到破坏而使生物活性消失。例如，胰岛素和核糖核酸酶分子中的二硫键遭到破坏后，前者失去降低血糖的功能，后者失去水解核糖核酸的功能。

（二）次级键

这类键的共同特点是键能较低，易受外界因素的影响而遭到破坏。但是，这类键的数量众多，在维持蛋白质空间结构中起着重要的作用。就像一块布中一根根的线一样，自身并不牢固，但编制在一起就成了一块牢固的布。

1. 氢键（ $>C{=}O\cdots\cdots H{-}N<$ ）

氢键主要由肽链中的羰基和亚氨基之间形成的。微带正电荷的 H^+ 与负电性较强的O=结合形成的弱键（键能只及主键的1/10），易受外力影响而破坏，但由于蛋白质分子中可形成大量氢键，故对蛋白质分子结构的稳定性的维持具有重要作用。

2. 盐键（$—NH_3^+—^-OOC—$离子键）

盐键是由一个肽链的氨基酸侧链上的羧基与另一条肽链的氨基酸侧链上的氨基结合而成的化学键，此键在蛋白质分子中数量较少，易受酸、碱的作用而破坏。

3. 疏水键

大部分蛋白质分子中含有30%～50%的具有非极性侧链的氨基酸残基，而且几乎全部集中在分子内部，在水溶液中能避开水相形成疏水区。一些疏水性较强的基团为了避开水相而相互接近的这种趋势称为疏水键。这是一种能量效应，而不是非极性基团间固有的吸引力。疏水键对蛋白质的空间结构尤其是三级结构的稳定起着重要作用。

4. 范德华力

范德华力实质上是分子间的吸引力，原子团相互接近时诱导所致，对稳定蛋白质的空间结构起一定的作用。

二、蛋白质的一级结构

蛋白质一级结构是指多肽链中氨基酸残基的种类和排列顺序。蛋白质的一级结构是蛋白质的基本结构，它决定了蛋白质的空间结构。

一级结构中的化学键主要是肽键，有的含有少量二硫键，共价结合，很稳定。

1953 年，英国生物化学家桑格（Sanger）报道了牛胰岛素（Insulin）的一级结构，这是世界上第一个被确定一级结构的蛋白质。

胰岛素是哺乳动物胰脏中的 β-细胞分泌的一种蛋白质激素，对糖代谢起调节作用。由 A、B 两条链组成，A 链由 21 个氨基酸残基组成，B 链由 30 个氨基酸残基组成。A 链和 B 链之间通过两对二硫键连接起来。另外 A 链本身 6 位和 11 位上的 2 个半胱氨酸通过二硫键相连形成链内小环。胰岛素结构示意如图 2－6 所示。

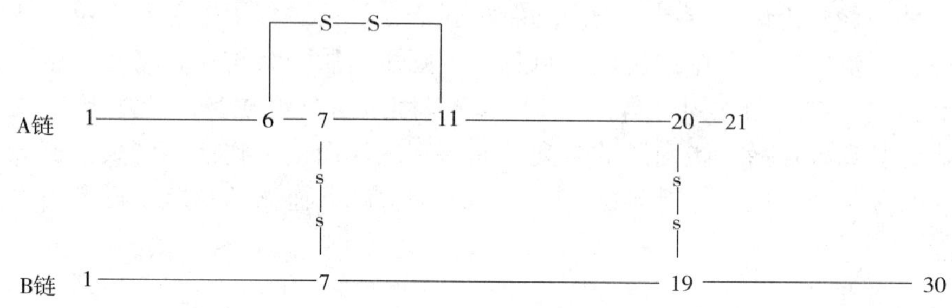

图 2－6 胰岛素结构示意图

三、蛋白质的空间结构

由于蛋白质是个生物大分子，结构比较复杂，蛋白质的多肽链并不是线形伸展的，也不是一条任意无规律的线团，而是按一定方式折叠盘绕成特有的空间结构，蛋白质的空间结构又称为空间构象、三维构象、立体结构和高级结构。蛋白质的空间结构主要研究多肽链的走向及各原子和基团在空间的排列分布，包括二级、三级和四级结构等。

（一）蛋白质的二级结构

多肽链主链沿一定的轴螺旋或折叠所成的空间结构称为蛋白质的二级结构。在二级结构中肽链主链具有重复构象，通过形成链内或链间氢键可以使肽链卷曲折叠形成各种二级结构单元。因此，二级结构有 4 种不同类型，即 α-螺旋、β-折叠、β-转角和无规卷曲。

1. α-螺旋（α-helix structure）

α-螺旋模型是鲍林（Pauling）和柯瑞（Corey）等研究 α-角蛋白时于 1951 年提出的。角蛋白主要存在于皮肤的表皮以及毛发、鳞、羽、甲、蹄、角、丝等。

α-螺旋是多肽主链环绕一个中心轴有规则地一圈一圈盘旋前进形成的螺旋状构象，如图 2－7 所示。α-螺旋结构的特征是：

（1）天然蛋白质分子的 α-螺旋大多数是右手螺旋。

（2）肽链围绕中心轴以螺旋方式上升，每个氨基酸残基在螺旋轴的前进方向各占 0.15 nm，每圈内有 3.6 个氨基酸残基，故每绕一圈约有 0.54 nm。

（3）多肽链上所有羰基上的氧原子与下一层螺旋圈中所有亚氨基的氢原子都以氢键（C=O···H—N）相结合。二级结构中的主要化学键是氢键。

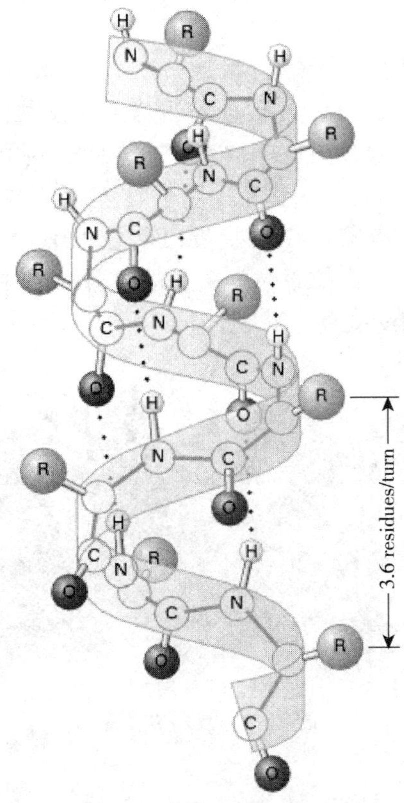

图 2-7　α-螺旋空间结构

(4) R侧链均伸向螺旋外侧，其空间形状、大小和电荷对螺旋的形成和稳定有重要影响。由于脯氨酸的亚氨基少一个氢原子，无法形成氢键，是 α-螺旋的破坏者，肽链中出现脯氨酸就会中断 α-螺旋。此外，侧链带电荷和侧链基团过大的氨基酸不易形成 α-螺旋。

羊毛、头发、皮肤以及指甲中的主要蛋白质 α-角蛋白几乎都是由 α-螺旋组成的纤维蛋白。在 α-角蛋白中，3 或 7 个 α-螺旋可以互相拧在一起，形成三股或七股的螺旋索，彼此以二硫键交联在一起。

小链接

带有许多二硫键的角蛋白

1. 指甲的角蛋白就很硬且不易弯曲，而含较少量二硫键的角蛋白如羊毛就易伸长和弯曲。

2. 烫发实际上是一个生物氧化过程。头发经含有使二硫键还原的试剂处理后，使原来的二硫键打开形成还原性的—SH，再使用使半胱氨酸残基氧化的试剂处理，形成错接的新的二硫键，导致头发弯曲成卷。

2. β-折叠（β-pleated sheet）

多肽链中肽平面有规则地折叠成锯齿状（如图 2－8 所示），肽链几乎是完全伸展的。这种结构一般由两条以上的肽链或一条肽链内的若干肽段共同参与形成，肽链平行排列，通过氢键连接，氢键与链的伸展方向近于垂直，是维持该构象的主要次级键。相邻氨基酸残基上的侧链则上下交替分布。

β-折叠在蚕丝蛋白中含量丰富。在某些蛋白质分子中，α-螺旋与 β-折叠可相互转变。例如，用热水或稀碱洗头或用外力拉直时，头发的角蛋白中的 α-螺旋可转变为 β-折叠。这是由于受热时，α-螺旋中氢键受破坏，肽链伸长。

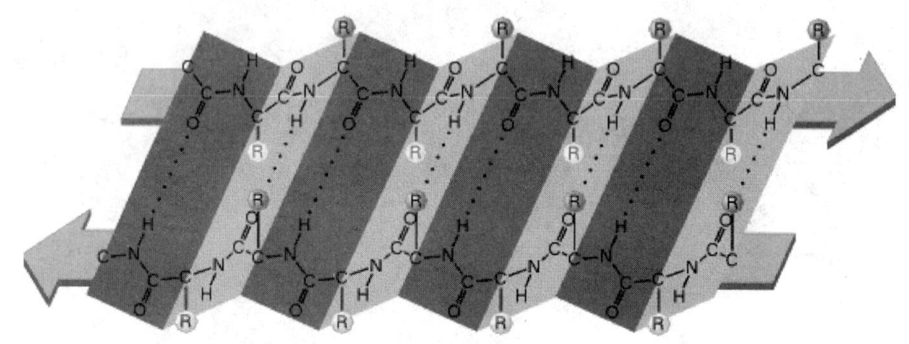

图 2－8　反向 β-折叠

3. β-转角（β-turn）

肽链出现 180°回折的构象，由 4 个连续的氨基酸残基构成。第 1 个氨基酸的 C＝O 与第 4 个残基的—NH—形成氢键，从而使结构稳定。这种结构在球状蛋白中广泛存在，可占全部残基的 1/4。

4. 无规卷曲（random coil）

无规卷曲是指没有一定规律的松散肽链结构。在球状蛋白中含有大量无规卷曲。

许多蛋白质的二级结构并不是单纯的含有一种构象，而是几种并存，只是不同蛋白质中所含的比例不同。

（二）蛋白质的三级结构

蛋白质的三级结构是指多肽链在二级结构的基础上，由于侧链基团相互作用，进一步盘曲折叠形成具有一定规律的构象，包括主链构象和侧链构象（即包括一切原子的空间排布）。

蛋白质的三级结构近似球形，分子中的亲水基团因趋向水而暴露或接近于分子的表面，疏水基团往往避开水相而相对集中在分子内部，形成所谓“亲水表面，疏水核”。

在蛋白质的三级结构中，还包括一个或数个发挥生物学功能的特定区域，称为结构域，它们往往构成酶的活性中心。所以，对于只有一条多肽链构成的蛋白质分子，只要具有三级结构，就能执行其生物功能。

三级结构的稳定性主要由疏水键相互作用维持。在一级结构中离得很远的氨基酸，在疏水作用下可以靠得很近，这是形成三级结构的驱动力之一。此外，氢键、二硫键、盐键和范德华力等相互作用对三级结构的稳定也有一定的作用。

肌红蛋白是哺乳动物肌肉运输氧的蛋白质，海洋哺乳动物的肌肉中含大量肌红蛋白，因而可长时间潜水。肌红蛋白由一条多肽链构成，其三级结构由 α-螺旋和无规卷曲共同构成，整个分子呈球状结构。全链共折叠成 8 段 α-螺旋体，螺旋间和羧基末端是无规卷曲。具有极性基团侧链的氨基酸残基几乎全部分布在分子的表面，与水分子结合，从而使肌红蛋白成为可溶性；而非极性的残基则被埋在分子内部，不与水接触，如图 2－9 所示。

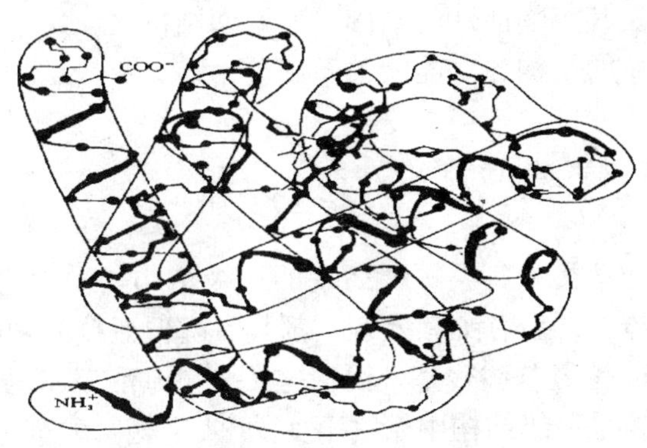

图 2－9　肌红蛋白的三级结构

（三）蛋白质的四级结构

有些蛋白质分子由两条或多条各自具有独立三级结构的多肽链组成，这些多肽链之间以次级键结合而成的空间构象称为蛋白质的四级结构，其中每条具有独立三级结构的多肽链称为亚基或亚单位。若次级键被破坏导致亚基之间分离，则该蛋白质的生物学功能丧失。

蛋白质四级结构的稳定性主要靠亚基间的疏水键相互作用维持。一般能构成四级结构的蛋白质，其非极性氨基酸的量约占 30%，这些多肽链在形成三级结构时，不可能将全部疏水氨基酸侧链藏于分子内，部分疏水氨基酸侧链位于亚基表面。亚基表面的疏水侧链为了避开水相而相互作用形成疏水键，导致亚基的聚合。此外，盐键、氢键、范德华力等次级键也有不同程度的作用。如图 2－10 所示为血红蛋白的四级结构。

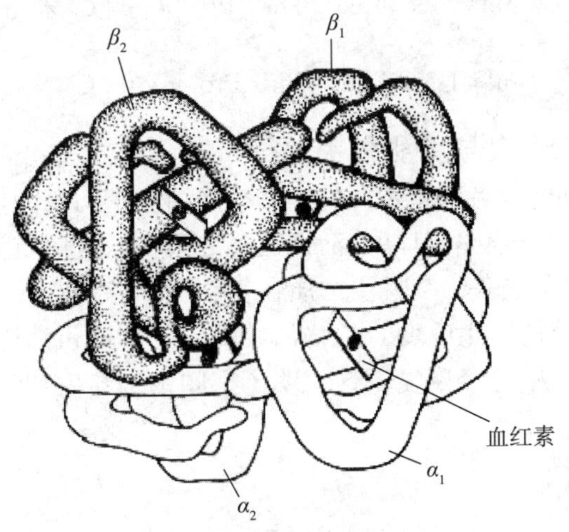

图 2－10　血红蛋白四级结构

注：血红蛋白由 2 条 α-链和 2 条 β-链组成，4 条链折叠卷曲形成三级结构，通过分子表面的部分次级键的结合而联系在一起，形成一个四聚体的功能单位。

四、蛋白质的结构与功能的关系

蛋白质的空间结构是其生物活性的基础，而空间结构又取决于它的一级结构和周围环境的影响，因此，蛋白质的结构与功能的关系十分密切。一级结构或空间结构发生变化常引起蛋白质生理功能的改变。

（一）蛋白质一级结构与功能的关系

1. 种属差异

比较各种哺乳动物、鸟类和鱼类等胰岛素的一级结构，发现它们都是由 51 个氨基酸组成的，其排列顺序大体相同但有细微差别，都具有降低血糖的功能，其差异在 A 链小环的 8、9、10 位和 B 链 30 位氨基酸残基，说明这 4 个氨基酸残基的改变并不影响胰岛素的生物活性。起决定作用的是一级结构中始终不变的 24 个氨基酸部分，为不同种属所共有，这说明特定的氨基酸序列对维持蛋白质生理功能起到重要作用。

2. 分子病

蛋白质分子一级结构的改变有可能引起其生物功能的显著变化，甚至引起疾病，这种现象称为分子病。

在非洲流行一种镰刀形贫血病，患者血红细胞合成了一种不正常的血红蛋白（Hb-S），它与正常血红蛋白（Hb-A）的差别仅仅在于 β-链的 N-末端第 6 位残基发生了变化，Hb-A 第 6 位残基是极性的 Glu，Hb-S 中换成了非极性的 Val。因为 Glu 与 Val 性质差别较大，在生理 pH 条件下，Glu 的 R 基团带负电荷，而 Val 的 R 基团显电中性，使得 Hb-S 分子表面电荷减少，等电点升高，分子发生不正常聚集，致使血红细胞收缩成镰刀形，输氧功能下降，细胞变得很脆弱易发生溶血，引起头晕，胸闷等贫血症状。4 条肽链中仅仅在两条 β-链上各更换了一个残基，生理功能就发生了如此大的变化，结构变化如下：

		1	2	3	4	5	6	
Hb-A	N-末端	Val	His	Leu	Thr	Pro	Glu	C-末端
Hb-S	N-末端	Val	His	Leu	Thr	Pro	Val	C-末端

（二）蛋白质空间结构与功能的关系

蛋白质多种多样的功能与各种蛋白质特定的空间结构密切相关，蛋白质的空间结构是其功能活性的基础，结构发生变化，其功能活性也随之改变。蛋白质变性时，由于其空间结构被破坏，故引起功能活性的丧失。变性蛋白质在复性后，结构复原，活性即能恢复。核糖核酸酶变性后，正常三维结构发生改变，生物活性丧失，用透析法除去变性剂后，生物活性恢复，经实验证实，其构象已经恢复，这说明了空间结构与生物学功能的直接关系。

五、蛋白质的分类

（一）按分子形状分类

（1）球状蛋白。外形近似球体，多溶于水，大都具有活性，如酶、转运蛋白、蛋白激素、抗体等。球状蛋白的长度与直径之比一般小于 10。

（2）纤维状蛋白。外形细长，分子量大，大都是结构蛋白，如胶原蛋白、弹性蛋白、角蛋白等。纤维蛋白按溶解性可分为可溶性纤维蛋白与不溶性纤维蛋白。前者如血液中的纤维蛋白原、肌肉中的肌球蛋白等，后者如胶原蛋白、弹性蛋白、角蛋白等结构蛋白。

（二）按分子组成分类

（1）简单蛋白。完全由氨基酸组成，不含非蛋白成分，如血清蛋白等。根据溶解性的不同，可将简单蛋白分为以下7类：清蛋白、球蛋白、组蛋白、精蛋白、谷蛋白、醇溶蛋白和硬蛋白。

（2）结合蛋白。由蛋白质和非蛋白成分组成，后者称为辅基。根据辅基的不同，可将结合蛋白分为以下7类：核蛋白、脂蛋白、糖蛋白、磷蛋白、血红素蛋白、黄素蛋白和金属蛋白。

第五节　蛋白质的性质

一、蛋白质的两性解离

蛋白质分子中除了α-氨基和α-羧基外，侧链R上的ε-NH_2、β-COOH、γ-羧基、咪唑基、胍基、酚基、巯基等，在一定的pH值条件下可以释放或接受H^+，发生不同程度的酸性或碱性电离。因此，蛋白质是两性电解质。蛋白质带电情况主要取决于溶液pH。随pH变化，蛋白质的解离反应可简示如下：

$$R\langle^{NH_2}_{COO^-} \underset{OH^-}{\overset{H^+}{\rightleftharpoons}} R\langle^{NH_3^+}_{COO^-} \underset{OH^-}{\overset{H^+}{\rightleftharpoons}} R\langle^{NH_3^+}_{COOH}$$

负离子（pH＞pI）　　两性离子（pH＝pI）　　正离子（pH＜pI）

在酸性环境中，蛋白质分子中的负离子与H^+中和成盐而带正电；在碱性环境中正离子与OH^-中和成盐而带负电。因此，通过调节溶液pH，可以使蛋白质所带的正电荷与负电荷恰好相等，分子总电荷为零，即蛋白质分子呈电中性，这时溶液的pH值称为蛋白质的等电点（pI）。

蛋白质分子中所含的碱性基团与酸性基团的数目不相等，决定了各种蛋白质的等电点各异。含碱性氨基酸多的蛋白质，称为碱性蛋白质，其等电点大于7（—NH_2能结合溶液中的H^+，使OH^-增多），如鱼精蛋白含精氨酸较多，其等电点为12.0～12.4；含酸性氨基酸多的蛋白质，称为酸性蛋白质，其等电点小于7。例如，胃蛋白酶含酸性氨基酸残基为37个，而碱性氨基酸残基仅为6个，其等电点为1左右。

蛋白质的等电点理论很有实用意义，举例如下：

（一）等电点沉淀

蛋白质在等电点时，以两性离子的形式存在，其总电荷为零，这时的蛋白质颗粒在溶液中因为没有相同电荷而相互排斥的影响，极易借静电引力迅速结合成较大的聚集体而沉淀析出，所以最不稳定，溶解度最小。

假如有两种蛋白质同时存在于溶液中，而且等电点又相差较大，可以将溶液 pH 值调到其中一种蛋白质的等电点，令其沉淀，借此可以将两种蛋白质分开，达到分离的目的。这是运用等电点沉淀法的基本原理。

（二）电泳法

电泳法也是分离和纯化蛋白质的一种方法。电泳就是带电的颗粒在电场中向电荷相反的电极方向移动。其电泳的速度主要取决于颗粒所带电荷的多少以及分子颗粒的大小。

不同的蛋白质分子量不同，分子颗粒大小也不同。其次，不同的蛋白质等电点不同，所以，在一定 pH 值的缓冲溶液中其所带电荷的数目及性质（正或负）也不相同，因此，在一定的 pH 溶液剂、一定的电场中，不同的蛋白质电泳的速度和方向是不相同的。根据这个原理，混合蛋白质就可以用电泳法使其分离。

二、蛋白质的变性

（一）概念

蛋白质分子由于受物理和化学因素的影响，一级结构不发生变化而空间结构发生改变或被破坏，致使蛋白质的理化性质和生物学功能有所改变或丧失，这种现象称为蛋白质的变性作用。例如，酶失去催化活力，激素丧失活性。

（二）变性因素

变性因素主要有物理因素和化学因素。

（1）物理因素：如加热、紫外线、X 射线、超声波、高压、振动等。

（2）化学因素：如强酸、强碱、尿素、重金属盐、乙醇、丙酮等。

（三）变性的特点

变性蛋白质只有空间构象的破坏，并不涉及肽键的断裂，所以并不导致一级结构的破坏，蛋白质分子量不变。

（四）变性蛋白质的性质

变性蛋白质有如下两种性质：

（1）生物活性丧失，这是蛋白质变性的最重要的特征。例如，酶变性失去催化作用，血红蛋白失去运输氧的功能，胰岛素失去调节血糖的生理功能。

（2）理化性质发生了变化，如溶解度降低，黏度增加，易发生凝集、沉淀，易被蛋白酶水解。因此，蛋白质煮熟食用比生吃容易消化。

（五）蛋白质变性的实践意义

蛋白质变性作用有有利的一面，也有不利的一面。

（1）有利的一面：豆腐就是大豆蛋白质的浓溶液加热加盐而成的变性蛋白质的凝固体。卤水是做豆腐的重要原料，是氯化镁、硫酸镁和氯化钠的混合物，可使豆浆中的蛋白质凝结成胶体，制成豆腐。由于卤水可以使蛋白质凝固成胶体，因此对人体是有毒的，喝卤水是民间自杀的主要方式之一。临床分析化验血清中非蛋白质成分，常常用加三氯醋酸或钨酸使血液中蛋白质变性沉淀而去掉。为鉴定尿中是否含有蛋白质常用加热法来检验。

采用高温消毒的方法，其本质也是使杂菌的菌体蛋白质变性失活，致死杂菌以达到灭菌的目的。

（2）不利的一面：在生物体的生命活动中，有不少现象是与蛋白质的变性作用有关的，如人体衰老和皮肤变粗糙、干燥，都是因为蛋白质逐渐变性，亲水性相应减弱的结果。紫外照射，引起眼睛白内障，主要是由于眼球晶体蛋白质的变性凝固。植物种子放久后蛋白质的亲水性降低而失去发芽能力。

（3）在制备蛋白质制剂时，有时必须尽力避免，有时可加以利用。例如：制备酶制剂与蛋白质类激素，必须尽力防止变性，防止生物活性丧失。又如动物血清的制备。动物血清的主要缺点是抗原性，如果使动物血清局部变性恰到好处，使分子大体未变而抗原性消失，则可能成为十分优良的医用血浆代用品。对中草药制成的注射液，则必须用浓酒精处理，使植物中的蛋白质变性沉淀而完全除去，否则会影响注射剂的澄明度和存在抗原性等缺点。

三、蛋白质的胶体性质

蛋白质分子颗粒直径在 1 nm～100 nm 之间，恰好在胶体粒子的直径范围，所以蛋白质具有胶体性质。又由于蛋白质分子表面有许多极性基团，亲水性极强，易溶于水成为稳定的亲水胶体溶液。

蛋白质亲水胶体的稳定性，主要决定于两个因素：

第一是水化层。蛋白质分子颗粒表面带有很多亲水基，如—NH_2、—COOH、—OH、—SH 等，对水有较强的吸引力，使蛋白质分子表面常为多层水分子所包围，形成一层水化膜，将蛋白质分子互相隔开，从而使蛋白质颗粒均匀地分散在水中，不易聚集沉淀。

第二是表面带同种电荷。蛋白质在偏离等电点的溶液中带同种电荷，同性电荷相斥而阻止蛋白质分子凝聚。

由于水膜和电荷的存在，就把蛋白质颗粒相互隔开，使颗粒之间不会因碰撞而聚成大颗粒，这样蛋白质的溶液比较稳定，不易沉淀。但当调节 pH 到等电点并加脱水剂时，蛋白质颗粒表面会失去电荷和水膜的保护，很容易发生沉淀。

蛋白质分子大，不易透过半透膜。将混有小分子杂质的蛋白质溶液放于羊皮纸、火棉胶、玻璃纸等半透膜制成的囊内，置于流动水或适宜的缓冲液中，小分子杂质易从囊中透出，保留了比较纯化的囊内蛋白质，这种方法称为透析，可用来分离纯化蛋白质。

人体内的细胞膜、线粒体膜、血管壁、腹膜等都是半透膜，蛋白质分子有规律地分布在膜内，能使蛋白质和小分子物质分开，对维持细胞内外的水和电解质平衡具有重要意义。临床上使用的腹膜透析、血液透析就是利用了蛋白质不易透过半透膜的原理。

四、蛋白质的沉淀

蛋白质在溶液中的稳定性是相对的，如果破坏它的水膜或中和它的电荷，就很容易使其失去稳定而发生沉淀。蛋白质的沉淀反应有很多用途，如蛋白类药物的制备、灭菌技术、生物样品分析等。在利用蛋白质沉淀反应时，应根据不同要求采取不同的方法，现介绍几种常用方法。

（一）盐析法

在蛋白质溶液中加入大量的中性盐以破坏蛋白质的胶体稳定性而使其析出，这种方法称为盐析。常用 $(NH_4)_2SO_4$、Na_2SO_4、$MgSO_4$ 等中性盐。盐析法沉淀蛋白质是可逆的，沉淀物可溶于水，经透析除去盐后，所得蛋白质的性质与天然蛋白质性质一样，这是制备酶、激素等蛋白质药物常用的方法。

（二）有机溶剂沉淀法

甲醇、乙醇、丙酮等有机溶剂是良好的蛋白质沉淀剂，因其与水的亲和力比蛋白质强，故能迅速而有效地破坏蛋白质胶体的水膜，从而使蛋白质溶液的稳定性大大降低。但一般都要与等电点法配合，即 pH 调至等电点，然后再加有机溶剂破坏水膜，则蛋白质沉淀效果更好。此反应常用于蛋白质类药物制备。

常温条件下，有机溶剂沉淀蛋白质或有机溶剂长时间作用于蛋白质会引起蛋白质变性。低温条件可以减慢蛋白质变性的速度，所以操作时需要注意低温操作、快速进行。医用酒精消毒就是利用变性的原理杀灭细菌的。

（三）加热沉淀法

加热可使蛋白质变性沉淀。如鸡蛋在水中煮沸则凝固；加热灭菌使细菌菌体蛋白变性凝固，失去生活能力，就是根据这个原理。

若与等电点结合，则沉淀更易析出。对各种动物的乳汁中的蛋白质来说，新鲜的牛、羊奶加热煮沸时，其中的蛋白质并不沉淀，如放置时间过久，受微生物的作用使乳中的糖变成了有机酸，使乳汁酸度增加，达到了乳中蛋白质的等电点时，则一经加热就很快形成块状沉淀，人们把这种现象叫作奶酸败。

（四）重金属盐沉淀法

当溶液 pH 值大于等电点时，蛋白质颗粒带负电荷，可与重金属离子（Mg^{2+}、Pb^{2+}、Cu^{2+}、Ag^{+}等）结成不溶性盐而沉淀。

临床上抢救误服重金属盐的患者时，可迅速服用大量富含蛋白质的牛乳或鸡蛋清，服入的蛋白质与重金属盐在胃中形成不溶的变性蛋白质，这样可以停止有毒的金属盐离子被机体吸收而中毒。

（五）生物碱试剂沉淀法

单宁酸、苦味酸、磷钨酸、磷钼酸、三氯醋酸等能使生物碱沉淀，亦是蛋白质的沉淀剂。在 pH 值小于等电点的溶液中，蛋白质带正电荷基团与这些酸的带负电荷基团结合而发生不可逆沉淀反应。

在临床检验和生化检验工作中，常用此类试剂去除血液中有干扰的蛋白质，制备无蛋白血滤液，还可用于尿中蛋白质的检验。

柿石症：空腹吃柿子后，柿子中的单宁酸可使肠胃中的蛋白质变性而成为不被消化的“结石”。

五、蛋白质的颜色反应

蛋白质的存在可由一系列的颜色反应检查出来。这些颜色反应是由蛋白质中的氨基酸或一些基团以及肽键等与一定的试剂反应而引起的，可用来检测样品蛋白质的性质或数量。但这些颜色反应不一定是蛋白质的特异反应，所以在利用这些反应鉴定蛋白质时必须结合其他性质。

（一）茚三酮反应

蛋白质溶液在 pH 5～7，与茚三酮丙酮共热煮沸产生蓝紫色。由 α-氨基和 α-羧基共同参与，所有的 α-氨基酸都可发生此反应。此反应可用于蛋白质的定性与定量。

（二）双缩脲反应

蛋白质溶液与碱性硫酸铜溶液形成紫红色络合物。这是蛋白质分子中肽键的反应，肽键越多颜色越红。此反应可用于蛋白质的定性与定量。双缩脲是两分子尿素脱氨缩合的产物。

（三）酚试剂反应

蛋白质中的酪氨酸、色氨酸在碱性条件下能与含有磷钨酸-磷钼酸的酚试剂产生蓝色物质。

六、蛋白质的紫外吸收性质

蛋白质分子中，酪氨酸、苯丙氨酸和色氨酸残基的苯环含有共轭双键，使蛋白质具有吸收紫外光的性质。大多数蛋白质在波长 280 nm 附近有一个最高吸收峰，故紫外测定蛋白质含量时，选用的波长为 280 nm。

第六节　蛋白质的分离与纯化

酶和某些激素等蛋白质药物一般都由天然原料制备，所以必须先将蛋白质从原料中提取出来，再采用适当的方法进行分离纯化。

一、提取

一般先用适当方法（包括机械粉碎法、化学法和酶解法）将原材料细胞破碎。动物组织可采取搅碎、匀浆法把细胞破碎。微生物的细胞壁非常坚韧，破碎比较困难，必须使细胞壁结构中的共价键破裂，因此，可采用超声波、高压挤压、酶解等物理、化学或机械的方法加以破碎。

根据所分离蛋白质的溶解性，用适当溶剂进行提取。常用的溶剂有水、中性盐溶液、稀酸或稀碱、甘油等较温和的试剂。尽量少用强酸、强碱、高浓度乙醇、丙酮等，以防止蛋白质变性。提取时所用的溶剂量要适当，否则将增加回收产品的困难。在提取过程中，通常要保持低温，因为细胞内有蛋白水解酶，这种酶在组织匀化以后是活化的，能降解要分离的蛋白质。因此，必须保持低温以降低降解酶的作用，一般接近 0 ℃时提取。

二、分离

蛋白质提取液中含有许多不同分子量的蛋白质，可根据拟提取蛋白质的特性和纯度要求，用适当方法使蛋白质分离出来，常用的方法有四种。

（一）以溶解度为依据的方法

1. 盐析法

在蛋白质的提取液中加中性盐 $(NH_4)_2SO_4$，不同性质的蛋白质可通过加入不同浓度的中性盐而分别从溶液中沉淀出来。通常中性盐所带电荷越大，对蛋白质的溶解度影响越大。调节 pH 到蛋白质的等电点则蛋白质沉淀效果更好。

2. 低温有机溶剂沉淀法

用酒精或丙酮沉淀蛋白质，酒精、丙酮能吸水，破坏蛋白质胶粒的水膜而使蛋白质沉淀。但温度高时可引起蛋白质变性，因此整个过程必须维持在接近于冰冻的温度。

3. 等电点法

蛋白质在等电点时溶解度最小，但单独使用效果不好，常配合其他方法使用。

（二）以分子大小和形状为依据的方法

1. 透析法

利用蛋白质大分子对半透膜的不可透过性而与小分子物质分开。

2. 超过滤法

可在 10^{-8}数量级进行选择性分离。一种膜滤法，它以多孔薄膜作为分离介质，依靠薄膜两侧压力差作为推动力来分离溶液中不同分子量的物质。它具有不存在相的转换、不需加热、能量消耗少、操作条件温和、不必添加化学试剂、不损坏热敏药物等优点。

3. 凝胶过滤法

凝胶过滤又叫分子筛层析。它主要是利用蛋白质分子量的差异，通过具有网状结构的分子筛性质的凝胶而被分离。该方法适用于水溶性高分子物质如蛋白质、酶、核酸、激素等的分离纯化。

凝胶过滤所用的材料是不带电荷的具有三维空间的多孔网状结构物质，凝胶的每个颗粒的细微结构如同一个筛子，大分子不能通过网孔进入颗粒内部，因而很快地通过凝胶颗粒之间大孔隙排出凝胶柱；小分子能够进入颗粒内部，而在柱中受阻滞。图 2－11 为凝胶层析的原理图。

当含有分子大小不同的蛋白质混合物通过凝胶柱时，这些物质随溶液的流动而移动，分子量不同的蛋白质分子流速不同。分子量大的蛋白质分子通过凝胶颗粒之间大孔隙排出凝胶柱，流程短，速度快，先流出来；小分子进入颗粒内部再扩散出来，流程长，速度慢，最后流出。

分子筛的概念与普通筛相反，它允许大颗粒通过而保持住小颗粒，因此能使大小不同的蛋白质分子通过凝胶彼此分开。

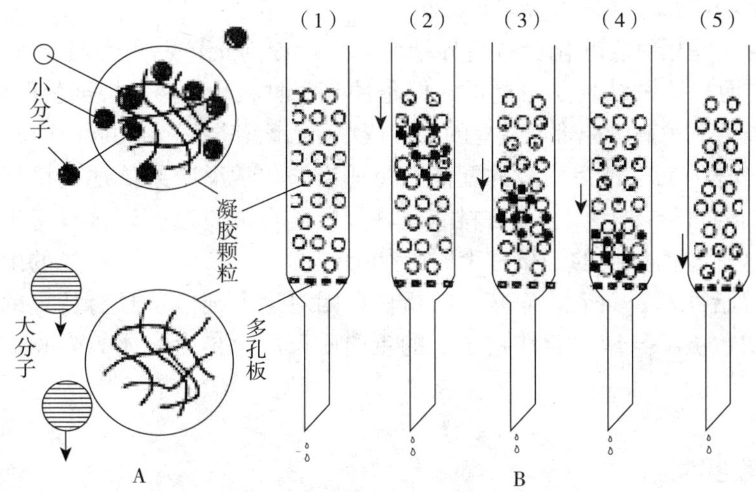

图 2-11　凝胶层析的原理图

（三）以电离性质为依据的方法

1. 电泳法

在一定条件下，不同的蛋白质所带电荷的种类、数目和分子大小的不同，导致电泳速度的差异。

2. 离子交换层析法

离子交换层析是根据在一定 pH 条件下蛋白质所带电荷不同，使用带电荷的离子交换剂吸附不同的蛋白质离子来进行分离的方法，如图 2-12 所示。

交换：离子交换剂分为两部分，一部分是不能移动的多价高分子惰性化合物构成骨架；另一部分是可移动带相反电荷的离子（活性离子），活性离子能与溶液中带相同电荷的离子进行位置交换。

洗脱：蛋白质与离子交换剂的结合是靠相反电荷的静电吸引力，pH 值可决定蛋白质的电离程度，盐类可降低离子交换剂与蛋白质间的静电吸引力，所以常通过改变溶液中盐类离子强度和 pH 值来完成蛋白质混合物的分离，结合力小的蛋白质先被洗脱出来。

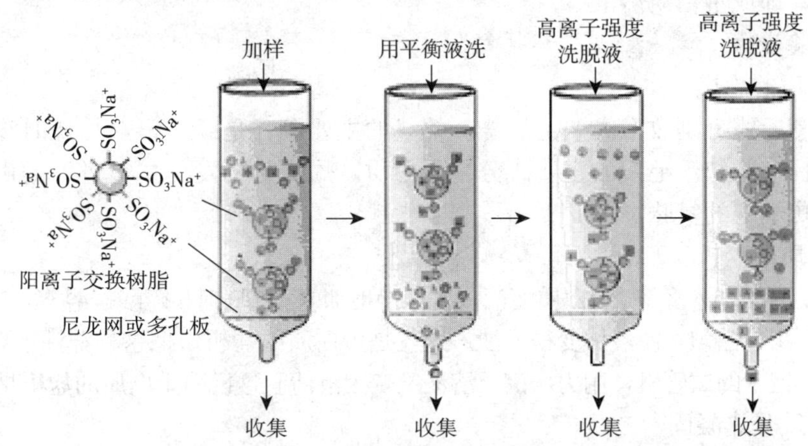

图 2-12　离子交换色谱法分离过程

（四）以配基特异性为依据的方法

蛋白质可与某些相对应的化合物特异结合，如抗原与抗体、酶蛋白与辅酶、酶与底物、激素与受体等，而且这种结合是可逆的，即条件改变时又易解离。根据蛋白质与配体（Ligand）间可逆性结合和解离的原理而建立的层析技术称为亲和层析（Affinity Chromatography）。

步骤：先把提纯的某种蛋白质的配体通过适当的化学反应共价地连接到像琼脂糖一类的多糖颗粒表面的官能团上，这种材料能允许蛋白质自由通过；当含有待提纯的蛋白质的混合样品加到这种多糖材料的层析柱上时，待提纯的蛋白质则与其特异的配体结合，因而吸附在载体（琼脂糖）表面上，而其他的蛋白质因对这个配体不具有特异的结合位点，将通过柱子而流出；被特异地结合在柱子上的蛋白质可用含自由配体的溶液洗脱下来。

本章实验

实验一　蛋白质的性质实验

一、实验目的

以鸡蛋白为例，认识蛋白质的理化性质。

二、材料与试剂

酒精灯、漏斗、滤纸、玻棒、烧杯。

棉线（或棉布）、毛线（或毛料、蚕丝）、饱和硫酸铵（或硫酸钠、氯化钠）溶液、新鲜鸡蛋、氢氧化钠溶液（10%）、浓硝酸（69%）、硫酸铜饱和溶液、醋酸铅溶液、$CuSO_4$溶液（1%）。$BaCl_2$ 溶液（10%）。

三、实验原理

蛋白质的结构非常复杂。在蛋白质的水溶液中，加入浓的无机盐溶液，可使蛋白质从溶液中析出。蛋白质在热、重金属盐等作用下能发生凝固。蛋白质可跟许多试剂发生颜色反应。

四、实验准备

在新鲜鸡蛋两端的蛋壳上各钻一个小洞，把蛋白滤在烧杯里，加适量蒸馏水稀释，用玻璃棒搅和，即成蛋白质溶液。

五、实验步骤

1. 蛋白质的灼烧

把棉线和毛线分别放在火焰上灼烧。棉线的主要成分是纤维素，灼烧时没有气味，最后留下一些白色的灰。毛线的主要成分是蛋白质，灼烧时会发出“嗞嗞”的声音，并卷缩成团，有烧焦羽毛的臭味。

2. 蛋白质的盐析

在一个试管里加入 2 mL 蛋白质溶液，再慢慢地加入 2 mL 饱和硫酸铵溶液，即见有白色絮状的蛋白质析出，摇匀，使液体变得浑浊。这就是蛋白质的盐析。把这种浑浊液转移一部分至另一个盛有蒸馏水的试管里，用力振荡，溶液又变为澄清。这说明蛋白质的盐析是可逆的。

3. 蛋白质受热凝固

在一个试管里，加入 2 mL 蛋白质溶液，加热，可以观察到蛋白质凝成絮状。把絮状沉淀取出一些放在水里，可见它不能再溶解。

4. 重金属盐对蛋白质的凝固作用

取 2 个试管，各加 3 mL～4 mL 蛋白质溶液，分别滴入几滴饱和硫酸铜溶液和醋酸铅溶液，振荡试管。前一个试管里有蓝色沉淀析出，后一个试管里有白色沉淀析出，这是蛋白质跟铜盐和铅盐作用生成难溶于水的化合物，这个反应过程是不可逆的。

5. 蛋白质的显色反应

在试管里加入蛋白质溶液 2 mL（如果用未稀释的鸡蛋白液体更好），加浓硝酸 0.5 mL，振荡，然后在火焰上加热煮沸，溶液和沉淀都变成黄色。冷却后加入过量的氨水或 20%的氢氧化钠溶液，黄色转变成棕黄色。再酸化，又变为黄色。这个反应称为黄蛋白反应。

6. 蛋白质透析

注入盐析后的蛋白溶液 5 mL 于透析袋中，将袋的开口端用线扎紧，然后悬挂在盛有蒸馏水的烧杯中，使其上开口端位于水面之上。经过 20 min 后，自烧杯中取出水样 1 mL 于试管中，滴加 $BaCl_2$，检查是否有 SO_4^{2-} 存在。再自烧杯中取出 1 mL 水于另一试管中进行双缩脲反应，加入 10%氢氧化钠溶液 2 mL，摇匀，再加入 1%硫酸铜溶液两滴，随加随摇。观察是否有紫玫瑰色出现，说明什么？每隔 20 min 更换蒸馏水一次，经过数小时则可观察到透析袋内出现轻微混浊，此即为蛋白沉淀。

六、注意事项

重金属盐沉淀蛋白质是不可逆的，然而由于沉淀被吸附在沉淀粒子上的离子所解吸，结果能溶在过量的沉淀剂中，饱和硫酸铜、醋酸铅溶液等就是如此。

其他实验方法：蛋白质的显色反应也可以把浓硝酸滴在煮熟的鸡蛋白或白色的羽毛上。当浓硝酸不慎落于皮肤、指甲或白色毛绒上，也会发生蛋白质的显色反应。

实验二 氨基酸的纸层析

一、实验目的

学习层析技术的原理，掌握纸层析的具体操作。

二、实验原理

层析法又称色谱法（Chromatography）、色层法或层离法，是利用混合物（样品）中各组分的理化性质（如溶解度、吸附力、分子的形状、大小、极性、分子所带电荷的性质和数量以及分子表面的特殊基团等）不同，而使各组分借以分离的分析方法。

例如一个混合样品含有 A（红色）、B（黄色）两个性质相似的组分及其他杂质，用一般的分离方法不能将其分离，因此无法测定 A 与 B 的含量。如果将此混合样品加至一个填充了 Al_2O_3 吸附剂的玻璃柱中，然后不断地从柱顶加入适当的溶剂，经过一定时间后，发现 A 在柱的下端，B 在柱的中段，其他杂质留在柱的上端，达到了分离的目的，这种分离方法即称为层析法。其中 Al_2O_3 吸附剂称为固定相，溶剂称为流动相，填充了固定相的玻璃柱称为层析柱。

层析法的分离原理是流动相在柱中往下流动时，已被吸附在柱顶端 Al_2O_3 上的 A 与 B 部分解吸溶于流动相中，随着流动相向下移动，当遇到新的吸附颗粒时，已解吸的溶质又有部分被重新吸附在 Al_2O_3 表面上。就这样，随着流动相的不断加入，在层析柱中不断发生着吸附、解吸、再吸附、再解吸。由于A和B在流动相中的溶解度不同，假如A在流动相中的溶解度略大于B，那么A在柱中的往下的移动速度就略大于B。经过多次反复，微小的差异逐渐变大，一定时间后A和B便在柱上形成两条区带，不溶于流动相的其他组分则仍留在柱子的上端。如果不断地加入流动相，就可以将分离后的组分从柱上先后洗脱下来，依次流出柱外。

层析法有三种分类方法：

1. 根据两相所处的状态分类

流动相是液体的称液相层析法（LC），流动相是气体的称气相层析法（GC）。

2. 根据层析的原理分类

可分为吸附层析法、分配层析法、离子交换层析法、凝胶层析法和亲和层析法。

（1）吸附层析法：固定相是固体吸附剂，利用各组分在吸附剂表面吸附能力的差别而分离。

（2）分配层析法：固定相是液体，利用各组分在两相中的分配系数的差别而分离。

（3）离子交换层析法：固定相是离子交换剂，利用各组分对离子交换剂亲和力的不同而进行分离的方法。

（4）凝胶层析法：固定相是一种多孔性凝胶，利用各组分的分子大小不同，在通过凝胶时受阻滞的程度不同而得到分离。凝胶层析法也称分子筛层析法，凝胶起到分子筛的作用，或对分子大小不同的组分起过滤作用，故凝胶层析又可称为凝胶过滤。

（5）亲和层析法：主要是利用各种待分离组分生物学性质不同的一种层析方法，固定相只对一种待分离组分具有亲和力（高度专一性），借以和没有亲和力的其他组分分离。

3. 根据操作形式不同分类

可分为柱层析法、纸层析法、薄层层析法和薄膜层析法。

（1）柱层析法：是将固定相装在柱内，使样品沿一个方向移动而达到分离。

（2）纸层析法：是用滤纸作为液体的载体，点样后用流动相（又称展开剂）展开，使组分达到分离。

（3）薄层层析法：是将适当粒度的固定相均匀涂铺在薄板上，点样后用流动相展开，使组分达到分离。

（4）薄膜层析法：是将适当的高分子有机吸附剂制成薄膜，以类似纸层析的方法进行物质的分离。

三、纸层析法

纸层析法从层析原理来讲属于分配层析，它是以纸作固定相的载体，纸纤维上的羟基具有亲水性，因此滤纸吸附的水作为固定相，而通常把有机溶剂作为流动相。将样品点在滤纸上（此点称为原点），进行展开，样品中的各种溶质（如氨基酸）即在两相的溶剂中不断进行分配。由于它们的分配系数不同，因此不同的溶质随流动相移动的速率不等，于是就将这些溶质分离开来，形成距原点不等的层析点。

溶质在滤纸上的移动速率用R_f值表示：

$$R_f=\frac{\text{原点到层析点中心的距离}}{\text{原点到溶剂前沿的距离}}$$

只要条件（如温度、展开溶剂的组成、滤纸的质量等）不变，R_f值是常数。故可根据R_f值作定性分析。

层析后，各种溶质在滤纸上的位置可用适当的化学或物理方法处理而使其显示出来。对于氨基酸常用茚三酮使之显色。

四、仪器材料与试剂

1. 主要仪器材料

层析缸、电炉、喷雾器、表面皿、毛细管、刻度尺、铅笔、新华 1 号滤纸等。

2. 试剂

（1）0.1%谷氨酸、甘氨酸溶液：分别称取上述 2 种氨基酸各 0.1 g，分别溶于 20 ml 蒸馏水中，测其 pH 值并用 5%KOH 或 HCl 调至中性，然后用 pH7.4　0.01 mol/L 磷酸缓冲液稀释至 100 ml。

$Na_2HPO_4 \cdot 2H_2O$ 分子相对质量＝178.05；　0.01 mol/L 溶液为 1.78 g/L

$Na_2HPO_4 \cdot 12H_2O$ 分子相对质量＝358.22；　0.01 mol/L 溶液为 3.58 g/L

$NaH_2PO_4 \cdot H_2O$ 分子相对质量＝138.01；　0.01 mol/L 溶液为 1.38 g/L

$NaH_2PO_4 \cdot 2H_2O$ 分子相对质量＝156.03；　0.01 mol/L 溶液为 1.56 g/L

PH7.4 时 Na_2HPO_4溶液与 NaH_2PO_4溶液的体积比为 81∶19。

（2）样品：用等量的谷氨酸、甘氨酸溶液混合。

（3）展开剂：正丁醇∶甲酸∶水：15∶3∶2 或 30∶3∶2（V∶V）。

（4）显色剂：0.1～0.25%茚三酮丙酮（或乙醇）溶液。

五、实验步骤

（1）向层析缸中装入展开剂，其深度约为 1.5 cm。

（2）用竹镊子取宽 8 cm，长 18 cm 滤纸一条（手指不可接触纸面），在滤纸条一端 2 cm 处用铅笔画一水平线（原线），在此线上均匀地标出 3 个小点间距 1 cm，并编号（1～3）。

（3）用毛细滴管在各点上依次点上谷氨酸、甘氨酸、亮氨酸。点样直径以 3 mm 为宜。

（4）待干燥后（可用电炉烤干）可重复点样一、两次，再干燥，然后将滤纸放在上述准备好的层析缸内，使画线的一端向下并浸入展开剂约 1 cm 深，注意必须使点样点在液面（展开剂）以上，然后把盖盖紧。

（5）约 40 分钟，当溶剂上升到 10～15 cm 高时，取出滤纸，并用铅笔标出溶剂前沿，把滤纸用电炉烘干。

（6）用喷雾器在滤纸上喷上茚三酮试剂，再用电炉烤干。这时，在滤纸的不同位置便有紫红色的斑点出现，用铅笔标出斑点的中心，用刻度尺量出各斑点所走的距离和溶剂所走的距离。

六、计算

计算出谷氨酸、甘氨酸、亮氨酸的 R_f 值。

一、名词解释

1. 基本氨基酸　　　　　　2. 肽键

3. 等电点（pI） 4. 蛋白质的变性

5. 肽

二、选择题

1. Pb^{2+} 可使蛋白质发生改变的是（ ）。

A. 变构 B. 变性 C. 变异 D. 等电点改变

2. 形成稳定的肽链空间结构，非常重要的一点是肽键中的 4 个原子和与其相邻的 2 个 α-碳原子处于（ ）。

A. 不断绕动状态 B. 可以相对自由旋转

C. 同一平面 D. 随不同外界环境而变化的状态

3. 维持蛋白质二级结构稳定的主要因素是（ ）。

A. 静电作用力 B. 氢键 C. 疏水键 D. 范德华力

4. 蛋白质变性是由于（ ）。

A. 一级结构改变 B. 空间构象破坏 C. 辅基脱落 D. 蛋白质水解

5. 组成蛋白质的基本氨基酸有多少种？（ ）

A. 300 B. 30 C. 20 D. 10 E. 5

6. 蛋白质的元素组成中含量约为 16％的是什么元素？（ ）

A. C B. N C. H D. O E. S

7. 组成蛋白质的氨基酸中含巯基的氨基酸是（ ）。

A. 酪氨酸 B. 缬氨酸 C. 丙氨酸 D. 半胱氨酸

8. 蛋白质分子中属于亚氨基酸的是（ ）。

A. 脯氨酸 B. 甘氨酸 C. 丙氨酸 D. 组氨酸

9. 氨基酸排列顺序属于蛋白质的（ ）级结构。

A. 一 B. 二 C. 三 D. 四

10. 胰岛素分子 A 链、B 链间主要连接键是（ ）。

A. 肽键 B. 二硫键 C. 磷酸酯键 D. 盐键

11. 角蛋白分子中出现频率最高的二级结构是（ ）。

A. α-螺旋 B. β-折叠 C. β-转角 D. 无规卷曲

12. 稳定蛋白质三级结构的化学键主要是（ ）。

A. 氢键 B. 盐键 C. 疏水键 D. 肽键 E. 范德华力

13. 蛋白质四级结构的特征是（ ）。

A. 分子中一定含有辅基

B. 由两条或两条以上具有三级结构的多肽链进一步折叠盘绕而成

C. 每条多肽链都有独立的生物学活性

D. 稳定性依赖肽键的维系

14. 蛋白质变性是由于（ ）。

A. 氨基酸的排列顺序发生改变 B. 氨基酸的组成发生改变

C. 氨基酸之间的肽键断裂 D. 氨基酸之间形成的次级键发生改变

15. 盐析法沉淀蛋白质的原理是（ ）。

A. 中和电荷，破坏水化膜 B. 与蛋白质结合成不溶性蛋白盐

C. 降低蛋白质溶液的介电常数　　　　D. 调节蛋白质溶液的等电点

E. 以上都不是

三、是非题（在题后括号内打√或×）

1. 蛋白质在等电点时净电荷为零，溶解度最小。（　　）

2. 变性后的蛋白质其分子量也发生改变。（　　）

3. 天然氨基酸都有一个不对称 α-碳原子。（　　）

4. 所有的蛋白质都具有一、二、三、四级结构。（　　）

5. 蛋白质分子中个别氨基酸的取代未必会引起蛋白质活性的改变。（　　）

6. 在蛋白质分子中，只要所含氨基酸残基的数量、种类完全相同，那么其空间结构及生物功能也完全相同。（　　）

四、填空题

1. 组成蛋白质的酸性氨基酸有____种，碱性氨基酸有____种。

2. 变性后的蛋白质其分子量____。

3. 蛋白质二级结构最基本的两种类型是__________和__________。

4. 稳定蛋白质胶体溶液的因素是__________和__________。

5. 蛋白质处于等电点时，主要是以__________形式存在，此时它的溶解度最小。

6. 甲、乙、丙三种蛋白质，等电点分别为8.0、4.5和10.0，在pH 8.0缓冲液中，它们在电场中电泳的情况为：甲__________，乙__________，丙__________。

7. 在各种蛋白质分子中，含量比较相近的元素是____，测得某蛋白质样品含氮量为15.2g，该样品蛋白质含量应为____g。

8. 蛋白质在pI时以__________离子的形式存在，在pH＞pI的溶液中，大部分以____离子形式存在，在pH＜pI时，大部分以____离子形式存在。

9. 沉淀蛋白质的方法有________、________、________、________、________。

10. 谷胱甘肽是一种__________肽化合物，还原型谷胱甘肽中含有一个活泼的__________。它参与生物体内的________________反应。

五、计算题

1. 1 g样品含氮量为10 mg，蛋白质含量是多少？

2. 一个 α-螺旋片段含有180个氨基酸残基，该片段中有多少圈螺旋？

六、简答题

1. 组成蛋白质的氨基酸有多少种？其结构特点是什么？

2. 蛋白质分子结构可分为几级？维持各级结构的化学键是什么？

3. 蛋白质溶于水为什么能形成稳定的胶体溶液？

4. 为什么在等电点时蛋白质的溶解度最低？

第三章　核酸化学

在自然界中，人、动物、植物和微生物都含有核酸，即使比细菌还小的病毒也同样含有核酸。所以，凡是有生命的地方就有核酸的存在。

1868 年瑞士化学家米歇尔，首先从外科手术绷带上的脓细胞中分离出细胞核，用碱抽提再加入酸，得到一种含氮和磷特别丰富的沉淀物质，当时曾称它为核质。1872 年他又从鲑鱼的精子细胞核中，发现了大量类似的酸性物质，随后有人在多种组织细胞中也发现了这类物质的存在。因为这类物质都是从细胞核中提取出来的，而且都具有酸性，因此称为核酸。多年以后，才有人从动物组织和酵母细胞分离出含蛋白质的核酸。

20 世纪 20 年代，德国生理学家柯塞尔和他的学生琼斯、列文的研究结果，才搞清楚核酸的化学成分及最简单的基本结构。证实它是由四种不同的碱基，即腺嘌呤（A)、鸟嘌呤（G)、胸腺嘧啶（T）和胞嘧啶（C）及核糖、磷酸组成的。最简单的单体结构是碱基-核糖-磷酸构成的核苷酸。1929 年又确定了核酸有两种，一种是脱氧核糖核酸（DNA)，另一种是核糖核酸（RNA)。核酸的分子量比较大，一般由几千到几十万个原子组成，分子量可达十万至几百万，是一种生物大分子。

大量事实证明，核酸是生物遗传的物质基础，对生物的生长、发育、繁殖、遗传和变异有密切的关系，“种瓜得瓜，种豆得豆”等遗传现象就是遗传物质将它储存的生物遗传信息传递给子代的结果。

20 世纪 50 年代以来，用于核酸分析的各种先进技术不断的创造和使用，用于核酸的提取和分离方法的不断革新和完善，从而为研究核酸的结构和功能奠定了基础。核酸分子中各个核苷酸之间的连接方式已有所认识，DNA 分子的双螺旋结构学说已经提出，有关核酸的代谢、核酸在遗传中以及在蛋白质生物合成中的作用机理，也都有了比较深入的认识。近年来，遗传工程学的突起，在揭示生命现象的本质、用人工方法改变生物的性状和品种，以及在人工合成生命等方面都显示了核酸历史性的广阔远景。

1. 掌握核酸的化学组成；
2. 了解核酸的生物学功能；
3. 掌握核酸的分子结构；
4. 熟悉核酸的理化性质及分离提纯的方法。

第一节　核酸的种类、分布与化学组成

一、核酸的种类和分布

（一）核酸的种类

从 1868 年瑞士科学家米歇尔发现核酸起，经过不断的研究证明核酸（Nucleic Acid）存在于任何有机体中，包括病毒、细菌、动植物等。核酸是生物高分子，它的基本构成单位是单核苷酸。核酸分脱氧核糖核酸（Deoxyribonucleic Acid，DNA）和核糖核酸（Ribonucleic Acid，RNA）两大类。

（二）核酸的分布

在高等生物中，DNA 主要集中在细胞核内，线粒体、叶绿体也含有 DNA。RNA 主要分布在细胞质中。DNA 是遗传物质，是遗传信息的载体。DNA 分布在染色体内，是染色体的主要成分。原核生物无细胞核，染色体含有一条高度压缩的 DNA。真核细胞含不止一条染色体，每个染色体只含一个 DNA 分子。各种病毒都是核蛋白，其核酸要么是 DNA，要么是 RNA，至今未发现两者都含有的病毒。

二、核酸的化学组成

核酸的基本构成单位是核苷酸（Nucleotide）。核苷酸是由核苷和磷酸组成的，而核苷又是由碱基和戊糖组成的。核酸的组成如图 3-1 所示。

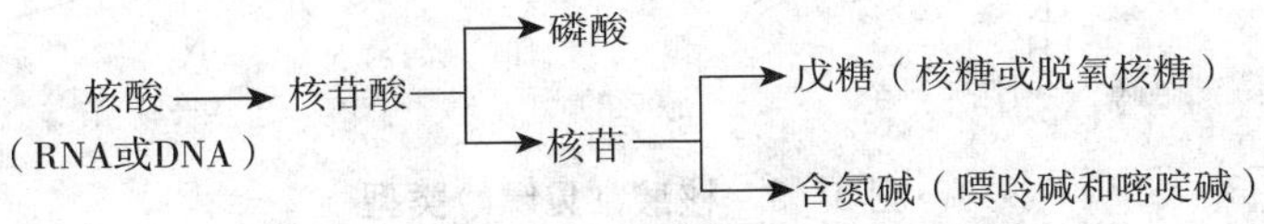

图 3-1　核酸组成图

核酸中的戊糖（含 5 个碳原子的糖类）有两类：D-核糖（D-ribose）和 D-2-脱氧核糖（D-2-deoxyribose）。核酸的分类就是根据两种戊糖种类不同而分为 RNA 和 DNA 的。

碱基在 RNA 中主要有四种：腺嘌呤、鸟嘌呤、胞嘧啶、尿嘧啶，DNA 中也有 4 种碱基，与 RNA 不同的是胸腺嘧啶代替了尿嘧啶。两种核酸的基本化学组成见表 3-1。

表 3-1 两种核酸的基本化学组成

核酸的成分	DNA	RNA
嘌呤碱 (Purine Bases)	腺嘌呤（A） 鸟嘌呤（G）	腺嘌呤（A） 鸟嘌呤（G）
嘧啶碱 (Pyrimidine Bases)	胞嘧啶（C） 胸腺嘧啶（T）	胞嘧啶（C） 尿嘧啶（U）
戊糖（Pentose）	D-2-脱氧核糖	D-核糖核酸
酸（Acid）	磷酸	磷酸

（一）碱基

核酸中的碱基分两类：嘧啶碱和嘌呤碱，都是含氮杂环化合物，具有碱性，故常总称碱基。

1. 嘧啶碱

嘧啶碱是母体化合物嘧啶的衍生物。核酸中常见的嘧啶有三类：胞嘧啶、尿嘧啶和胸腺嘧啶，如图 3-2 所示。

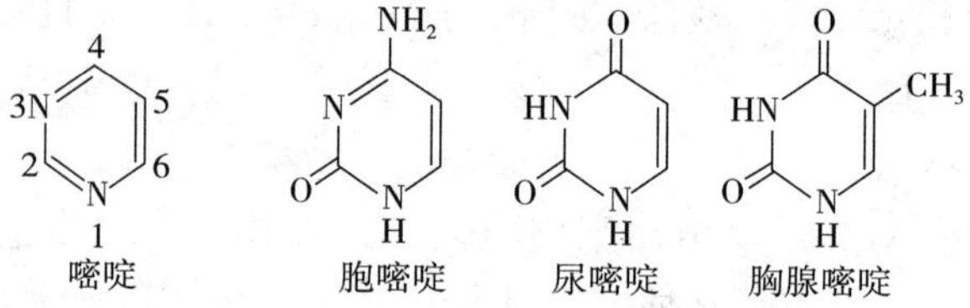

图 3-2 核酸常见嘧啶类型

2. 嘌呤碱

嘌呤碱是母体化合物嘌呤的衍生物。核酸中常见的嘌呤有两类，即腺嘌呤和鸟嘌呤，如图 3-3 所示。

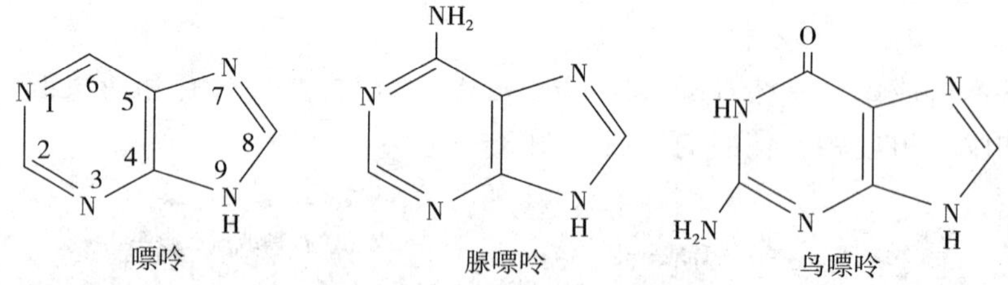

图 3-3 核酸常见嘌呤类型

3. 稀有碱基

除以上五类基本的碱基外，核酸中还有一些含量极少的碱基称为稀有碱基。稀有碱基种类非常多，大多数都是五类基本碱基衍生出的甲基化碱基。tRNA 中含有较多的稀有碱基。

（二）核苷

核苷由戊糖和碱基缩合而成，并以糖苷键相连接。糖环上的 C_1 与嘧啶碱的 N_1 和嘌呤碱的 N_9 相连接。这种糖与碱基之间的连键是 N-C 键，称为 N-糖苷键。

核苷中的 D-核糖与 D-2-脱氧核糖均为呋喃型环状结构。糖环中 C_1 是不对称碳原子，所以有 α-和 β-两种构型。但核酸分子中的糖苷键均为 β-糖苷键。核苷的碱基与糖环平面互相垂直。

核苷可分为核糖核苷和脱氧核糖核苷两大类。腺嘌呤核苷、胞嘧啶脱氧核苷的结构如图 3－4 所示（为区别碱基环中的标号，糖环中的碳原子标号表示用 $1',2',\cdots$）。

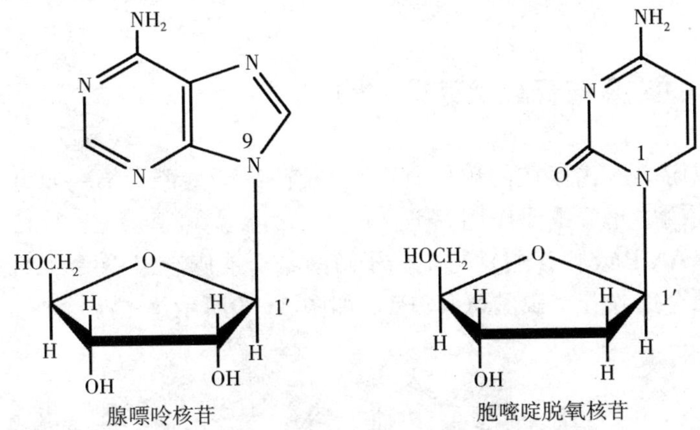

图 3－4　核苷中常见腺嘌呤核苷、胞嘧啶脱氧核苷结构图

（三）核苷酸

核苷酸是核苷的磷酸酯。核苷酸可分为核糖核苷酸与脱氧核糖核苷酸两大类。两种核苷酸的结构式如图 3－5 所示。

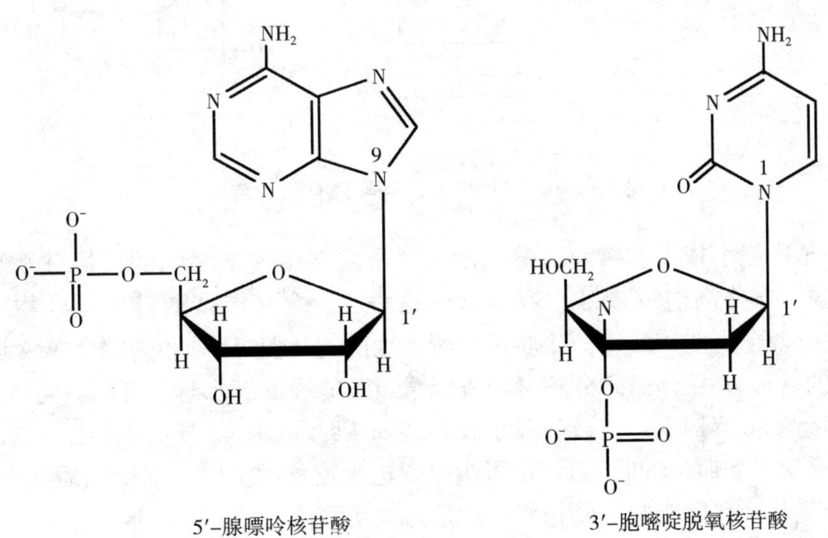

图 3－5　核苷酸常见结构式

生物体内存在的游离核苷酸多是 5′-核苷酸。用碱水解 RNA 时，可得到 2′-核苷酸与 3′-核苷酸的混合物。常见的核苷酸列于表 3-2。

表 3-2 常见的核苷酸

碱基	核糖核苷酸	脱氧核糖核苷酸
腺嘌呤	腺嘌呤核苷酸（AMP）	脱氧腺嘌呤核苷酸（dAMP）
鸟嘌呤	鸟嘌呤核苷酸（GMP）	脱氧鸟嘌呤核苷酸（dGMP）
胞嘧啶	胞嘧啶核苷酸（CMP）	脱胞嘧啶核苷酸（dCMP）
尿嘧啶	尿嘧啶核苷酸（UMP）	—
胸腺嘧啶	—	脱氧胸腺嘧啶核苷酸（dTMP）

三、细胞内的游离核苷酸及其衍生物

在生物体内以游离形式存在的单核苷酸为核苷-5′-磷酸酯。有一些单核苷酸的衍生物在生物体的能量代谢中起着重要作用。

腺苷一磷酸（AMP 或腺苷酸）与 1 分子磷酸结合成腺苷二磷酸（ADP），腺苷二磷酸再与 1 分子磷酸结合成腺苷三磷酸（ATP），如图 3-6 所示。

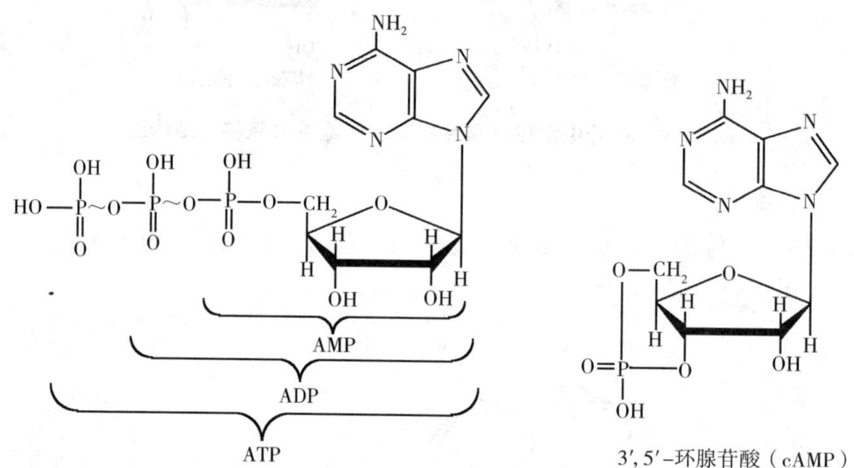

图 3-6 ATP 和 3′，5′-环腺苷酸的结构

ATP 分子中三个依次连接的磷酸基团中，末端两个磷酸之间的连接键水解裂开时能产生较大能量，叫作高能磷酸键，习惯以～代表它。含高能磷酸键的化合物叫高能化合物，ATP 含有两个高能磷酸键。物质代谢所产生的能量使 ADP 和磷酸合成 ATP，这是生物体内贮能的一种方式。ATP 分解又释放能量。高能磷酸键水解裂开时，每生成 1 mol 磷酸就放出能量约 30.5 kJ（一般磷酸酯水解释能 8.4 kJ/mol～12.5 kJ/mol）。放出的能量可以支持生理活动（如肌肉的收缩），也可用以促进生物化学反应（如蛋白质的合成）。所以 ATP 是体内蕴藏可利用能的主要仓库，也是体内所需能量的主要来源。

其他单核苷酸可以和腺苷酸一样磷酸化，产生相应的高能磷酸化合物。各种核苷三磷酸化合物（可简写为 ATP、CTP、GTP、UTP）实际是体内 RNA 合成的直接原料。各种脱氧核苷三磷酸化合物（可简写为 dATP、dCTP、dGTP 和 dTTP）是 DNA 合成的直接原料。它们在连接起来构成核酸大分子的过程中脱去"多余"的两分子磷酸。有些核苷三磷酸还参与特殊的代谢过程，如 UTP 参加磷脂的合成，GTP 参加蛋白质和嘌呤的合成等。

此外，在生物体内还有一些参与代谢作用的重要核苷酸衍生物，如烟酰胺腺嘌呤二核苷酸（辅酶Ⅰ，NAD）、烟酰胺腺嘌呤二核苷酸磷酸（辅酶Ⅱ，NADP）、黄素单核苷酸（FMN）、黄素腺嘌呤二核苷酸（FAD）等与生物氧化作用的关系很密切，是重要的辅酶。

近年来，对 3′,5′-环腺苷酸（cAMP 或环腺一磷）的作用有了新的认识。cAMP 的结构如图 3－6 所示。cAMP 参与细胞生理生化过程而控制生物的生长、分化和细胞对激素的效应。在临床上，对心绞痛、心肌梗死等冠心病的发作症状有明显效果。

类似的化合物还有环鸟一磷（cGMP）和环胞一磷（cCMP）。

四、核酸的生物学功能

DNA 是遗传信息的载体，遗传信息的传递是通过 DNA 的自我复制完成的。

RNA 在蛋白质生物合成中起重要作用。动物、植物和微生物细胞内都含有三种主要的 RNA。

（1）核糖体 RNA（ribosomel RNA，rRNA）。rRNA 含量大，占细胞 RNA 总量的 80%左右，是构成核糖体的骨架。核糖体含有大约 40%的蛋白质和 60%的 RNA，由两个大小不同的亚基组成，是蛋白质生物合成的场所。大肠杆菌核糖体中有三类 rRNA：5SrRNA、16SrRNA、23SrRNA。动物细胞核糖体 rRNA 有四类：5SrRNA、5.8SrRNA、18SrRNA、28SrRNA。

（2）转运 RNA（transfer RNA，tRNA）。tRNA 约占细胞 RNA 的 15%。tRNA 的相对分子质量较小，在 25 000 左右，由 70～90 个核苷酸组成。tRNA 在蛋白质的生物合成中具有转运氨基酸的作用。tRNA 有许多种，每一种 tRNA 专门转运一种特定的氨基酸。tRNA 除转运氨基酸外，在蛋白质生物合成的起始、DNA 的反转录合成和其他代谢调节中都有重要作用。

（3）信使 RNA（messenger RNA，mRNA）。mRNA 约占细胞 RNA 含量的 5%。mRNA 生物学功能是转录 DNA 上的遗传信息并指导蛋白质的合成。每一种多肽都有一种特定的 mRNA 负责编码，因此 mRNA 的种类很多。

第二节　核酸的分子结构

对每类核酸来讲，它的核苷酸种类基本是四种，但由于 DNA、RNA 都是大分子，各种核酸中的核苷酸少到 70 个，多到几千万个，而且多是按照一定的排列顺序相连而成，因此，核酸的种类很多，它和蛋白质一样具有一定的化学结构和空间结构，其空间结构分为一、二、三级。

一、DNA 的分子结构

（一）DNA 的一级结构

DNA 的一级结构是由数量极其庞大的四种脱氧核糖核苷酸（即脱氧腺嘌呤核苷酸、脱氧鸟嘌呤核苷酸、脱氧胞嘧啶核苷酸和脱氧胸腺嘧啶核苷酸），通过 3′,5′-磷酸二酯键连接起来的直线形或环形多聚体。由于脱氧核糖中 C_2 上不含羟基，C_1 又与碱基相连接，所以唯一可以形成的键是 3′,5′-磷酸二酯键，即一个核苷酸分子的 3′-羟基与另一个核苷酸分子的 5′-磷酸脱水缩合形成的磷酸二酯键，故 DNA 没有侧链。如图 3－7 所示的是 DNA 多核苷酸链的一个小片段。

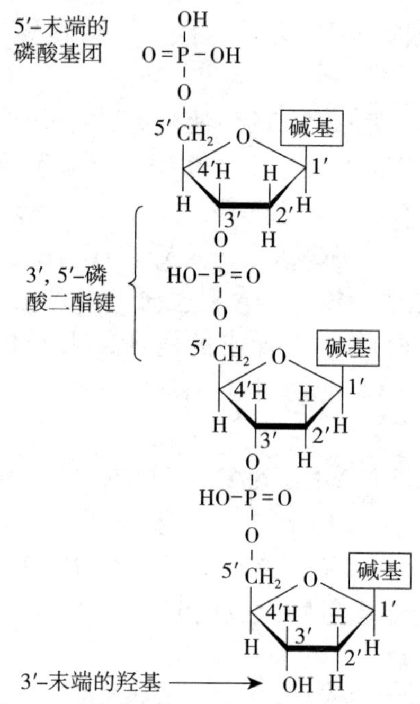

图 3－7　DNA 中多核苷酸链的一个小片段

多核苷酸链具有方向性，每个多核苷酸链都有一个 3′末端和一个 5′末端，无论是书写还是读取都是从 5′末端到 3′末端。

交替的戊糖和磷酸基团形成多核苷酸链的共价骨架。连接在戊糖上的碱基可看成是主链的侧链基团，不同核苷酸链的区别就在于碱基组成的不同。主链中戊糖和磷酸基都是亲水的，碱基因相对不溶于水具有疏水性质。

多核苷酸链中核苷酸的排列顺序称为核酸的一级结构。因戊糖和磷酸基团形成的骨架相同，碱基排列顺序不同，可将碱基的排列顺序称为核酸的一级结构。

DNA 的一级结构相当复杂，为了书写方便，一般采用简化的表示方法，多核苷酸有几种缩写法，如图 3－8 所示。图（a）为线条式缩写，竖线表示核糖的碳链，A、C、T、G 表示不同的碱基，P 代表磷酸基，由 P 引出的斜线一端与 $C_{3'}$ 相连，另一端与 $C_{5'}$ 相连。

图（b）为文字式缩写，P 在碱基之左侧，表示 P 在 $C_{5'}$ 位置上。P 在碱基之右侧，表示 P 与 $C_{3'}$ 相连接。有时，多核苷酸中磷酸二酯键上的 P 也可省略，而写成…A—C—T—G…。这两种写法对 DNA 和 RNA 分子都适用。

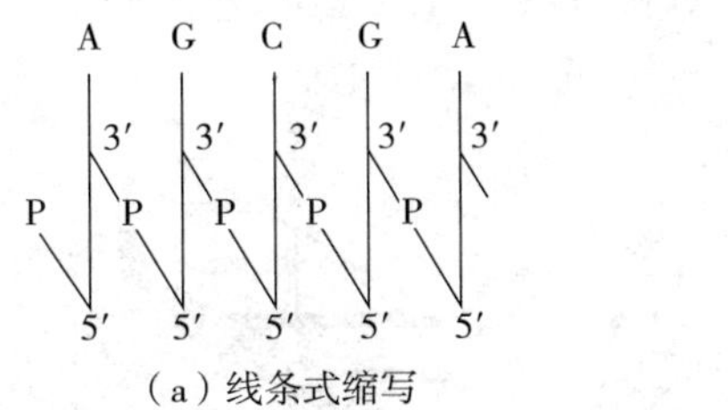

（a）线条式缩写

5′ pApGpCpGpA 3′
5′ pA-G-C-G-A-OH 3′
5′ AGCGA 3′

（b）文字式缩写

图 3-8　多核苷酸缩写方法

（二）DNA 的二级结构

DNA 的双螺旋结构模型是 Watson 和 Crick 于 1953 年提出的，后人的许多工作证明这个模型基本上是正确的。

1. 双螺旋结构模型的主要依据

X 光衍射数据：Wilkins 和 Franklin 发现不同来源的 DNA 纤维具有相似的 X 光衍射图谱，这说明 DNA 可能有共同的分子模型。X 光衍射数据说明 DNA 含有 2 条或 2 条以上具有螺旋结构的多核苷酸链。

关于碱基成对的证据：Chargaff 等应用层析法对多种生物 DNA 的碱基组成进行了分析，发现 DNA 中的腺嘌呤的数目与胸腺嘧啶的数目相等，胞嘧啶的数目和鸟嘌呤的数目相等（见表 3-3）。后来又有人证明腺嘌呤和胸腺嘧啶之间可以生成两个氢键；而胞嘧啶和鸟嘌呤之间可以允许生成 3 个氢键。

表 3-3　不同来源 DNA 的碱基组成

来源	碱基的相对含量（mol%）				来源	碱基的相对含量（mol%）			
	腺嘌呤	鸟嘌呤	胞嘧啶*	胸腺嘧啶		腺嘌呤	鸟嘌呤	胞嘧啶*	胸腺嘧啶
人	30.9	19.9	19.8	29.4	扁豆	29.7	20.6	20.1	29.6
牛胸腺	28.2	21.5	22.5	27.8	酵母	31.3	18.7	17.1	32.9
牛脾	27.9	22.7	22.1	27.3	大肠杆菌	24.7	26.0	25.7	23.6
牛精子	28.7	22.2	22.0	27.2	金黄色葡萄球菌	30.8	21.0	19.0	29.2
大鼠（骨髓）	28.6	21.4	21.5	28.4	结核分枝杆菌	15.1	34.9	35.4	14.6
母鸡	28.8	20.5	21.5	29.2	φ×174（单链）	24.6	24.1	18.5	32.7
蚕	28.6	22.5	21.9	27.2	φ×174（复制型）	26.3	22.3	22.3	26.4
小麦（胚）	27.3	22.7	22.8	27.1	噬菌体 λ	21.3	28.6	27.2	22.9

注：*包括 5-甲基胞嘧啶。

2. 双螺旋结构模型的要点

DNA 分子是由两条方向相反的平行多核苷酸链构成的，两条链都是右手螺旋，有一共同的螺旋轴。一条链的方向是 5′→3′，另一条链则是 3′→5′。螺旋直径为 2 nm。螺旋表面有一条大沟和一条小沟。

两条链的碱基在内侧，糖—磷酸主链在外侧，两条链由碱基间的氢键相连。碱基对的平面约与螺旋轴垂直，相邻碱基对平面间的距离（碱基堆积距离）是 0.34 nm，相邻核苷酸彼此相差 36°。双螺旋的每一转有 10 对核苷酸，每转高度为 3.4 nm。双螺旋结构模型如图 3－9 所示。

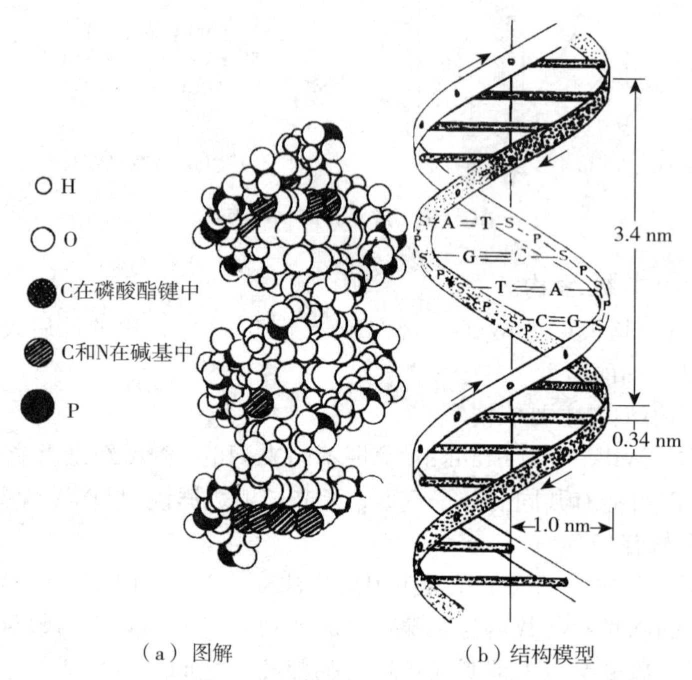

（a）图解　　（b）结构模型

图 3－9　DNA 分子双螺旋结构模型及其图解

碱基成对有一定规律，腺嘌呤一定与胸腺嘧啶成对，鸟嘌呤一定与胞嘧啶成对。因此有四种可能的碱基对，即 A—T、T—A、G—C 和 C—G。A 和 T 间构成 2 个氢键，G 和 C 间构成 3 个氢键。

由于 4 种碱基对都适合此模型，每条链可以有任意的碱基顺序，但由于碱基成对的规律性，如一条链的碱基顺序已确定，则另一条链必有相对应的碱基顺序。两条链的碱基组成和排列顺序并不一定相同。

大多数天然 DNA 具有双链结构。某些小细菌病毒如 φX174 和 M_{13}的 DNA 是单链分子。

DNA 双螺旋模型最主要的成就是引出“互补”（碱基配对）概念。根据碱基互补原则，当一条多核苷酸的序列被确定以后，即可推知另一条互补链的序列。碱基互补原则具有极其重要的生物学意义。DNA 复制、转录、反转录等的分子基础都是碱基互补。

3. 双螺旋结构的稳定性

DNA 双螺旋结构在生理状态下是很稳定的。维持这种稳定性的主要因素是碱基堆积力（Base Stacking Force）。嘌呤与嘧啶形状扁平，呈疏水性，分布于双螺旋结构内侧。大量碱基层层堆积，两相邻碱基的平面十分贴近，于是使双螺旋结构内部形成一个强大的疏水区，与介质中的水分子隔开。其次，大量存在于 DNA 分子中的其他弱键在维持双螺旋结构的稳定上也起一定作用。这些弱键包括：互补碱基对间的氢键，磷酸基团上的负电荷与介质中的阳离子之间的离子键，范德华引力（Vander Waal's Force）。

（三）DNA 的三级结构

DNA 分子在细胞内并非以线性双螺旋形式存在，而是在双螺旋结构的基础上进一步扭曲或再次螺旋形成 DNA 的三级结构——超螺旋。

某些小病毒、线粒体、叶绿体以及某些细菌中的环状 DNA 分子，多进一步扭曲成麻花状的“超螺旋”结构，如图 3－10 所示。

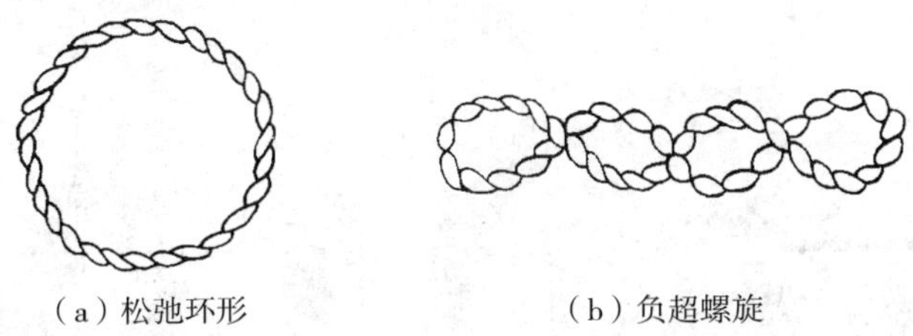

图 3－10 DNA 三级结构模式图

真核细胞染色质中，双链 DNA 是双螺旋线形分子，因与组蛋白结合成核小体的形式串联存在而导致两端固定形成超螺旋结构。据估算，人的 DNA 大分子在染色质中反复折叠盘绕，共压缩 8 000～10 000 倍。如图 3－11 所示。

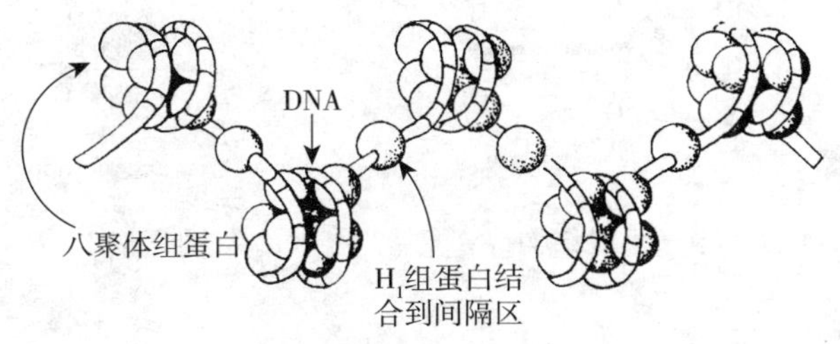

图 3－11 核小体结构

注：圆球代表组蛋白，缠绕在组蛋白上的带子为 DNA 超螺旋。

二、RNA 的分子结构

RNA 也是无分支的线形多聚核糖核苷酸，主要由 4 种核糖核苷酸组成，即腺嘌呤核糖核苷酸、鸟嘌呤核糖核苷酸、胞嘧啶核糖核苷酸和尿嘧啶核糖核苷酸。这些核苷酸中的戊糖不是脱氧核糖，而是核糖。RNA 分子中也还有某些稀有碱基。如图 3－12 所示为 RNA 分子中的一小段结构。

组成 RNA 的核苷酸也是以 3′,5′-磷酸二酯键彼此连接起来的。尽管 RNA 分子中核糖环 C'_2 上有一羟基，但并不形成 2′,5′-磷酸二酯键。用牛脾磷酸二酯酶降解天然 RNA 时，降解产物中只有 3′-核苷酸，并无 2′-核苷酸，就支持了上述结论。

天然 RNA 并不像 DNA 那样都是双螺旋结构，而是单链线形分子，只有局部区域为双螺旋结构。这些双链结构是由于 RNA 单链分子通过自身回折使得互补的碱基对相遇形成氢键结合而成的，同时形成双螺旋结构。不能配对的区域形成突环（Loop），被排斥在双螺旋结构之外，如图 3－13 所示。每一段双螺旋区至少需要有 4～6 对碱基才能保稳定。

一般说来，双螺旋区约占 RNA 分子的 50%。

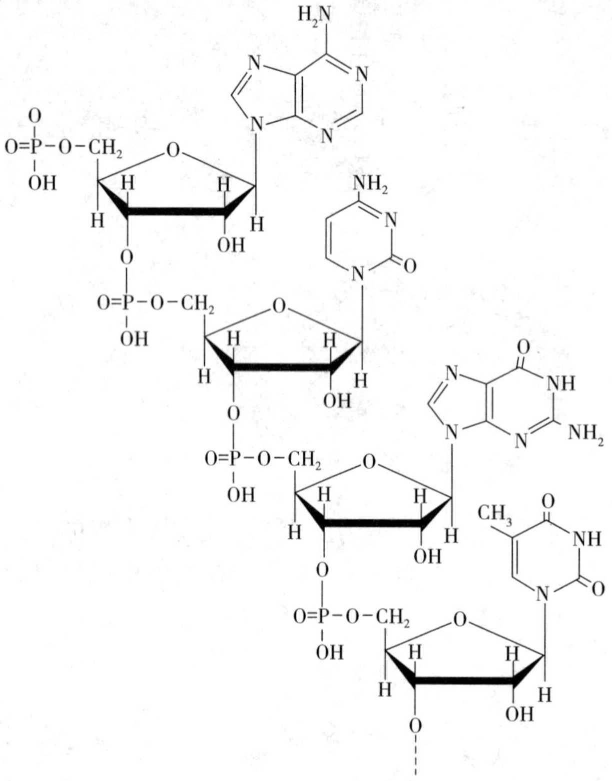

图 3-12　RNA 分子中一小段结构

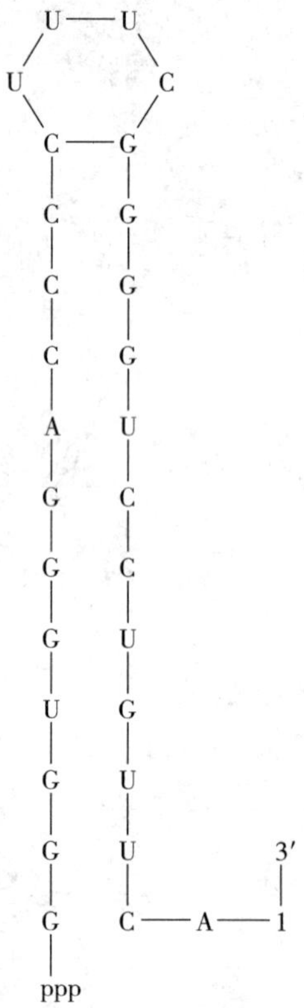

图 3-13　RNA 分子自身回折形成双螺旋区

（一）RNA 的类型

动物、植物和微生物细胞内都含有 3 种主要 RNA，即核糖体 RNA（rRNA）、转运 RNA（tRNA）、信使 RNA（mRNA）。表 3-4 中列出了大肠杆菌中三类 RNA 的主要特性。此外，真核细胞中还有少量核内小 RNA（small nuclear RNA，snRNA）。

表 3-4　大肠杆菌中的 RNA

RNA 类型	相对含量（%）	沉降系数（S）	分子量（kd）	分子长度（核苷酸）
rRNA	80	23	1.2×10^3	3 700
		16	0.55×10^3	1 700
		5	3.6×10^1	120
tRNA	15	4	2.5×10^1	75
mRNA	5	—	变化范围大	—

（二）RNA 的结构

1. rRNA 的结构

rRNA 含量大，占细胞 RNA 总量的 80%，是构成核糖体的骨架。大肠杆菌核糖体中有三类 rRNA，分别是：5SrRNA、16SrRNA、23SrRNA。动物细胞核糖体 rRNA 有四类：5SrRNA、5.8SrRNA、18SrRNA、28SrRNA。许多 rRNA 的一级结构和由一级结构推导出来的二级结构都已阐明，但是对许多 rRNA 的功能迄今仍不十分清楚。如图 3－14 所示为大肠杆菌 5SrRNA 的结构。

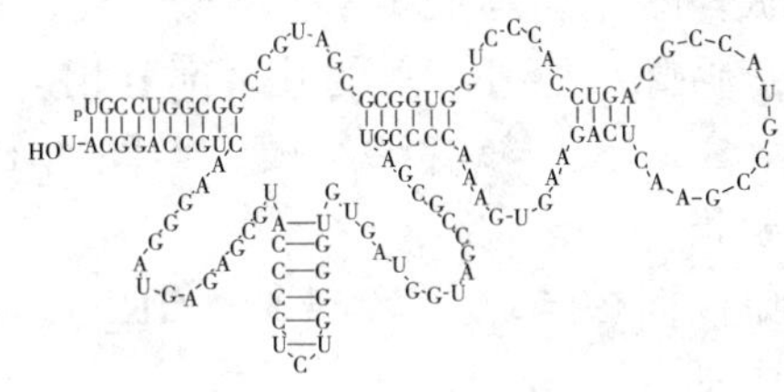

图 3－14　大肠杆菌 5SrRNA 的结构

2. tRNA 的分子结构

细胞内 tRNA 的种类很多，每一种氨基酸都有其相应的一种或几种 tRNA。tRNA 的二级结构了解得比较清楚。

tRNA 的分子较小，由 70～90 个核苷酸组成，有些区段经过自身回折形成双螺旋区，从而形成三叶草式的二级结构，如图 3－15 所示。双螺旋区构成了叶柄，突环区好像是三叶草的三片小叶。由于双螺旋结构所占比例甚高，tRNA 的二级结构十分稳定。三叶草形结构由氨基酸臂、二氢尿嘧啶环、反密码环、额外环和 T_{ψ} 环等五个部分组成。

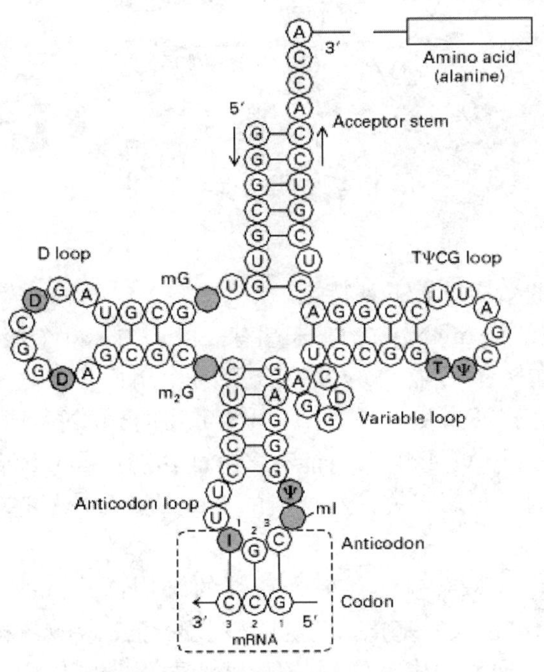

图 3－15　tRNA 的二级结构

氨基酸臂（Amino Acid Arm）由 7 对碱基组成，富含鸟嘌呤，末端为—CCA，可接受活化的氨基酸。

二氢尿嘧啶环（Dihydrouridine Loop）由 8～12 个核苷酸组成，具有两个二氢尿嘧啶，故得名。通过由 3～4 对碱基组成的双螺旋区（也称二氢尿嘧啶臂）与 tRNA 分子的其余部分相连。

反密码环（Anticodon Loop）由 7 个核苷酸组成。环中部为反密码子，由 3 个碱基组成。次黄嘌呤核苷酸（也称肌苷酸，缩写成 I）常出现于反密码子中。反密码环通过由 5 对碱基组成的双螺旋区（反密码臂）与 tRNA 的其余部分相连。

额外环（Extra Loop）由 3～18 个核苷酸组成。不同的 tRNA 具有不同大小的额外环，所以是 tRNA 分类的重要指标。

假尿嘧啶核苷—胸腺嘧啶核糖核苷环（T_{φ} 臂）与 tRNA 的其余部分相连。除个别例外，几乎所有 tRNA 在此环中都含有 T_{φ}。

tRNA 通过二级结构的折叠，形成形状像一个倒写的字母 L 的三级结构，如图 3－16 所示。

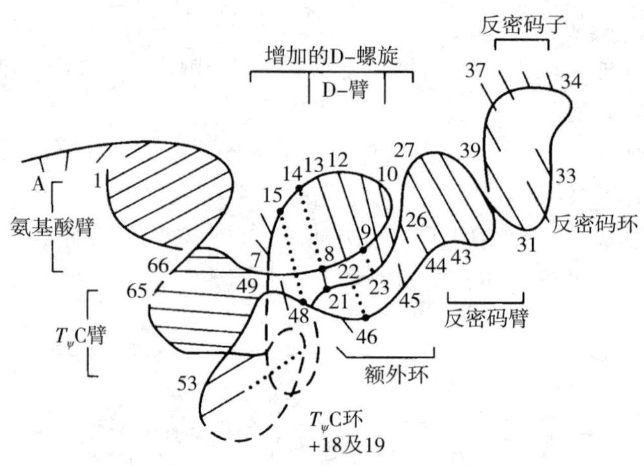

图 3－16　tRNA 的三级结构

3. mRNA 的结构

真核细胞 mRNA 的结构具有下列特点：

（1）绝大多数真核细胞 mRNA 在 3′-末端有一段长约 200 个核苷酸的 PolyA（Polyade Nylicacid）。PolyA 是在转录后经 PolyA 聚合酶的作用而添加上去的。PolyA 聚合酶对 mRNA 专一，也不作用于 rRNA 和 tRNA。原核生物的 mRNA 通常没有 3′-PolyA，但某些病毒 mRNA 也有 3′-PolyA。PolyA 可能有多方面功能：与 mRNA 从细胞核到细胞质的转移有关；与 mRNA 的半寿期有关；新合成的 mRNA，PolyA 链较长，而衰老的 mRNA，PolyA 链缩短。

（2）真核细胞 mRNA5′-末端还有一个特殊的结构：3′-^{m}G5′-N^{m}-3′-P，称为 5′-帽子（cap）。5′-末端的鸟嘌呤 N_7 被甲基化。鸟嘌呤核苷酸经焦磷酸与相邻的一个核苷酸相连，形成 5′,5′-磷酸二酯键，这种结构有抗 5′-核酸外切酶降解的作用。目前认为 5′-帽子可能与蛋白质合成的正确起始作用有关，它可能协助核糖体与 mRNA 相结合，使翻译作用在 AUG 起始密码子处开始。某些真核细胞病毒也有 5′-帽子结构。

第三节　核酸的理化性质

一、核酸的一般性质

（一）分子大小、形状和黏度

核酸的分子很大，DNA 的分子量一般为 $10^6 \sim 10^{10}$。不同生物、不同种类 DNA 分子量差异很大。生物越高等，DNA 分子越大，储存的遗传信息越多。

RNA 的分子大小不同，一般 tRNA 分子链最小为 10^4 左右，mRNA 约为 0.5×10^6 或比这个大些，rRNA 则为 0.6×10^6。

大多数 DNA 为线形分子，分子极不对称，其长度可以达到几厘米，而分子的直径只有 2 nm，因此 DNA 溶液的黏度极高。当 DNA 变性时，由螺旋结构转为线团结构，空间伸展长度变短，溶液黏度降低。RNA 比 DNA 分子短得多，且呈无定形，因此黏度比 DNA 小。

（二）溶解度

DNA 和 RNA 均微溶于水，但不溶于乙醇、乙醚等有机溶剂，所以在分离核酸时，加入乙醇即可使其从溶液中沉淀出来。DNA 和 RNA 的钠盐比游离酸在水中的溶解度大。RNA 溶于稀氯化钠溶液，DNA 溶于浓的氯化钠溶液。

（三）沉降特性

溶液中的核酸分子在引力场中可以下沉。不同构象的核酸（线形、开环、超螺旋结构）、蛋白质及其他杂质，在超离心机的强大引力场中，沉降的速率有很大差异，所以可以用超离心法纯化核酸或将不同构象的核酸进行分离，也可以测定核酸的沉降常数与分子量。

二、核酸的酸碱性

核酸分子中既有可酸式解离的磷酸基，又有可碱式解离的氮原子，属于两性电解质，具有等电点。因磷酸的酸性强，通常表现为酸性。酸性基团可与 Na^+、K^+、Mg^{2+}、Ca^{2+} 等金属离子成盐，核酸盐的溶解度比其游离酸大。

DNA 双螺旋两条链间氢键的形成与其解离状态有关，溶液的 pH 将直接影响碱基对之间氢键的稳定性，在 pH 值为 4.0～11.0 时 DNA 最为稳定，在此范围之外易变性。

三、核酸的紫外吸收性质

嘌呤碱与嘧啶碱具有共轭双键，使碱基、核苷、核苷酸和核酸在 240 nm～290 nm 的

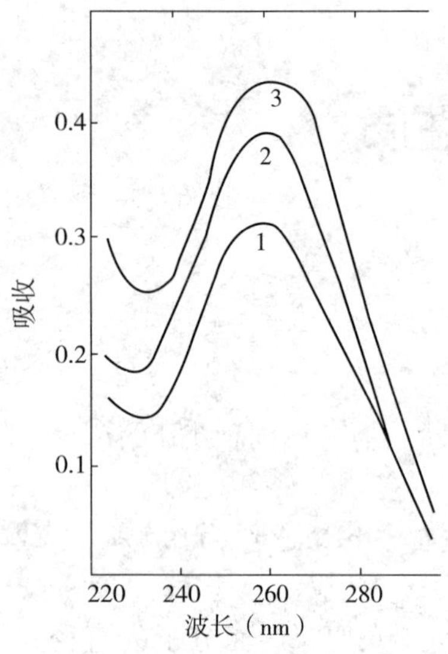

图 3-17　DNA 的紫外吸收光谱

1—天然 DNA；2—变性 DNA；3—核苷酸总吸收

紫外波段有一强烈的吸收峰，最大吸收值在 260 nm 附近。不同核苷酸有不同的吸收特性。所以可以用紫外分光光度计加以定量及定性测定。

核酸的紫外吸收值比其各核苷酸成分的吸收值之和少 30%～40%，这是由于核酸有规律的双螺旋结构中碱基紧密堆积在一起造成的。当核酸变性或降解时，碱基暴露，紫外吸收值增高，因此根据核酸紫外吸收值的变化可判断其变性或水解程度。图 3-17 为 DNA 的紫外吸收光谱。

由于蛋白质在 260 nm 处仅有很弱的吸收值，所以可利用核酸的这一特性来定量测定它在组织和细胞中的含量。

另外，DNA 吸收紫外光后能引起突变，这在抗生素工业育种中具有很重要的作用，目前已用此法筛选出许多好的菌种。

四、核酸的变性、复性和分子杂交

高温、酸、碱以及某些变性剂（如尿素）能破坏核酸中碱基之间的氢键，使核酸有规律的双螺旋结构变成无规律的“线团”，空间结构被破坏，但并不涉及共价键的断裂，这一过程称为核酸的变性。

由温度升高而引起的 DNA 变性称为 DNA 的热变性。当将 DNA 的稀盐溶液加热到 80 ℃～100 ℃时，双螺旋结构即发生解体，两条链分开，形成无规线团，如图 3-18 所示。核酸碱基暴露导致一系列理化性质也随之发生改变，如 260 nm 区紫外吸收值升高，黏度降低，生物活性丧失。

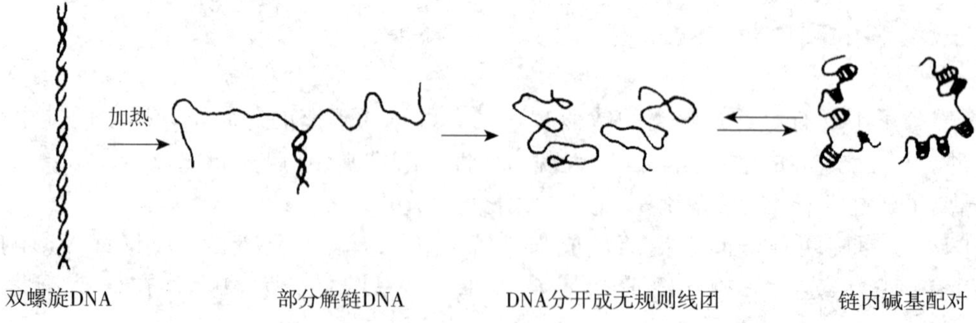

图 3-18　DNA 的变性过程

DNA 热变性的特点是爆发式的，变性作用发生在一个很窄的温度范围内，就像晶体在熔点时突然熔化一样。通常把 DNA 的双螺旋结构失去一半时的温度称为该 DNA 的熔点或熔解温度（Melting Temperature），用 T_m 表示。DNA 的 T_m 值一般为 70 ℃～85 ℃。

DNA 的 T_m 值大小与下列因素有关：

（1）DNA 的均一性。均一性越高的样品，熔解过程越是发生在一个很小的温度范围内。

（2）G-C 之含量。G-C 含量越高，T_m 值越高，成正比关系。这是 G-C 碱基对间有 3 个氢键，含 G-C 碱基对多的分子更为稳定的缘故。

（3）介质中的离子强度。一般说来，在离子强度较低的介质中，DNA 的熔解温度较低，熔解温度的范围也较窄。而在较高的离子强度的介质中，情况则相反。所以 DNA 制品应保存在较高浓度的缓冲液中或溶液中，故常在 1 mol/L 的 NaCl 中保存。

RNA 分子中有局部的双螺旋区，所以 RNA 也可发生变性，但 T_m 值较低，变性曲线也不那么陡。

变性 DNA 在适当条件下，又可使两条彼此分开的链重新缔合成为双螺旋结构，这一过程称为复性。DNA 复性后，许多物理化学性质又得到恢复，生物活性也可以得到部分恢复。

将不同来源的 DNA 放在试管里，经热变性后，慢慢冷却，让其复性，若这些异源 DNA 之间在某些区域有相同的序列，则复性时会形成杂交 DNA 分子，DNA 与互补的 RNA 之间也可以发生杂交，如图 3－19 所示。核酸的杂交在分子生物学和分子遗传学的研究中应用极广，许多重大的分子遗传学问题都是用分子杂交来解决的。

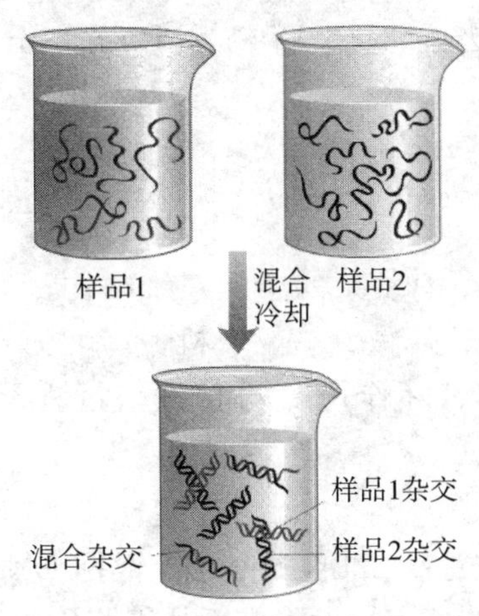

图 3－19 核酸的分子杂交

核酸杂交可以在液相或固相上进行。目前实验室中应用最广的是用硝酸纤维素膜作支持物进行的杂交。英国的分子生物学家 Southern E. M. 所发明的 Southern 印迹法（Southern Blotting）就是将凝胶上的 DNA 片段转移到硝酸纤维素膜上后，再进行杂交的。将 DNA 样品经限制性内切酶降解后，用琼脂糖凝胶电泳进行分离。将胶浸泡在碱中使 DNA 进行变性，然后将变性 DNA 转移到硝酸纤维素膜上（硝酸纤维

素膜只吸附变性DNA），在80 ℃烤4 h～6 h，使DNA牢固地吸附在纤维素膜上。最后与放射性同位素标记的变性后的DNA，探针进行杂交。杂交须在较高的盐浓度及适当的温度（一般为68 ℃）下进行数小时或十余小时，然后通过洗涤除去未杂交上的标记物，将纤维素膜烘干后进行放射自显影。

应用类似的方法也可分析RNA，即将RNA变性后转移到纤维素膜上再进行杂交。这种方法被称为Northern印迹法（Northern Blotting）。用类似的方法，根据抗体与抗原可以结合的原理，也可以分析蛋白质。这种方法被称为Western印迹法（Western Blotting）。

第四节　核酸的提取、分离和含量测定

一、核酸的提取、分离

从动物组织和微生物中提取核酸的一般原则首先要破碎细胞，提取核蛋白，然后把核酸和蛋白质分离，再沉淀核酸进行纯化。DNA和RNA的分离可根据它们在不同浓度氯化钠溶液中溶解度不同进行，步骤如下：

破碎细胞 ⟶ 提取核蛋白 ⟶ 分离 ─┬─ 核酸 $\xrightarrow{\text{乙醇}}$ 核酸（粗品）⟶ 纯化
└─ 蛋白质

核酸属于大分子化合物，具有复杂的空间三维结构，为了使得到的核酸保持天然状态，在提取过程中应避免强酸、强碱、高温、机械剪切力及剧烈搅拌对核酸空间结构的破坏，并加抑制剂以抑制酶的破坏作用，同时整个过程要在低温（0 ℃左右）条件下进行。

（一）核酸的提取

核酸在自然状态下往往以核蛋白的形式存在。根据DNA蛋白和RNA蛋白在不同浓度的氯化钠溶液中溶解度不同的特点，可将它们从细胞匀浆中提取出来并把它们分离。在1 mol/L～2 mol/L氯化钠溶液中DNA蛋白溶解度很高，而在0.14 mol/L氯化钠溶液中，DNA蛋白几乎不溶解。对于RNA蛋白来说则刚好相反，因此，可用1 mol/L～2 mol/L氯化钠溶液和0.14 mol/L氯化钠溶液从细胞匀浆中分别将DNA蛋白和RNA蛋白提取出来。

在提取过程中，为了防止核酸酶对核酸的降解，常加入核酸酶的抑制剂。如提取DNA时，加入柠檬酸来抑制脱氧核糖核酸酶的活性。提取RNA时，则加入硅藻土作为酶的抑制剂，抑制核糖核酸酶的活性，硅藻土可吸附核糖核酸酶，将其从溶液中除去。

（二）核蛋白中蛋白质的去除

提取到核蛋白后，还要去除其分子中的蛋白质成分，才能得到游离的核酸。去除核蛋白中的蛋白质常用的方法有变性法和酶解法。变性法常用三氯甲烷-戊醇混合液、苯酚、十二烷基硫酸钠（Sodium Dodecyl Sulfate，SDS）等作为蛋白质的变性剂，蛋白质变性后沉淀，与核酸分离出来。酶解法常用广谱蛋白酶催化蛋白质水解，使核酸游离于溶液中。

（三）核酸的纯化

核蛋白除去蛋白质后得到的核酸还需进一步分离纯化。先用酒精沉淀核酸，得到核酸粗品，再将不同种类的核酸进行分离，如将线形 DNA 与环形 DNA 分离，将不同分子量的 DNA 分离。因核酸种类较多，应根据不同的核酸采用不同的纯化方法。常用的分离纯化方法有凝胶电泳法、纤维素过滤法、凝胶过滤法和超滤法等。下面重点介绍凝胶电泳法。

凝胶电泳是当前核酸研究中最常用的方法，具有简单、快速、灵敏、成本低等优点。常用的凝胶电泳有琼脂糖（Agarose）凝胶电泳和聚丙烯酰胺（Polyacrylamide）凝胶电泳。凝胶电泳可以在水平或垂直的电泳槽中进行。凝胶电泳兼有分子筛和电泳双重效果，所以分离效率很高。

1. 琼脂糖凝胶电泳

以琼脂糖为支持物，电泳的迁移率决定于以下因素：

（1）核酸分子大小。迁移率与分子量对数成反比。

（2）胶浓度。迁移率与胶浓度成反比，常用 1%的胶分离 DNA。

（3）DNA 的构象。一般条件下超螺旋 DNA 的迁移率最快，线形 DNA 其次，开环形最慢。但在胶中加入过多的啡啶溴红时，上述分布次序会发生改变。

（4）电流。一般不大于 5 V/cm。有适当的电压差时，迁移率与电流大小成正比。

（5）碱基组成。有一定影响，但影响不大。

（6）温度。4 ℃～30 ℃都可，常为室温。

琼脂糖凝胶电泳常用于分析 DNA。由于琼脂糖制品中往往带有核糖核酸酶杂质，因此用于分析 RNA 时，必须加入蛋白质变性剂，如甲醛等。

电泳完毕后，将胶在荧光染料啡啶溴红的水溶液中染色（0.5 μg/mL）。啡啶溴红为一扁平分子，很易插入 DNA 的碱基对之间。DNA 与啡啶溴红结合后，经紫外光照射，可发射出红-橙色可见荧光。0.1 μg DNA 即可用此法检出，所以此法十分灵敏。根据荧光强度可以大体判断 DNA 样品的浓度。若在同一胶上加已知其浓度的 DNA 作参考，则所测得的样品浓度更为准确。可以用灵敏度很高的负片将凝胶上所呈现的电泳图谱在紫外光照射下拍摄下来，作进一步分析与长期保留之用。

应用凝胶电泳可以正确地测定 DNA 片段的分子大小。实用的方法是在同一胶上加已知相对分子质量的样品（图 3－20 中的 λDNA/Hind Ⅲ的片段）。电泳完毕后，经啡啶溴红染色、照相，从照片上比较待测样品中的 DNA 片段与标准样品中的哪一条带最接近，即可推算出未知样品中各片段的大小。最常用的方法是将胶上某一区带在紫外光照射下切割下来，将切下的胶条放在透析袋中，装上电泳液，在水平电泳槽中进行电泳，让胶上的 DNA 释放出来并进一步黏在透析袋内壁上，电泳 3 h～4 h 后，将电极倒转，再通电 30 s～60 s，黏在壁上的 DNA 重又释放到缓冲液中。取出透析袋内的缓冲液（丢弃胶条），用苯酚抽提 1～2 次，水相用乙醇沉淀。这样回收的 DNA 纯度很高，可供进一步进行限制酶分析、序列分析或作末端标记。通常回收率在 50%以上。

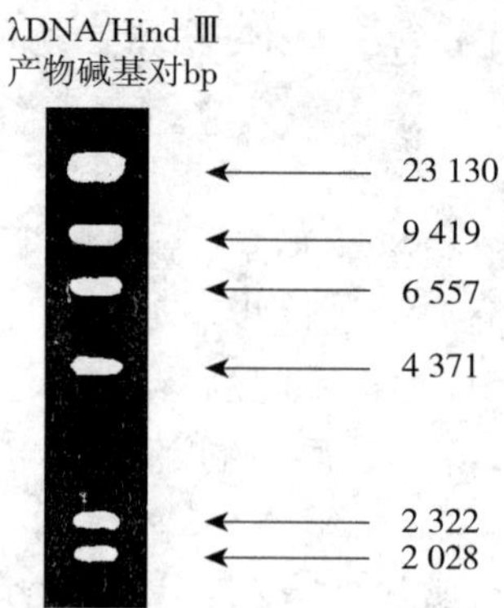

图 3－20 λDNA/Hind Ⅲ片段琼脂糖凝胶电泳图

2. 聚丙烯酰胺凝胶电泳

聚丙烯酰胺凝胶电泳以聚丙烯酰胺作支持物。单体丙烯酰胺在加入胶联剂后就成了聚丙烯酰胺。由于这种凝胶的孔径比琼脂糖胶的要小，所以可用于分析小于1 000 bp的 DNA 片段。聚丙烯酰胺中一般不含有 RNase，所以可用于 RNA 的分析。

聚丙烯酰胺凝胶上的核酸样品经啡啶溴红染色，在紫外光照射下，发出的荧光很弱，所以浓度很低的核酸样品用此法检测不出来。

二、核酸含量的测定

核酸含量常用紫外分光光度法、定磷法和定糖法进行测定。

（一）紫外分光光度法

核酸对 260 nm 左右的紫外光有最大吸收。1 μg/mL 的 DNA 的吸收值为 0.020，1 μg/mL 的 RNA 的吸收值为 0.022，可通过光吸收值测得溶液中核酸的含量。

（二）定磷法

从样品的含磷量计算 DNA 或 RNA 的含量。

用强酸将核酸消化，使有机磷变为无机磷，在钼酸及还原剂作用下生成钼蓝。钼蓝在 660 nm 处有最大吸收。在一定浓度范围内吸收值与无机磷的含量成正比。测得值为总磷量，再减去无机磷的含量才是核酸的含磷量。

（三）定糖法

核酸中的戊糖在浓硫酸或浓盐酸的作用下可脱水生成醛类化合物，醛类化合物与某些呈色剂缩合反应生成有色化合物，可用比色法或分光光度法测定其溶液的吸收值，在一定浓度范围内，溶液的吸收值与核酸的含量成正比。

1. 核糖的测定

核糖在浓 HCl 作用下脱水生成糠醛，再与地衣酚缩合成深绿色化合物。可在675 nm～680 nm 处进行比色测定。

2. 脱氧核糖的测定

脱氧核糖在浓硫酸作用下脱水生成 w-OH-γ-酮或醛，与二苯胺生成蓝色化合物。可在

595 nm 处进行比色测定。

本章实验

洋葱 DNA 的粗提取与鉴定

一、实验目的

1. 掌握 DNA 的粗提取方法，观察提取出来的 DNA 物质。

2. 了解 DNA 鉴定的方法。

二、实验原理

当细胞壁破坏后，细胞释放出核酸与蛋白质形成的复合物——核糖核蛋白（RNP）和脱氧核糖核蛋白（DNP）。洗涤剂等去污剂不仅可以溶解细胞的细胞壁，破坏细胞膜，也能使蛋白质变性，使核酸与蛋白质分离。两种核酸在不同电解质溶液中的溶解度有较大差异。当 NaCl 浓度达到 1.4 mol/L 时，DNA 溶解度很大，而 RNA 的溶解度很低，因此在制备 DNA 时，利用 1.4 mol/L 的盐溶液使 DNA 与 RNA 分开（本实验加入酒精后使氯化钠浓度接近 1.4 mol/L）。在溶液中，DNA 链略带负电荷，与钠离子结合成 DNA 钠盐，呈溶解状态。

去除蛋白质后的核酸盐溶液，再利用其不溶于有机溶剂的性质（细胞中的其他物质则可以溶于有机溶剂），应用适当浓度的乙醇使 DNA 呈絮状沉淀析出。

DNA 在酸性条件下加热，其嘌呤碱与脱氧核糖间的糖苷键断裂，生成嘌呤碱、脱氧核糖，而脱氧核糖在酸性环境中加热脱水生成 ω-羟基-γ-酮基戊醛，与二苯胺试剂沸水浴条件下反应生成蓝色物质。因此二苯胺可作为鉴定 DNA 的试剂。

三、材料器具

洋葱、洗洁精、氯化钠、95%酒精、蒸馏水、二苯胺试剂；研钵、纱布、烧杯、玻璃棒、量筒、天平。

二苯胺试剂配制：

A 液：1.5 克二苯胺溶于 100 ml 冰醋酸中，再加 1.5 ml 浓硫酸，用棕色瓶保存。如冰醋酸呈结晶状态，则需加温后待其熔化再使用。

B 液：体积分数为 0.2%的乙醛溶液。

将 0.1 ml B 液加入 10 ml A 液中，制成二苯胺试剂，现配现用。

四、实验步骤

1. 粗提。称取 25 g 洋葱，切碎，放进研钵中，加入 20 ml 洗洁精充分研磨，将研磨液用两层纱布过滤到烧杯中，加入 0.25 g 氯化钠，搅拌均匀，取上述澄清的洋葱液 15 ml，加入 15 ml 经过冰箱冷藏的 95%酒精，沿烧杯壁缓缓倒入，不要震动或搅拌。此时，溶液中就会有白色纤维状黏稠物质析出，即用玻璃棒可将其轻轻卷起。这就是记录生命遗传信息的重要物质——DNA。

2. 鉴定。用玻璃棒挑出白色絮状 DNA 转移到另一试管中，加 2 ml 2 mol/L 的 NaCl 溶液使 DNA 溶解，加 2 ml 二苯胺试剂，在沸水浴中加热 10 min，观察颜色变化（逐渐出现浅蓝色）。如果颜色变为蓝色，说明提取出了洋葱中的 DNA。

五、注意事项

1. 材料必须充分研磨，否则洋葱细胞没有完全破碎，影响实验效果。

2. 加入酒精后不要摇动或搅拌，否则会破坏 DNA，以至于看不到。

3. 无水乙醇提前放冰箱冷藏。

六、思考题

1. 加入洗涤剂和氯化钠的作用是什么？

2. 如果洋葱研磨不充分，对实验结果有什么影响？

复习思考题

一、名词解释

1. 核苷与核苷酸　　2. 碱基互补

3. DNA 的一级结构　　4. 核酸的变性

5. 复性　　6. 核酸分子杂交

二、选择题

1. RNA 和 DNA 彻底水解后的产物是（　　）。

A. 核糖相同，部分碱基不同　　B. 碱基相同，核糖不同

C. 碱基不同，核糖不同　　D. 碱基不同，核糖相同

2. 核酸中核苷酸之间的连接方式是（　　）。

A. 2′,3′磷酸二酯键　　B. 3′,5′磷酸二酯键

C. 2′,5′-磷酸二酯键　　D. 糖苷键　　E. 氢键

3. 下列关于 DNA 双螺旋结构模型的叙述中哪一项是错误的？（　　）

A. 两条链方向相反

B. 两股链通过碱基之间的氢键相连维持稳定

C. 为右手螺旋，每个螺旋为 10 个碱基对

D. 嘌呤碱和嘧啶碱位于螺旋的外侧

4. 在 DNA 的双螺旋模型中（　　）。

A. 两条多核苷酸链完全相同

B. 一条链是左手螺旋，另一条链是右手螺旋

C. (A+G)/(C+T) 的比值为 1

D. (A+T)/(G+C) 的比值为 1

5. 下列关于双链 DNA 碱基的含量关系哪个是错误的？（　　）

A. A=T,G=C　　B. A+T=G+C

C. A+C=G+T　　D. A+G=C+T

6. 下列关于核酸的叙述哪一项是错误的？（　　）

A. 碱基配对发生在嘧啶碱与嘌呤碱之间
B. 鸟嘌呤与胞嘧啶之间的联系是由两对氢键形成的
C. DNA 的两条多核苷酸链方向相反，一条为 3′→5′，另一条 5′→3′
D. DNA 双螺旋链中，氢键连接的碱基对形成一种近似平面的结构
E. 腺嘌呤与胸腺嘧啶之间的联系是由两对氢键形成的

7. 下列哪种碱基只存在于 mRNA 而不存在于 DNA 中？（　　）
A. 腺嘌呤　　B. 胞嘧啶
C. 鸟嘌呤　　D. 尿嘧啶
E. 胸腺嘧啶

8. 在 mRNA 中，核苷酸之间以何种化学键连接？（　　）
A. 磷酸酯键　　B. 疏水键
C. 糖苷键　　D. 磷酸二酯键
E. 氢键

9. 在核苷酸分子中戊糖（R）、碱基（N）和磷酸（P）的连接关系是（　　）。
A. N-R-P　　B. N-P-R
C. P-N-R　　D. R-N-P　　E. R-P-N

10. DNA 的一级结构是指（　　）。
A. 各核苷酸中核苷与磷酸的连键性质
B. DNA 分子由数目庞大的 C、A、U、G 四种核苷酸通过 3′,5′-磷酸二酯键连接而成
C. 各核苷酸之间的连键性质和核苷酸的排列顺序
D. 核糖与含氮碱基的连键性质
E. DNA 的双螺旋结构

11. DNA 双螺旋结构的特点之一是（　　）。
A. 碱基朝向螺旋外侧　　B. 碱基朝向螺旋内侧
C. 磷酸核糖朝向螺旋内侧　　D. 糖基平面与碱基平面平行

12. DNA 两链间氢键是（　　）。
A. G-C 间为 2 对　　B. G-C 间为 3 对
C. A-T 间为 3 对　　D. G-C 不形成氢键

13. 自然界游离核苷酸中，磷酸最常见是位于戊糖的（　　）。
A. C-5′　　B. C-2′
C. C-3′　　D. C-2′和 C-5′

14. 核酸对紫外线的最大吸收峰在哪一波长附近？（　　）
A. 280 nm　　B. 260 nm　　C. 200 nm　　D. 340 nm

15. DNA 变性是指（　　）。
A. 磷酸二酯键断裂　　B. 多核苷酸链解聚
C. DNA 分子由超螺旋→双链双螺旋
D. 互补碱基之间氢键断裂　　E. DNA 分子中碱基丢失

16. 脱氧核糖核苷酸彻底水解，生成的产物是（　　）。

A. 核糖和磷酸　　B. 脱氧核糖和碱基

C. 脱氧核糖和磷酸　　D. 磷酸、核糖和碱基

E. 脱氧核糖、磷酸和碱基

17. 在适宜条件下，核酸分子两条链通过杂交作用可自行形成双螺旋，取决于(　　)。

A. DNA 的 T_m 值　　B. 序列的重复程度

C. 核酸链的长短　　D. 碱基序列的互补

18. 具有 5′-CpGpGpTpAp-3′顺序的单链 DNA 能与下列哪种 RNA 杂交？(　　)

A. 5′-GpCpCpAp-3′　　B. 5′-GpCpCpApUp-3′

C. 5′-UpApCpCpGp-3′　　D. 5′-TpApCpCpGp-3′

19. 维系 DNA 双螺旋稳定的最主要的力是（　　）。

A. 氢键　　B. 离子键　　C. 碱基堆积力　　D. 范德华力

20. 在核酸测定中，可用于计算核酸含量的元素是（　　）。

A. 碳　　B. 氧　　C. 氮　　D. 氢　　E. 磷

三、填空题

1. RNA 的二级结构大多数是以单股________的形式存在，但也可局部盘曲形成________结构，典型的 tRNA 结构是________结构。

2. 两类核酸在细胞中的分布不同，DNA 主要位于________中，RNA 主要位于________中。

四、问答题

1. 组成核酸的化学元素是什么？基本结构是什么？试用简式表达多核苷酸的连接方式。

2. 试比较 DNA 与 RNA 的分子组成、分子结构的异同。

3. 何谓 DNA 的二级结构，其要点有哪些？

4. 试述 RNA 的种类及生物学功能。

5. 已知 DNA 某片段一条链碱基顺序为 5′-CCATTCGAGT-3′，求其互补链的碱基顺序并指明方向。

6. 对于双链 DNA 而言，若一条链中 (A+G)/(T+C) ＝ 0.7，则：

(1) 互补链中 (A+G)/(T+C)＝ ?

(2) 在整个 DNA 分子中 (A+G)/(T+C)＝ ?

(3) 若一条链中 (A+T)/(G+C)＝0.7，则互补链中 (A+T)/(G+C)＝ ?

(4) 在整个 DNA 分子中 (A+T)/(G+C)＝ ?

7. 某 DNA 样品含腺嘌呤 15.1%（按摩尔碱基计算），计算其余碱基的百分含量。

8. 谈谈你所知道的核酸研究进展情况及其对生命科学发展的影响。

第四章　酶

据记载，早在几千年前，人们就开始利用微生物发酵来生产食品、饮料和治疗疾病。但他们那时还不知道酶是什么，也无法了解其性质，只是不自觉地利用了酶的催化作用。直到 19 世纪，西方国家开始对酿酒发酵过程进行了大量的研究之后，1878 年，德国的威廉·库内（Wilhelm Kühne）提出了“酶”（Enzyme）这个统一的名词，它来源于希腊文，意思是“在酵母中”。随着人们对酶的认识，发现生物的生长发育、繁殖、遗传、运动、神经传导等生命活动都与酶有密切的关系。可以说，没有酶的参与，整个生命活动就将停止。近几十年来，酶的研究有了很大的发展，被广泛应用于食品、发酵、制革、纺织、日用化学及医药保健部门。此外，酶在生物工程、化学分析、生物传感及环境上的应用也在日益增多。

本章重点知识

1. 掌握酶的定义及特性；
2. 了解酶的命名及分类；
3. 掌握酶的组成、结构与功能的关系；
4. 掌握酶原激活的本质；
5. 掌握影响酶促反应速度的因素；
6. 了解酶在食品工业、化工、轻工方面、医药工业中的应用。

第一节　概述

新陈代谢是生命活动最重要的特征，在新陈代谢过程中包含着许多的化学反应。这些反应不需要实验室中所要求的高温、高压或强烈的酸碱等条件，而是在生物体温和的条件下就可很快地进行。

例如，在体外条件下，用纯化学的方法使淀粉或蛋白质水解时，需加 25%的 H_2SO_4，温度在 100 ℃以上，经过 20 h 才能完成；但在人体内，淀粉或蛋白质的水解是在 37 ℃、接近中性（胃弱酸，肠弱碱）环境下进行的，速度很快。又如绿色植物利用光能、水、二氧化碳和无机盐等简单物质，经过一系列变化合成糖、蛋白质、脂肪等物质。这些反应在生物体外难以进行甚至目前还无法进行，在体内条件下却容易发生，其主要原因就是生物体内含有一类特殊的催化剂，这就是“酶”。酶催化了体内的化学反应，如果没有酶，生命过程就十分缓慢，甚至不可能有生命活动。所以，酶在生命活动过程中具有非常重要的作用。

一切生命活动都离不开酶的作用，在酶的催化下，生物体内的物质代谢有条不紊地进行，同时又在许多因素影响下，酶对代谢发挥着巧妙的调节作用。如果有一种酶有缺陷或受到抑制，必然导致某些物质代谢发生障碍，以致产生疾病。某些药物的作用就是纠正酶的异常变化，使体内代谢得以恢复正常，或通过对病原体酶的作用而抑制其生长繁殖。此外，许多疾病也会引起酶活性的变化，正常人体液中酶活性比较恒定，但在某些病理情况下，有些酶活性可发生明显改变，因此测定血液或尿中某些酶活性，对于某些疾病的诊断有很大帮助。而且酶与我们的生活密切相关，在日常生活中用途广泛的含酶产品给我们带来很多便利，由于酶的独特的催化功能，使它在工业、农业和医疗卫生等方面具有重大实际意义。

小链接

酶的发现和认识

1773 年，意大利科学家斯帕兰扎尼设计了一个巧妙的实验：将肉块放入小巧的金属笼中，然后让鹰吞下去。过一段时间他将小笼取出，发现肉块消失了。于是，他推断胃液中一定含有消化肉块的物质。但是什么，他不清楚。

1836 年，德国科学家施旺从胃液中提取出了消化蛋白质的物质，解开胃的消化之谜。

1926 年，美国科学家萨姆纳从刀豆种子中提取出脲酶的结晶，并通过化学实验证实脲酶是一种蛋白质。

20 世纪 30 年代，科学家们相继提取出多种酶的蛋白质结晶，并指出酶是一类具有生物催化作用的蛋白质。

20 世纪 80 年代，美国科学家切赫和奥特曼发现少数 RNA 也具有生物催化作用。

一、酶的定义及生物学功能

酶是活细胞合成的，对其特异底物有高效催化作用的生物催化剂。现已知道的酶都是由生物体合成，除少数具有催化能力的 RNA 外，其化学本质都是蛋白质。但不能说所有蛋白质都是酶，只是具有催化作用的蛋白质，才称为酶。

酶所催化的反应称为酶促反应；被催化的物质称为底物（S）；反应的生成物称为产物

(P)；酶的催化能力称为酶的活力，又称酶的活性；由于某种因素使酶失去催化能力称为酶的失活。但酶通过体内各种温度和条件影响，改变构象，暂时不表现催化功能，是酶活性的调节，不属于酶的失活。

酶的生物学功能是对特定的底物起催化作用（专一性）。它合成之后要经过进一步的装配、包装并运输到特定部位后才显示出其催化作用。酶不仅能在活细胞内发挥其催化作用，用适当方法自活体提取出后，在体外适宜的条件下仍保持高效率的催化作用，因此，从细胞中提取的酶、工业生产的酶制剂均能应用在食品工业、生物技术产业、农业、医学等方面，在实验室里也可通过加入酶制剂来加速某些化学反应，提高反应速率。

二、酶的特性

酶作为生物催化剂，具有一般催化剂的共性：反应前后的质和量不变；仅能加速热力学上可能进行的反应；不改变反应的平衡点。

同一般催化剂相比，酶又具有自身显著的特点。

（一）高效性

酶在细胞中含量很低，但其催化效率很高。酶的催化活力若以分子比表示，酶催化反应的反应速率比非催化反应高 10^8～10^{20} 倍，比非生物催化剂高 10^7～10^{13} 倍。例如：

$$2H_2O_2 \longrightarrow 2H_2O+O_2$$

用 Fe^{2+} 催化时，1 mol Fe^{2+} 可催化 10^{-5} mol H_2O_2 分解；相同条件下，1 mol 过氧化氢酶则可催化 10^5 mol 过氧化氢分解，两者相差 10^{10} 倍。

据报道，如果在人的消化道中没有各种酶类参与，那么，在体温 37 ℃的情况下，要消化一餐简单的午饭，大约需要 50 年。经过实验分析，动物吃下的肉食，在消化道内只要几小时就可完全消化分解。由此可见，酶的催化效率是极高的。

（二）专一性

酶的专一性（又称酶的特异性）是指酶对所作用的底物有严格的选择性，即一种酶只能对某一种或某一类物质起催化作用。酶的专一性各不相同，根据酶对底物选择的严格程度不同分为 3 类：

（1）绝对专一性。一种酶只催化一种底物发生反应。例如，脲酶只能催化尿素水解为 CO_2 和 NH_3，而对其衍生物不起作用；葡萄糖激酶只能催化葡萄糖转变为 6-磷酸葡萄糖，而对其同分异构体的果糖则不起作用。

（2）相对专一性。酶可作用于一类化合物或一种化学键。有的酶可作用于某一特定的官能团，而这个官能团可以存在于许多不同的底物中，如磷酸酶对一般的磷酸酯（如甘油磷酸酯、葡萄糖磷酸酯）都可水解；有的酶只对键有选择性，如酯酶催化酯键水解，对构成酯键的有机酸和醇（或酚）无严格要求。

（3）立体异构专一性。一种酶仅作用于立体异构体中的一种，而对另一种立体异构体无作用。如乳酸脱氢酶仅催化 L-乳酸水解，而不作用于 D-乳酸。

（三）活性可调性

酶的活性极易受环境条件的影响而发生变化，所以生物体需通过多种机制和形式对酶活性进行调节和控制，使体内极为复杂的代谢反应有条不紊地进行。例如，对酶浓度的调节、共价修饰调节、激素调节、抑制剂或激活剂的调节、反馈调节以及金属离子或其他小分子物质调节等。

三、酶的命名

随着生命科学的发展，现已发现几千种酶，并且新的酶还在不断地被发现中，为了研究和使用的方便，需对已发现的酶进行分类并给予科学的命名。1961 年，国际生物化学学会酶学委员会推荐了一套新的系统命名方案及分类方法，已被国际生物化学学会接受。于是对每一种酶有一个系统命名和一个习惯命名。

（一）习惯命名法

（1）根据酶作用底物来命名：如催化水解淀粉的酶叫淀粉酶，催化水解蛋白质的叫蛋白质酶。有时还根据来源不同以区别同一类酶，如菠萝蛋白酶、胃蛋白酶等。

（2）根据酶催化反应的性质及类型命名：如氧化酶、水解酶。

（3）综合以上两个原则来命名：如琥珀酸脱氢酶是催化琥珀酸脱氢的酶。

（二）系统命名法

系统命名法原则，是以酶所催化的整体反应为基础的，规定每种酶的名称应当明确标明酶的底物及催化反应的性质。如果一种酶催化两个底物起反应，应在它们的系统名称中包括两种底物的名称，并以“:”号将其隔开。若底物之一是水，则可将水略去不写，见表 4-1。

表 4-1　酶国际系统命名法举例

习惯名称	系统名称	催化的反应
乙醇脱氢酶	乙醇：NAD^+ 氧化还原酶	乙醇＋NAD^+→乙醛＋ NADH＋H^+
谷丙转氨酶	丙氨酸：α-酮戊二酸氨基转移酶	丙氨酸＋α-酮戊二酸→谷氨酸＋丙酮酸
脂肪酶	脂肪：水解酶	脂肪＋水→脂肪酸＋甘油

四、酶的分类

国际酶学委员会制定的“国际系统分类法”将酶按其催化的反应性质分为六大类，见表 4-2。

表 4-2　酶促反应按反应性质分类

序号	酶　类	反应性质	反应通式	例　子
1	氧化还原酶类	催化氧化还原反应	$A\cdot 2H+B \rightleftharpoons A+B\cdot 2H$	琥珀酸脱氢酶、多酚氧化酶
2	转移酶类	催化分子间基团转移反应	$AR+B \rightleftharpoons BR+A$	转氨酶、乙酰胆碱酯酶
3	水解酶类	催化水解反应	$AB+H_2O \rightleftharpoons AH+BOH$	蛋白酶、淀粉酶

续表

序号	酶 类	反应性质	反应通式	例 子
4	裂合酶类	催化非水解地移去底物上的一个基团而形成双键及其逆反应	$AB \rightleftharpoons B+A$	醛缩酶、水化酶 脱氨酶、脱羧酸
5	异构酶类	催化同分异构体的相互转变反应	$A \rightleftharpoons B$	葡萄糖异构酶、磷酸甘油酸变位酶
6	合成酶类	催化两分子物质的相互结合并使 ATP 分解的反应	$A+B+ATP \rightleftharpoons AB+ADP+Pi$ 或 $A+B+ATP \rightleftharpoons AB+AMP+PPi$	天冬酰胺合成酶、丙酮酸羧化酶

第二节 酶的结构特点与催化机制

酶的化学本质是蛋白质，有的是简单的蛋白质，有的是结合蛋白质。酶蛋白同其他蛋白质一样，由氨基酸组成，并具有一、二、三、四级结构，但是具有催化作用的蛋白质才称为酶。

一、酶的分子组成

酶同其他蛋白质一样，根据其化学组成的特点，可将酶分为单纯蛋白酶和结合蛋白酶两类。

（一）单纯蛋白酶类

单纯蛋白酶类只由蛋白质组成，不含其他成分。例如，脲酶、蛋白酶、淀粉酶、脂肪酶、核糖核酸酶等一般水解酶类，其水解产物仅为氨基酸，它们的催化活性仅决定于它们的蛋白质结构。

（二）结合蛋白酶类

生物体内大多数酶都属于结合蛋白酶类。这类酶由蛋白质部分与非蛋白质部分结合而成，前者称为酶蛋白，后者称为辅助因子。由酶蛋白和辅助因子结合而成的有活性的复合物称为全酶。全酶的酶蛋白和辅助因子单独存在都没有催化活性。

全酶 ＝ 酶蛋白 ＋ 辅助因子
（有催化活性） （无催化活性） （无催化活性）

结合酶的辅助因子有两类：金属离子和小分子有机化合物。常见酶含有的金属离子有 K^+、Na^+、Mg^{2+}、Cu^{2+}（或 Cu^+）、Zn^{2+} 和 Fe^{2+}（或 Fe^{3+}）等。它们或者是酶活性中心的组成部分；或者是连接底物和酶分子的桥梁；或者在稳定酶蛋白分子构象方面是必需的。小分子有机化合物的主要作用是在反应中传递电子、质子或部分基团。

辅助因子可按其与酶蛋白结合的紧密程度不同分成辅酶和辅基两大类。辅酶与酶蛋白结合疏松，可以用透析或超滤方法从全酶中分离出来；辅基与酶蛋白以共价键结合，非常紧密，不易用透析或超滤方法除去。辅酶和辅基的差别仅仅是它们与酶蛋白结合的牢固程度不同，其基本意义没有差别。许多辅酶或辅基由 B 族维生素构成。

生物体内酶蛋白的种类很多，而辅酶（基）的种类却较少，通常一种酶蛋白只能与一种辅酶或辅基结合，成为一种特异性的酶，但一种辅酶往往能与不同的酶蛋白结合构成许多种特异性酶，起不同的催化作用。例如，NAD^+（烟酰胺腺嘌呤二核苷酸）可与不同的酶蛋白结合，组成乳酸脱氢酶、苹果酸脱氢酶和3-磷酸甘油醛脱氢酶等，各自催化不同的底物脱氢。可见，酶蛋白在酶促反应中主要起识别底物的作用，酶促反应的特异性、高效率以及酶对一些理化因素的不稳定性都决定于酶蛋白；辅酶和辅基在酶促反应中常参与特定的化学反应，决定酶促反应的类型。例如，乳酸脱氢酶是由酶蛋白与 NAD^+ 结合构成的一种全酶，其中酶蛋白部分决定了这种酶只对乳酸的氧化及丙酮酸的还原起催化反应，而 NAD^+ 则起着传递氢的作用，决定了酶促反应属于氧化还原反应。

二、酶的活性中心与必需基团

酶的结构特点是具有活性中心。

酶是大分子化合物，而底物往往是小分子，酶与底物结合形成中间产物，说明底物仅能与酶蛋白的局部部位相结合，即酶的催化能力只局限在大分子的一定区域，只有少数特异的氨基酸残基参与底物结合和催化作用。酶分子中有很多基团，但并不是所有的基团都与酶活性有关。一般把与酶活性有关的基团称为酶的必需基团，如$-NH_2$、$-OH$、$-COOH$、$-SH$ 等。这些必需基团在一级结构上可能相距很远，但在空间结构上彼此靠近，集中在一起形成具有一定空间结构的区域，可以直接和底物结合并起催化作用，称为酶的活性中心。

酶的必需基团可分为两类：一类位于活性中心内部，与底物结合的必需基团称为结合基团，促进底物发生化学变化的基团称为催化基团，活性中心中有的必需基团可同时具有这两方面的功能。另一类位于活性中心外部，虽然不参加酶的活性中心的组成，但可以维持酶活性中心的空间构象，这些基团是酶的活性中心以外的必需基团。

- 必需基团
  - 活性中心内
    - 结合基团：能与底物结合
    - 催化基团：催化底物发生化学反应
  - 活性中心外：维持酶活性中心的空间构象

酶的活性中心是酶起特异的催化作用的关键部分。当酶活性中心被占据或空间构型受破坏，酶也就失去其催化活性。

三、酶原激活

有些酶，如参与消化的各种蛋白酶（胃蛋白酶、胰蛋白酶等），在最初合成和分泌时是没有催化活性的，只有在一定条件下经适当的物质作用后才能转变为有活性的酶。这种没有活性的酶的前体称为“酶原”。生命体内参与消化作用的酶大多以酶原的形式被分泌出来。

酶原必须要在一定条件下，去掉一个或几个特殊的肽键，使酶的构象发生一定的变化，才能转变成具有催化活性的酶。这种使无活性酶原转变为有活性酶的过程，称为酶原激活，实质上是酶分子中肽链的局部裂解，形成新的空间结构，就是酶活性中心形成或者暴露的过程，该过程是不可逆的。

例如，胃蛋白酶在刚被胃黏膜细胞分泌出来时，是没有催化活性的酶原，只有食物到达胃后，酶原在胃液中盐酸的作用下，才转变成具有活性的胃蛋白酶；胰蛋白酶刚从胰脏细胞分泌出来时，也是没有催化活性的胰蛋白酶原。当它随胰液进入小肠时，可被肠液中的肠激酶激活（也可被胰蛋白酶本身激活）。

胰蛋白酶原在肠激酶的作用下将 N-端一个六肽肽段切去，因而促使酶的构象发生某些变化，使组氨酸、丝氨酸、缬氨酸、异亮氨酸等残基互相靠近构成了活性中心，于是无活性的酶原就变成了有催化活性的胰蛋白酶。胰蛋白酶原激活过程如图 4－1 所示。

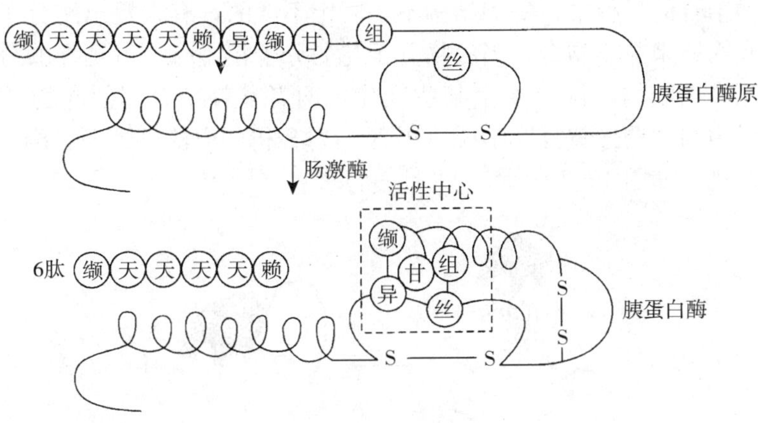

图 4－1　胰蛋白酶原激活过程

生物体中这些酶以酶原的形式存在，具有重要的生物学意义，这是对生物体自身的保护，可以使分泌酶原的组织细胞不被水解破坏。例如，凝血酶原是在肝细胞内分泌进入血液的，仅当其与不正常表面接触或组织创伤血管破损时，经过一系列激活而形成凝血酶，从而使血液凝固，防止大量流血。

四、酶的催化作用机制

在一个反应体系中，使反应物分子变为过渡态分子的能量称为活化能。只有达到或超过反应活化能的活化分子之间的碰撞才能完成化学反应。显然，活化分子越多，反应速度愈快。

增加活化分子的途径有：第一，外部提供能量，通过加热或用光照射等，使反应物分子获得能量；第二，使用适当的催化剂，改变反应途径，降低反应的活化能。酶和一般催化剂的作用一样，都是通过改变反应途径降低反应的活化能（见图 4－2）。

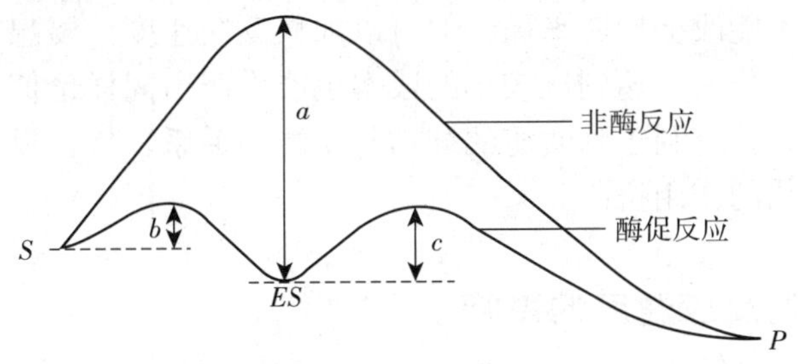

图 4－2　酶促反应减少所需的活化能

酶（E）在催化此反应时，它首先与底物（S）结合成一个不稳定的中间产物（ES）（也称为中间络合物），然后ES再分解成产物和原来的酶。将原来活化能高的一步反应变成活化能低的二步反应，所以反应速度加快。由于ES的形成，使底物分子内某些化学键发生极化而不稳定，大大降低了活化能。

$$\underset{\text{底物}}{S} \longrightarrow \underset{\text{产物}}{P} \tag{4-1}$$

$$E+S \rightleftharpoons ES \longrightarrow E+P \tag{4-2}$$

在酶与底物结合的过程中，酶的结构不是固定不变的，有人提出酶分子（包括辅酶在内）的构型与底物原来并非吻合，当底物分子与酶分子相碰时，可诱导酶分子的构象发生改变，有时甚至底物结构也同时发生某些变化，两者互补结合，使底物分子发生化学变化，即所谓酶作用的“诱导契合”学说。用X衍射分析的方法已证明，酶在参与催化作用时发生了构象变化，如图4－3所示。

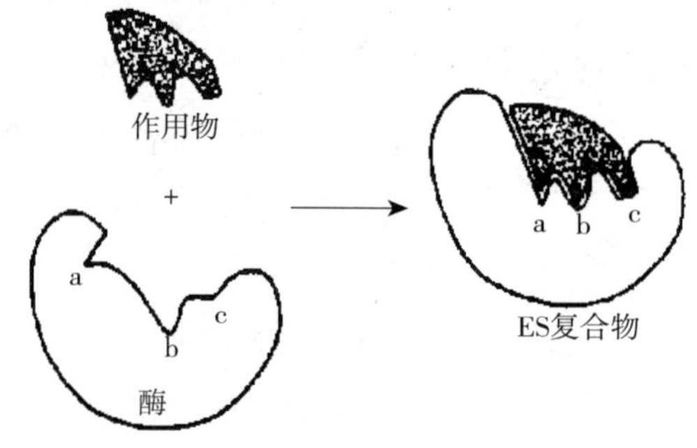

图4－3　底物与酶相互作用模型

第三节　影响酶促反应速度的因素

酶促反应速度用单位时间内底物的减少或产物的增加表示。酶是蛋白质，其空间结构受很多因素影响而改变，酶的活性也随之变化。酶促反应速度受很多因素影响，如底物浓度、酶浓度、温度、pH、激活剂和抑制剂等。当研究某一因素的影响时，必须保持其他因素不变，而且为了避免酶本身在反应中失活，产物的抑制等因素的干扰，就要在反应的初速度时研究。

酶在催化反应中不能改变反应平衡，但可以加快反应速度。要想在实际生产中更好地使用酶，让其发挥最大作用，达到比较小的成本也能生产出同样价值量的产品，必须了解酶促反应速度影响因素，有利于阐明酶的结构与功能的关系，优化反应条件，了解酶在代谢中的作用和某些药物的作用机制。

一、底物浓度对反应速度的影响

底物浓度对酶促反应会表现出特殊的饱和现象，而这种情况在非酶促反应中则是不存在的。底物浓度的变化对酶促反应速率的影响比较复杂。在酶浓度、温度和 pH 等条件固定不变的条件下，研究底物浓度［S］与反应速度 v 的相互关系如图 4－4 所示。

当底物浓度较低时，底物浓度增加，反应速率随之急剧增加，反应速率与底物浓度成正比；当底物浓度较高时，增加底物浓度，反应速率虽随之增加，但增加的程度不与底物浓度成正比；当底物达到一定浓度后，若再增加其浓度，则反应速率将趋于恒定（$v=V_{max}$），并不再受底物浓度的影响，此时的底物浓度已达到饱和程度。所有的酶都有这种饱和现象，但各自达到饱和时所需要的底物浓度各不相同，甚至差异极大。

在底物浓度低时，每一瞬时，只有一部分酶与底物形成中间产物 ES，此时若增加底物浓度，则有更多的 ES 生成，因而反应速度亦随之增加。但当底物浓度很大时，每一瞬时，反应体系中的酶分子都已与底物结合生成 ES，此时底物浓度虽在增加，但已无游离的酶与之结合，故无更多的 ES 生成，因而反应速度几乎不变。

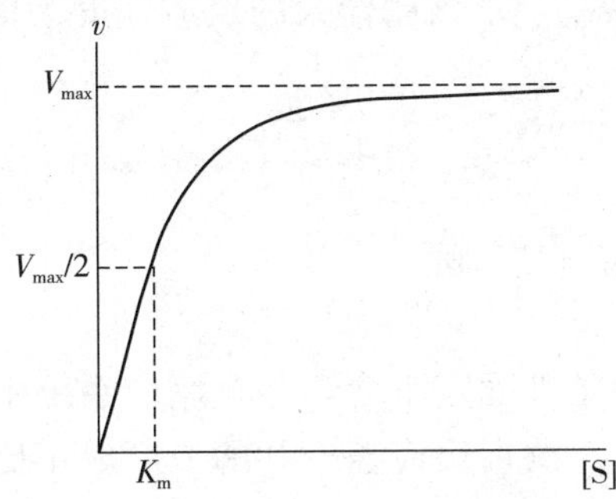

图 4－4 底物浓度对反应速度的影响

（一）米氏方程

1913 年 Michaelis 与 Menten 根据中间产物理论提出了能表示整个反应中底物浓度与反应速度关系的公式，即米—曼氏方程，简称米氏方程。

$$v=\frac{V_{max}[S]}{K_m+[S]} \tag{4-3}$$

式中，［S］——底物浓度；v——不同底物浓度时的反应速度；V_{max}——最大反应速度；K_m——米氏常数。

用米氏方程可以很好地解释图 4－4 中底物浓度与反应速度的关系。

在底物浓度很低时，$K_m \gg [S]$，$v=\frac{V_{max}}{K_m}[S]$，即与 V［S］成正比；

在底物浓度很高时，$[S] \gg K_m$，$v=V_{max}$，即 v 与底物浓度无关。

（二）米氏常数

当 $v=V_{max}/2$ 时，米氏方程可简化得：$K_m=[S]$。

K_m 即米氏常数，等于酶促反应速度为最大反应速度一半时的底物浓度，其单位为浓度单位，一般用 mol/L 表示。

米氏常数是酶的特征性常数，每一种酶都有它的 K_m 值，与酶的性质、催化的底物和酶促反应条件（如温度、pH、有无抑制剂等）有关，而与酶浓度无关。酶的种类不同，K_m 值不同，同一种酶与不同底物作用时，K_m 值也不同。

K_m 值可用于表示酶和底物亲和力的大小。K_m 越小，说明用很低浓度的底物即可达到最大速度的一半。K_m 越小，酶对底物亲和力越大，反应速度越快。若一个酶同时有几种底物，则对每种底物各有一个 K_m，K_m 最小者为该酶的最适底物（天然底物）。

当使用酶制剂时，可以根据 K_m 值判断使酶发挥一定反应速度时需要多大的底物浓度；在已规定底物浓度时，也可根据 K_m 值估算出酶能够获得多大的反应速度。

［例 4－1］ 如果要求的反应速度达到最大速度 V_{max} 的 99%，其底物浓度应为多少？

解： 因为 $v=\frac{V_{max}[S]}{K_m+[S]}$　　将 $v=0.99V_{max}$ 代入米氏方程得：

$$\frac{V_{max}[S]}{K_m+[S]}=0.99V_{max}$$

即　$[S]=99K_m$

［例 4－2］ 已知 $[S]=9K_m$，求该酶体系的反应速度为何值？

解： $v=\frac{V_{max}[S]}{K_m+[S]}=\frac{V_{max}[9K_m]}{K_m+9K_m}=0.9V_{max}$

二、酶浓度对反应速度的影响

在底物足够过量，而其他条件固定不变，并且反应系统中不含有抑制酶活性物质及其他不利于酶发挥作用的因素时，酶促反应速度和酶浓度成正比，如图 4－5 所示。

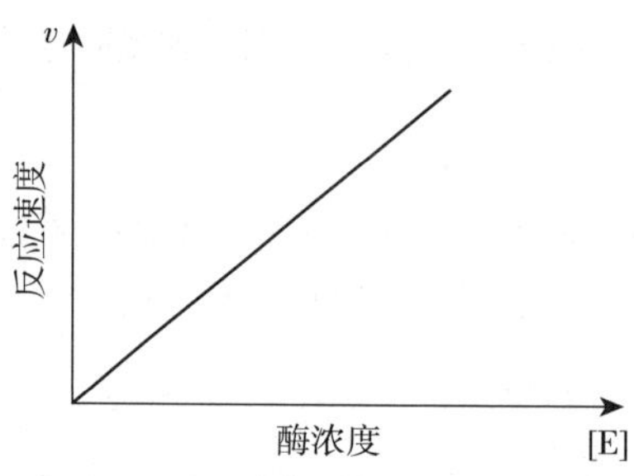

图 4－5　酶浓度与反应速度的关系

三、温度对反应速度的影响

温度对酶促反应速度的影响如图 4－6 所示的钟罩形曲线。从图上曲线可以看出，在较低的温度范围内，酶促反应速度随温度升高而增大，但超过一定温度后，由于酶变性失活，反应速度反而下降，因此只有在某一温度下，反应速度才达到最大值，这个温度通常称为酶促反应的最适温度。每种酶在一定条件下都有其最适温度，但不同种类不同来源的酶，其最适温度有很大的差别，从温血动物细胞提取的酶最适温度为 35 ℃～40 ℃，植物细胞中的酶最适温度稍高，通常为 40 ℃～50 ℃，微生物中的酶最适温度差别较大，某些酶最适温度可达70 ℃，人体内酶最适温度在 37 ℃左右。80 ℃以上绝大多数的酶丧失全部活性。

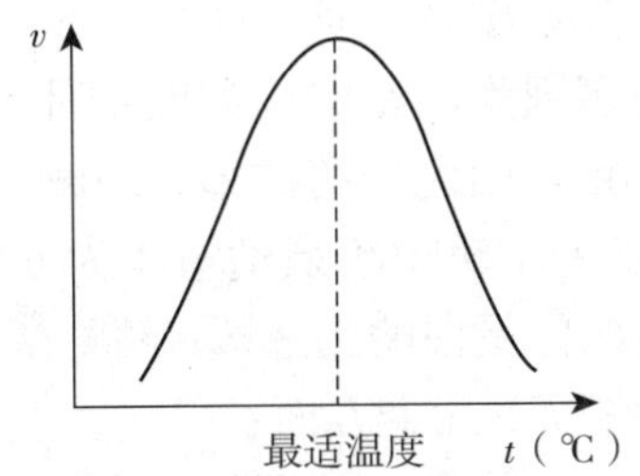

图 4-6　温度与酶反应速度的关系

温度对酶促反应速度的影响表现在两个方面：一方面是在其他条件一定的情况下，当温度升高时，与一般化学反应一样，反应速率加快；另一方面由于酶是蛋白质，随着温度升高，酶蛋白逐渐变性甚至最终丧失催化活性，引起酶反应速率下降。酶所表现的最适温度是这两个过程综合平衡的结果：低于最适温度时，以第一方面效应为主，反应速率随着温度升高而升高；高于最适温度时，以酶蛋白变性效应为主，酶活性迅速下降。

最适温度不是酶的特征物理常数，常受到其他测定条件如底物种类、作用时间、pH和离子强度等因素影响而改变。对于一种酶而言，其最适温度并不是一个固定值，会随着酶促作用时间的长短而改变。由于温度使酶蛋白变性是随时间累加的，通常反应时间长，酶的最适温度低，反应时间短则最适温度就高，只有在规定的反应时间内才可确定酶的最适温度。

高温可使酶变性，但有少数的酶能够耐受较高的温度，如耐高温的 α-淀粉酶在90 ℃甚至更高的温度条件下，仍能发挥其催化活性。一般酶在干燥情况下比潮湿的情况下更耐高温，例如，有的酶干粉在室温下可放置一段时间，但其水溶液必须保存在冰箱里。虽然酶活性随温度降低而减弱，但低温一般不会破坏酶，当温度回升时，酶又恢复其活性，如用低温保存菌种和生物制品。

四、pH 对反应速度的影响

环境 pH 对酶的影响很大，不同的 pH 值，酶活性的大小是不一样的，催化反应速度也不一样。在一定 pH 下，酶促反应具有最大速度，高于或低于此值，反应速度下降，通常称此 pH 为酶反应的最适 pH，如图 4－7 所示。

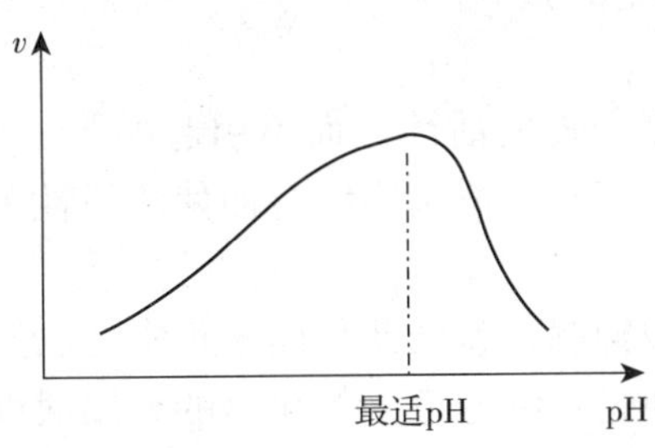

图 4-7　pH 值与酶反应速率的关系

各种酶在一定的条件下都有其特定的最适 pH 值，最适 pH 值是酶的特性之一，但却不是一个固定的常数，它受到许多因素的影响，如底物种类、浓度及缓冲溶液成分不同而不同，而且常与酶的等电点不一致，因此，酶的最适 pH 只是在一定条件下才有意义。大多数酶的最适 pH 一般为 4.0～8.0，动物酶最适 pH 为 6.5～8.0，植物及微生物酶最适 pH 为 4.5～6.5。但也有例外，如胃蛋白酶为 1.5，精氨酸酶（肝脏中）为 9.7。

pH 影响酶活力的原因可能有以下几个方面：

（1）过酸、过碱会影响酶蛋白的构象，甚至使酶变性而失活。

（2）pH 会影响底物分子的解离状态，也会影响酶分子的解离状态，从而影响酶与底物的结合能力，使酶反应速度降低。

（3）pH 影响酶分子、底物分子中某些基团的解离，这些基团的离子化状态与酶的专一性、酶分子中活性中心的构象有关，影响到酶与底物的结合、催化等。

酶在体外反应的最适 pH 与它所在正常细胞的生理 pH 值并不一定完全相同。这是因为一个细胞内可能会有几百种酶，可能一些酶的最适 pH 是细胞生理 pH 值，而对另一些酶则不是，不同的酶在相同的 pH 值可能表现出不同的活性。

五、激活剂对反应速度的影响

凡能提高酶活性的物质都称为激活剂。酶的激活剂大致按其分子大小可分为三类：

（1）无机离子：如金属离子，对有些酶除了起辅助因子的作用外，还起激活作用。作为激活剂起作用的有 K^+、Na^+、Zn^{2+}、Mg^{2+}、Fe^{2+}、Ca^{2+} 等。阴离子在一般浓度下激活作用不明显，典型的例子是动物唾液中的 α-淀粉酶受 Cl^- 激活等。无机离子对酶的激活作用具有严格的选择性，即一种激活剂对某种酶起激活作用，而对另一种酶可能起抑制作用。例如，Na^+ 抑制 K^+ 的激活作用，而 Ca^{2+} 能抑制 Mg^{2+} 激活的酶。有时金属离子间可以相互代替，如 Mg^{2+} 作为激活剂时常为 Mn^{2+} 所代替。另外无机离子作为激活剂时，要求较低的浓度。如有些离子在低浓度下起激活作用，而在高浓度时往往表现抑制作用。

（2）有机分子：如某些还原剂半胱氨酸，可使酶分子的二硫键还原为—SH，提高酶活性。例如，EDTA 可除去酶中重金属杂质，解除重金属离子对酶的抑制，从而激活酶的作用。

（3）具有蛋白质性质的大分子物质：主要是对某些无活性酶原起作用的酶。

六、抑制剂对反应速度的影响

凡使酶活性下降（甚至完全丧失活性）而不引起酶蛋白变性的物质称为酶的抑制剂。酶的抑制剂主要与酶蛋白上的某些必需基团结合而使酶活性下降。值得注意的是：抑制作用和变性作用是不一样的。

有机体往往只有一种酶被抑制，就会使代谢不正常，以至表现病态，严重的会致使机体死亡。氰化物的毒性就是通过对细胞色素氧化酶的金属活性基团的结合，杀虫剂和消毒防腐剂的应用就与它们对昆虫和微生物酶的抑制作用有关。

酶的抑制作用根据抑制剂与酶结合程度，主要有不可逆抑制和可逆抑制两大类。

（一）不可逆抑制作用

这类抑制剂通常以比较牢固的共价键与酶活性中心的必需基团结合，从而使酶失活，且不能用透析、超滤等物理方法除去抑制剂，必须用特殊的化学方法消除。如重金属、碘乙酸等对—SH 基酶的抑制，有机磷化物对羟基酶的抑制等，因此，这些药物都有剧毒，使用不当会发生中毒事故。

（1）巯基酶的抑制：巯基酶是指以巯基为必需基团的一类酶。重金属离子如 Hg^{2+}、Ag^{+} 和 As^{3+} 可与酶分子的巯基共价结合，使酶活性被抑制（见图 4－8）。如有机砷化合物路易斯毒气（$CHCl=CHAsCl_2$）与酶的巯基结合而使人畜中毒。

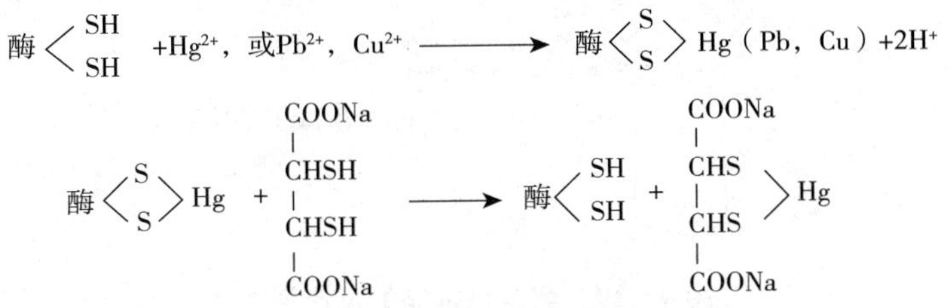

$$\text{酶}\langle{}^{SH}_{SH} + Hg^{2+}，\text{或}Pb^{2+}，Cu^{2+} \longrightarrow \text{酶}\langle{}^{S}_{S}\rangle Hg\,(Pb，Cu) + 2H^{+}$$

$$\text{酶}\langle{}^{S}_{S}\rangle Hg + \begin{matrix} COONa \\ | \\ CHSH \\ | \\ CHSH \\ | \\ COONa \end{matrix} \longrightarrow \text{酶}\langle{}^{SH}_{SH} + \begin{matrix} COONa \\ | \\ CHS \\ | \\ CHS \\ | \\ COONa \end{matrix}\rangle Hg$$

图 4－8　重金属离子对巯基酶的抑制

这类重金属盐引起的巯基酶中毒可通过加入过量的巯基化合物如半胱氨酸或还原型谷胱甘肽（GSH）、二巯丙醇（BAL）、二巯丁二钠而解除。这类化合物在临床上普遍作为重金属中毒的解毒剂。

（2）羟基酶的抑制：羟基酶是指以羟基为必需基团的一类酶。

有机磷化合物能共价结合胆碱酯酶活性中心上的羟基，使胆碱酯酶失活（见图 4－9）。胆碱酯酶与神经传导有关，促使乙酰胆碱分解为乙酸和胆碱，如果胆碱酯酶失活，引起乙酰胆碱的积累，出现一系列中毒症状，如肌肉震颤、瞳孔缩小、多汗、心跳减慢等，因此这类有机磷化合物又称为神经毒剂。临床药物解磷定（PAM）可解除有机磷化合物对胆碱酯酶的抑制。有机磷制剂与酶结合后虽不解离，但用解磷定能把酶上的磷酸根除去，使酶复活。在临床上它们作为有机磷中毒后的解毒药物。

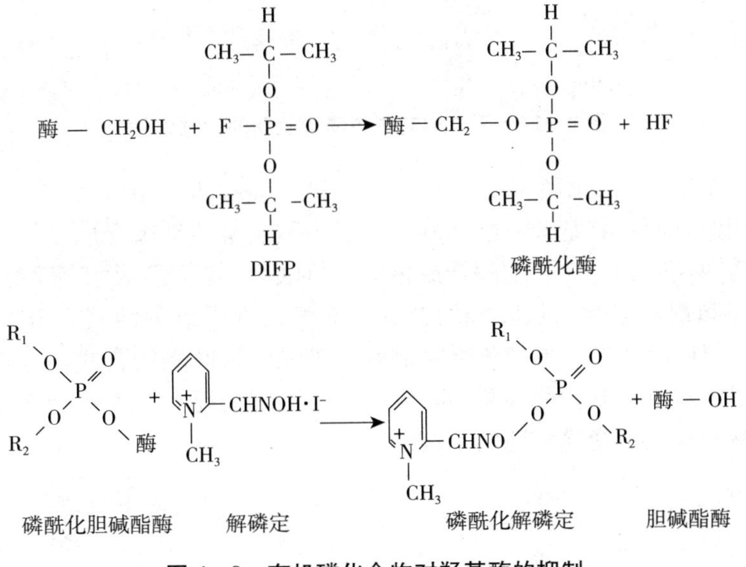

$$\text{酶}-CH_2OH + F-\underset{\underset{CH_3-CH(-CH_3)}{|}}{\overset{\overset{CH_3-CH(-CH_3)}{|}}{\underset{O}{\overset{O}{P}}}}=O \longrightarrow \text{酶}-CH_2-O-\underset{\underset{CH_3-CH(-CH_3)}{|}}{\overset{\overset{CH_3-CH(-CH_3)}{|}}{\underset{O}{\overset{O}{P}}}}=O + HF$$

DIFP　　磷酰化酶

$$(R_1O)(R_2O)P(=O)-O-\text{酶} + \text{吡啶}(N^{+}-CH_3)-CHNOH\cdot I^{-} \longrightarrow \text{吡啶}(N^{+}-CH_3)-CHNO-P(=O)(OR_1)(OR_2) + \text{酶}-OH$$

磷酰化胆碱酯酶　　解磷定　　磷酰化解磷定　　胆碱酯酶

图 4－9　有机磷化合物对羟基酶的抑制

（二）可逆抑制作用

这类抑制剂以非共价键与酶疏松结合，可以用透析法将抑制剂除去，从而恢复酶活性。可逆抑制根据抑制剂与酶结合位置不同分为竞争性抑制、非竞争性抑制和反竞争性抑制三种类型。

1. 竞争性抑制

这类抑制的抑制剂结构与底物的结构相似，它和底物同时竞争酶的活性中心，因而妨碍了底物与酶的结合，减少了酶分子的作用机会，从而降低了酶的活性，这种作用称为竞争性抑制作用（见图 4－10）。

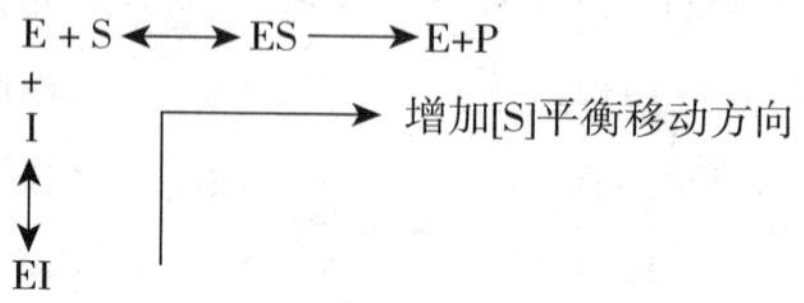

图 4－10　竞争性抑制的反应模式

竞争性抑制作用的特点为：抑制剂与底物的结构相似，都竞争酶的活性中心，其抑制程度取决于抑制剂与底物的相对浓度以及它们对酶的相对亲和力。

［**例 4－3**］丙二酸对琥珀酸脱氢酶的抑制作用（见图 4－11）。琥珀酸脱氢酶可催化琥珀酸脱氢生成反丁烯二酸（延胡索酸），是糖在有氧氧化时三羧酸循环中的一步反应。丙二酸与琥珀酸在结构上相似，也可与琥珀酸脱氢酶结合，从而使琥珀酸脱氢酶的作用受到抑制。若增加底物琥珀酸的浓度，则琥珀酸占优势，丙二酸与琥珀酸脱氢酶的结合因之减少，抑制作用亦即降低，甚至解除。

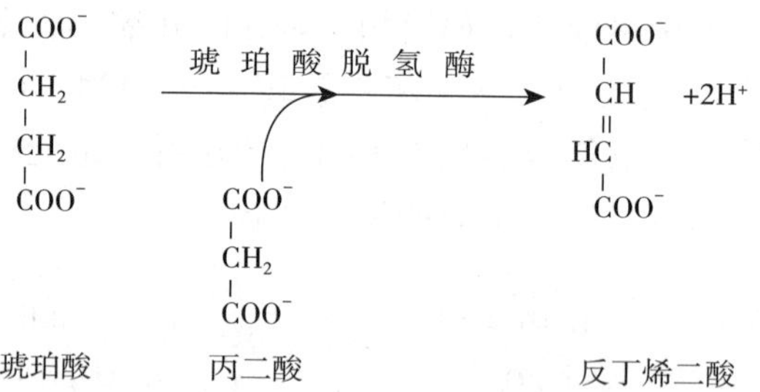

图 4－11　丙二酸对琥珀酸脱氢酶的抑制作用

［**例 4－4**］增效联磺的杀菌作用（见图 4－12）。磺胺药（如对氨基苯磺酰胺）与对氨基苯甲酸结构相似，而对氨基苯甲酸、蝶呤、谷氨酸是某些细菌合成二氢叶酸的原料，二氢叶酸能转变为四氢叶酸，它是细菌合成核酸不可缺少的辅酶。由于磺胺药是二氢叶酸合成酶的竞争性抑制剂，抑制二氢叶酸的合成；而增效剂甲氧苄啶（TMP）和二氢叶酸的结构相似，是二氢叶酸还原酶的竞争性抑制剂，抑制四氢叶酸的合成，这样使细菌体内四氢叶酸的合成受到双重抑制，使细菌因核酸的合成受阻而死亡。人体能直接利用食物中的叶酸，所以核酸的合成不受磺胺药的干扰。

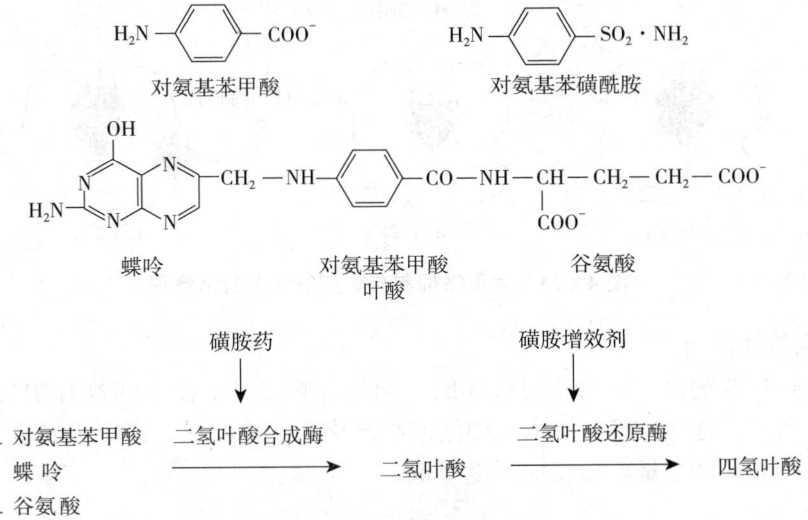

$H_2N-C_6H_4-COO^-$　　$H_2N-C_6H_4-SO_2\cdot NH_2$

对氨基苯甲酸　　对氨基苯磺酰胺

蝶呤—$CH_2-NH-C_6H_4-CO-NH-CH(COO^-)-CH_2-CH_2-COO^-$

蝶呤　　对氨基苯甲酸　　谷氨酸

叶酸

磺胺药　　磺胺增效剂

对氨基苯甲酸、蝶呤、谷氨酸 —二氢叶酸合成酶→ 二氢叶酸 —二氢叶酸还原酶→ 四氢叶酸

图 4-12　磺胺类药物的杀菌作用机理

可逆抑制剂中最重要和最常见的是竞争性抑制剂。许多抗肿瘤药物能抑制细胞内与核酸或蛋白质合成有关的酶类，从而抑制瘤细胞的分化和增殖，以对抗肿瘤的生长；硫氧嘧啶可抑制碘化酶，从而影响甲状腺素的合成，故可用于治疗甲状腺功能亢进等。

5′-氟尿嘧啶是一种抗癌药物，它的结构与尿嘧啶十分相似，能抑制胸腺嘧啶合成酶的活性，阻碍胸腺嘧啶的合成代谢，使体内核酸不能正常合成，使癌细胞的增殖受阻，起到抗癌作用。

2. 非竞争性抑制

这类抑制剂与底物之间无竞争性，抑制剂不是与底物竞争酶的活性中心，而是与酶的其他部位结合，从而使酶活性受到抑制，称为非竞争性抑制剂。酶与底物结合后，还可与抑制剂结合，或者酶和抑制剂结合后，也可再同底物结合，其结果是形成了三元复合物(ESI)。非竞争性抑制的反应模式如图 4-13 所示。一旦形成了 ESI 后，ESI 就不能再分解，因此影响了反应速度。由于在这类抑制作用中底物与抑制剂之间没有竞争性关系，所以不能用增加底物浓度来减轻或解除抑制剂的影响，如某些重金属离子对酶的抑制作用就属于非竞争性抑制。竞争性抑制与非竞争性抑制的比较如图 4-14 所示。

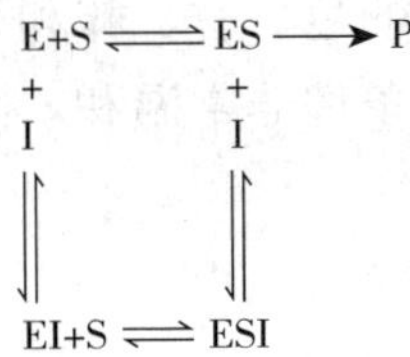

图 4-13　非竞争性抑制的反应模式

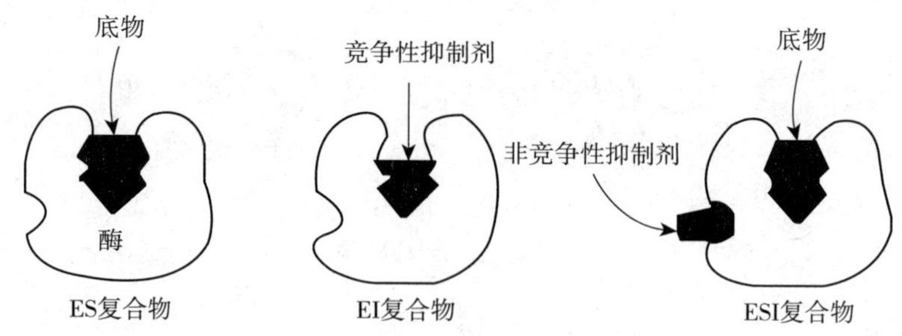

图 4－14　竞争性抑制与非竞争性抑制示意图

3. 反竞争性抑制

反竞争性抑制剂仅与底物和酶形成的中间复合物结合，使中间复合物的有效量下降，如图 4－15 所示。这样，既减少了从中间产物转化为产物的量，同时也减少了从中间产物解离出游离酶和底物的量，使反应速度降低。

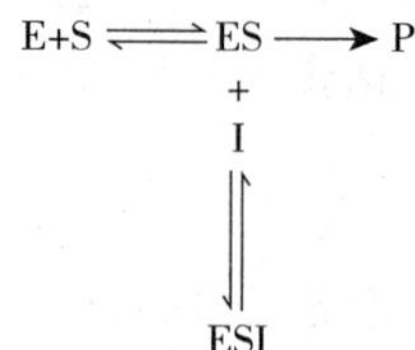

图 4－15　反竞争性抑制的反应模式

第四节　酶的应用

酶作为一种高效、专一的生物催化剂，通过酶的催化作用，人们可以得到所需要的物质或将不需要的甚至有害的物质除去，在食品、轻工、化工、医药、能源、环境等领域都得到了广泛的应用。

一、酶在食品工业中的应用

在食品加工中，较好地保持食物的色、香、味和结构是很重要的。在加工过程中要避免引起剧烈的化学反应，而酶的作用条件非常温和，因此，它是最适合用于食品加工的催化剂。

（一）酶在淀粉类原料加工中的应用

在淀粉类原料的加工中，应用较多的酶是淀粉酶、糖化酶和葡萄糖异构酶等。这些酶主要来源于细菌、霉菌和种子的发芽。例如，以淀粉为原料，经 α-淀粉酶和葡萄糖淀粉酶催化水解，得 D-葡萄糖，将它通过固定化 D-葡萄糖异构酶完成由 D-葡萄糖至 D-果糖的转化，再通过精制、浓缩等手段，即可得到不同种类的高果糖浆。这些果糖浆加入水果罐头，可保持果实原有的色香味且甜度适中；在蜜饯制作时加淀粉糖浆可防止蔗糖析晶；果葡糖浆渗透压高，防腐性好，吸湿性强，用于制作面包和糕点，可延长保鲜期。一般，在啤酒、白酒、黄酒、酒精及其谷氨酸等有机酸的生产中，酶主要用来处理发酵原料，使淀粉降解。

（二）酶在蛋品工业中的应用

用葡萄糖氧化酶袪除禽蛋中含有的微量葡萄糖，是酶在蛋品加工中的一项重要用途。葡萄糖的醛基具有活泼的化学反应性，它若与氨基酸的氨基发生反应，会产生褐变，损害食品的外观和风味。干蛋白是食品加工中常用的发泡剂，当它发生褐变时，会使其溶解度减小，起泡力和泡沫稳定性下降。为了防止这种劣变的发生，必须将蛋品中所含有的葡萄糖除去。过去采用酵母发酵或自然发酵法除糖，但耗费时间长，品质不易保证。用葡萄糖氧化酶处理蛋品，除糖效率高、周期短、产品质量好，而且还可改善环境卫生。

（三）酶在乳品工业中的应用

酶在乳品工业中应用最常见，例如，凝乳酶可用于制造干酪，全世界生产干酪所耗牛奶达1亿多吨，占牛奶总产量的1/4。干酪生产的第一步是将牛奶用乳酸菌发酵制成酸奶，然后加凝乳酶水解K-酪蛋白，在酸性条件下，钙离子使酪蛋白凝固，再经切块加热压榨熟化而成。

过氧化氢酶可用于牛奶消毒。

溶菌酶可用于生产婴儿奶粉，人乳中含有大量的溶菌酶，而牛乳中则很少。将溶菌酶添加到牛乳及其制品中，可提高牛乳的营养价值，使牛乳人乳化。研究表明，溶菌酶是双歧杆菌增长因子，具有防治肝炎和变态反应的作用，对婴幼儿的肠道菌群可以起到平衡作用。在干酪生产中添加溶菌酶，可代替硝酸盐等来抑制丁酸菌的污染，防止干酪产气，并对干酪的感官质量有明显的改善作用。

乳糖酶可分解乳糖成半乳糖和葡萄糖。牛乳中含有5%的乳糖，乳糖是一种缺乏甜味且溶解度很低的双糖。有些人饮用牛奶后常发生腹泻、腹痛等症状，这是由于体内缺乏乳糖酶所致。为了解决以上问题，将乳糖酶与牛乳作用，就可以制造不含乳糖的牛奶。乳清是生产干酪的副产品，乳清中含有4%～5%的乳糖。先用固定化乳糖酶处理乳清，然后再经固定化葡萄糖异构酶作用，可使乳清的甜度提高到蔗糖的甜度。

脂肪酶在乳品加工时有增香的作用，添加适量，可增加干酪和黄油的香味。将增香后的黄油用于制造奶糖和糕点等食品，可以大大节约黄油的用量。

（四）酶在面包焙烤中的应用

面包生产中，依靠面粉自身存在的淀粉酶和蛋白酶生成麦芽糖和氨基酸，来提供酵母菌进行繁殖和发酵的养料。若使用酶活力不足的陈旧面粉，则发酵力差，烤制出的面包体积小，色泽差。即使向面粉中补充葡萄糖或蔗糖，效果也不理想。由于酶活力高的面粉制出的面包气孔细而分布均匀，面包体积大、弹性好、色泽好，因此欧美各国都把淀粉酶活力作为衡量面粉的质量指标之一。为了保证面团的质量，面粉中可添加α-淀粉酶可调节麦芽糖的生成量，使二氧化碳产生和面团气体保持力相平衡。添加蛋白酶可促进面筋软化，增加延伸性，减少揉面时间和动力，改善发酵效果。用蛋白酶强化的面粉制通心粉制通心面条，延伸性好，风味佳。用β-淀粉酶强化面粉可防止糕点老化，糕点馅心常以淀粉为填料，添加β-淀粉酶可以改善馅心风味。糕点制作使用转化酶可使蔗糖水解为转化糖，从而防止糖浆析晶。

制造白面包时，还广泛使用脂肪氧化酶。以脱脂豆粉为酶源，在脂肪氧化酶的作用下，使面粉中的不饱和脂肪氧化与胡萝卜素等发生共轭氧化作用，将面粉漂白。此外，这种酶由于氧化了面粉中的不饱和酸，生成的羰基化合物还可以增加面包风味，改善面团结构。乳糖酶也用于添加脱脂奶粉的面包制作。乳糖酶分解乳糖生成发酵性糖，可促进酵母发酵，改善面包色泽。此外，适当使用脂肪酶可增加面包的香味。

（五）酶在肉类加工中的应用

酶的用途主要是改善组织，嫩化肉类。用酶嫩化牛肉，过去使用木瓜酶和菠萝蛋白酶，近来有使用米曲霉等微生物蛋白酶，并将嫩化肉类品种扩大到家禽肉与猪肉。蛋白酶的主要作用是分解肌肉结缔组织的胶原蛋白。胶原蛋白是一种纤维蛋白，由副键连接，具有很高的机械强度。这种交联键可分为耐热的交联键和不耐热的交联键。幼动物胶原蛋白中不耐热交联键较多，一经加热即行破裂，肉就软了；而老动物胶原蛋白中耐热的交联键多，烹煮时软化较难。

将废弃的蛋白，如鱼杂、动物血、碎肉等用蛋白酶水解，抽提其中蛋白质以供食用或用作饲料，是增加人类蛋白质资源的一项有效措施。其中以杂鱼及鱼厂废弃物的利用最为瞩目。海洋中许多鱼类因其色泽、外观或味道欠佳等原因，都不能食用，而这类水产却高达海洋水产的80%。采用这项生物技术新成果，使其中绝大部分蛋白质溶解，经浓缩干燥可制成含氮量高、富含各种水溶性维生素的产品，其营养不低于奶粉，可掺入面包、面条中食用，或用作饲料，其经济效益十分显著。

（六）酶在果蔬加工中的应用

制作橘子罐头时需除橘瓣囊衣，过去使用碱处理法，耗水量大，又费工时。现采用黑曲霉产生的半纤维素酶、果胶酶和纤维素酶的混合物，可很好地除去橘瓣囊衣，而避免上述缺点。橘子罐头常发白色浑浊，这是因橘肉中橙皮苷造成的。采用橙皮苷酶，可将橙皮苷水解成为水溶性的橙皮素，从而消除橘子罐头的白浊现象。桃果实含有红色花青素，罐藏时同金属离子作用而呈紫褐色。采用花青素酶处理桃酱、葡萄汁等，即可脱色而提高经济价值。这是因为花青素酶可以水解花青色素，使之变为无色物质。

水果中含有大量的果胶。为了达到利于压榨、提高榨汁率、使果汁澄清的目的，在果汁的生产过程中广泛使用果胶酶。经过果胶酶处理的果汁稳定性好，可以防止在存放过程中产生浑浊。果胶酶已经广泛应用于苹果汁、葡萄汁和柑橘汁等果汁的生产。纤维素酶和果胶酶结合使用时，两者之间产生了一种协同效应。

（七）酶在酿酒上的应用

啤酒是以麦芽为原料，经糖化发酵而成的酒精饮料。麦芽中含有发酵所必需的各种酶类。采用微生物淀粉酶、蛋白酶、β-淀粉酶、β-葡聚酶等酶制剂，可补充酶活力的不足。果酒酿造中采用酸性蛋白酶、淀粉酶、果胶酶可消除浑浊，改善破碎果的榨汁操作。白酒生产中采用糖化酶代替麸曲可使出酒率提高2%～7%，这既能节约粮食，又可简化设备、节省厂房。

二、酶在化工、轻工方面的应用

酶在化工、轻工方面的应用也比较广泛，这里主要从饲料工业、洗涤工业、纺织、皮革、造纸工业方面阐述。

（一）酶在饲料工业上的应用

动物饲料主要以淀粉、蛋白质等其他一些复杂的碳水化合物作为营养源的。其中一些营养源动物自身就可在胃肠内酶的作用下进行分解利用，但有些组分（如纤维素）却不能被动物代谢和吸收，于是可利用饲料酶的作用，加快催化这些物质的降解，提高饲料的转化率。现在市场上销售的动物饲料消化酶有淀粉酶、蛋白酶、脂肪酶等，它们作为动物体内该类同源酶的补充，促进动物的消化吸收。例如，在喂养猪仔、鸡仔的饲料用酶配方中，常以α-淀粉酶、蛋白酶为主，可补充一些糖化酶、果胶酶和纤维素酶。

（二）酶在洗涤工业上的应用

碱性蛋白酶是洗涤工业上应用得比较早也比较广泛的酶制剂。当我们洗涤污物时，常用一些表面活性剂、纯碱、水玻璃等配制而成的洗涤剂，在洗涤的水溶液中，就会出现较高的碱性，在这种情况下，碱性蛋白酶就可将污物（皮脂、汗、食物残渣等）中的蛋白质分解。

纤维素酶在 1987 年才加入洗涤剂行业。纤维织物，经过多次穿用和洗涤之后，往往会出现很多的微纤维绒毛，这些绒毛同玷污在衣物上的有机或无机物质一起绕成许多小球，结果使衣物暗淡，而纤维素酶就可针对织物上的微纤维作用，达到整理、翻新织物的目的。

脂肪酶可将衣物污渍上的油脂或化妆品的油脂很好的洗干净，但是由于脂肪酶价格太高，另一方面蛋白酶迅速发展，所以现在洗涤剂行业运用脂肪酶的比例却不大。

淀粉酶不仅在家用洗衣粉和液体洗衣剂中得到成功的应用，在工业洗衣剂和机用餐具洗涤剂中也有很好的效果。淀粉酶不仅可耐高温和高碱度，而且能与蛋白酶等多种酶以及洗涤剂中各组分有很好的相容性。

（三）酶在纺织、皮革、造纸工业上的应用

酶在纺织工业中主要用在退浆和精炼上。织物在织造过程中，纤维需要上浆，增加牢度。织胚进行染色、漂白、印花时需要将浆料去掉，印花后也需要将浆料去掉。现在多是用淀粉浆料上浆，这时可利用淀粉酶将淀粉浆变为糊精，易洗去退浆。纤维素酶可代替烧碱进行精炼，除去棉纤维表面的杂质，使织物的吸湿性和柔软性提高。

蛋白酶在皮革生产中主要是其脱毛的作用。蛋白酶可破坏表皮发层和毛鞘的细胞组织，削弱毛、真皮和真皮粒面层的关系，从而脱毛，该法消除了硫化物脱毛对环境的污染。

一般造纸时常采用碱制法除去木材和其他植物纤维材料中的木质素，但这样会造成严重的环境污染。用木质素酶处理，可以使木质素水解而除去，不但可提高纸的质量，而且可减少对环境的污染。纸浆漂白时通常会有二氯化物，但会影响环境，用木聚糖酶、半纤维素酶、木质素过氧化物酶等进行漂白，可减少对环境的污染。回收利用的纸张上的油墨难以完全除掉，用化学试剂费用较高，用纤维素酶进行处理，可以明显降低成本。

三、酶在医药工业上的应用

随着生物工程的发展，酶在医药的应用也越来越广泛，不仅可以用酶来对疾病进行诊断，还可以用酶或酶制药物对疾病进行治疗。

一般健康人体液内所含有的某些酶的量是恒定在某一范围内的。若出现某些疾病，则体液内的某种或某些酶的活力将会发生相应的变化。因此，可以根据体液内某些酶的活力变化情况，而诊断出某些疾病，如酸性磷酸酶是一种在酸性条件下催化磷酸单酯水解生成无机磷酸的水解酶。人血清酸性磷酸酶的最适 pH 为 5～6，最适作用温度 37 ℃。正常人血清中的酸性磷酸酶来源于骨、肝、肾、脾、胰等组织，故不论男女老幼，其含量大致相同。而前列腺癌患者以及出现肝炎、甲状旁腺机能亢进、红细胞病变等疾病时，血清中酸性磷酸酶的活力都会升高。

转氨酶是催化氨基从一个分子转移到另一个分子的转移酶类，在疾病诊断方面应用的主要有谷丙转氨酶（GPT）和谷草转氨酶（GOT），血清 GPT 和 GOT 的最适 pH 为 7.4，最适作用温度 37 ℃。血清中 GPT 和 GOT 的活力测定，已在肝病和心肌梗死等疾病的诊断中得到广泛的应用。急性传染性肝炎、肝硬化和阻塞性黄疸型肝炎的患者，其血清中 GPT 和 GOT 的活力急剧升高。心肌梗死患者 GOT 的活力升高尤为显著。

酶可作为药物治疗多种疾病。如蛋白酶、淀粉酶、脂肪酶可作为消化剂，用于治疗消化不良、食欲不振。溶菌酶具有抗菌、消炎、镇痛等作用，除此之外，可与病毒蛋白、DNA 等形成复合物，治疗带状疱疹、水痘、肝炎等病毒性疾病。超氧化物歧化酶（SOD）具有抗氧化、抗衰老、抗辐射的作用，对红斑狼疮、皮肌炎、结肠炎及氧中毒等疾病有显著疗效。

本章实验

实验一　丙二酸对琥珀酸脱氢酶的竞争性抑制

一、实验目的

通过实验进一步加深对竞争性抑制作用的理解。

二、实验原理

琥珀酸脱氢酶催化琥珀酸脱氢生成延胡索酸，此反应在丙二酸存在时，会竞争性抑制琥珀酸脱氢酶的作用，使琥珀酸的脱氢反应受到抑制。在无氧条件下，从琥珀酸脱下的氢可由亚甲蓝（蓝色）接受，亚甲蓝被还原成甲烯白。因此，可从加入的亚甲蓝的褪色情况来观察丙二酸对琥珀酸脱氢酶活性的影响。

三、试剂与器材

1. 试剂

（1）0.2 mol/L 琥珀酸、0.02 mol/L 琥珀酸。

（2）0.2 mol/L 丙二酸、0.02 mol/L 丙二酸。

以上四种溶液均先用 5 mol/L NaOH 调节至 pH 7，再用 0.01 mol/L NaOH 调节至 pH 7.4。

（3）1/15 mol/L pH 7.4 磷酸缓冲液：量取 1/15 mol/L Na_2HPO_4 溶液 80.8 ml 与 1/15 mol/L KH_2PO_4 溶液 19.2 ml 混合即成。

（4）0.02%亚甲蓝。

（5）液体石蜡。

（6）新鲜肝或肌肉组织。

2. 器材

研钵、电热恒温水浴锅、烧杯、试管、剪刀、纱布。

四、实验步骤

1. 组织提取液（琥珀酸脱氢酶）的制备

取新鲜肝或肌肉组织 5 g，剪成小块，放入烧杯内用冰冷的蒸馏水冲洗 3 次（洗去一些可溶性物质和其他受氢体，以减少对本实验的干扰），再用冷的 1/15 mol/L pH7.4 磷酸缓冲液清洗 1 次，倾去所洗的液体。将组织碎块置于研钵加细砂研成匀浆，然后加 1/15 mol/L pH7.4 磷酸缓冲液 15 ml，混匀，用双层纱布过滤，滤液即为组织提取液。

2. 取干净试管 6 支，标号后按表 4－13 操作

表 4－3　具体步骤操作表

试管号 试剂（滴）	1	2	3	4	5	6
组织提取液	30	30	30	30	30	
0.2 mol/L 琥珀酸	10	10	10			10
0.02 mol/L 琥珀酸				10	10	
0.2 mol/L 丙二酸		10		10		
0.02 mol/L 丙二酸			10		10	
蒸馏水	10					40
0.02%亚甲蓝	4	4	4	4	4	4
记录颜色变化						

将上述各管摇匀，在液面上滴加液体石蜡 15 滴以隔绝空气，然后用橡皮筋捆起置于 37 ℃水浴中保温 10 分钟，观察各管亚甲蓝褪色情况，比较哪一管快（记录所需时间）而且比较彻底，并予以解释。

五、思考题

为什么丙二酸会对琥珀酸产生竞争性抑制？

实验二　影响酶促反应速度的因素

一、实验目的

（1）了解影响酶促反应速度的因素。

（2）通过实验观察温度、pH、激活剂和抑制剂对酶促反应的影响。

二、实验原理

淀粉是非还原糖，在唾液淀粉酶催化下水解，其最终产物是麦芽糖。在水解反应过程中淀粉的相对分子质量逐渐变小，形成若干相对分子质量不等的过渡性产物，称为糊精。向反应系统中加入碘液可检查淀粉的水解程度，淀粉遇碘呈蓝色，麦芽糖对此不显色。糊精中相对分子质量较大者呈蓝紫色，随糊精的继续水解，对碘呈橙红色。根据颜色反应，

可以了解淀粉被水解的程度。在不同温度、不同酸碱度下，唾液淀粉酶活性不同，淀粉水解程度也不一样。在最适温度、最适 pH 的条件下，酶的活性越大，产物生成的量越多，偏离最适温度、最适 pH，酶的活性减弱，甚至失活。另外，激活剂、抑制剂也能影响淀粉的水解。因此，通过与碘反应的颜色判断淀粉被水解的程度，进而了解温度、pH、激活剂与抑制剂对酶促反应的影响。

三、试剂与器材

1. 试剂

（1）1%淀粉溶液：取可溶性淀粉 1 g，加 5 mL 蒸馏水，调成糊状，再加 80 mL 蒸馏水，加热并不断搅拌，使其充分溶解，熬冷，最后用蒸馏水稀释至 100 mL。

（2）稀释唾液的制备：将痰咳尽，用水漱口（去除食物残渣、洗涤口腔），含蒸馏水约30 mL，做咀嚼运动，2 min 后吐入烧杯中备用（不同人甚至同一人在不同时间所采集的唾液淀粉酶的活性不一样，结果会有差别，若想得到满意结果，应事先确定稀释倍数）。

（3）pH 6.8 缓冲溶液：取 0.2 mol/L Na_2HPO_4 溶液 772 mL，0.1 mol/L 柠檬酸溶液 228 mL，混合后即成。

（4）pH 3.0 缓冲溶液：取 0.2 mol/L Na_2HPO_4 溶液 205 mL，0.1 mol/L 柠檬酸溶液 795 mL，混合后即成。

（5）pH 8.0 缓冲溶液：取 0.2 mol/L Na_2HPO_4 溶液 972 mL，0.1 mol/L 柠檬酸溶液 28 mL，混合后即成。

（6）稀碘溶液：取碘 2 g，碘化钾 4 g，溶于 1 000 mL 蒸馏水中，储于棕色瓶中。

1%NaCl 溶液，1%$CuSO_4$ 溶液，1%Na_2SO_4 溶液。

2. 器材

试管（10 mm×100 mm），试管架，恒温水浴，沸水浴，冰浴，蜡笔。

四、实验步骤

1. 温度对酶促反应的影响

（1）取 3 支试管，编号，每管各加入 pH 6.8 缓冲溶液 20 滴，1%淀粉 10 滴。

（2）将第一管放入 37 ℃恒温水浴中，第二管放入沸水浴中，第三管放入冰浴中。

（3）各管放置 5 min 后，分别加稀释唾液 5 滴，再放回原处。

（4）放置 10 min 后取出，分别向各管加入稀碘液 1 滴，观察 3 管中颜色的区别，说明温度对酶促反应的影响。

2. pH 对酶促反应的影响

（1）取 3 支试管，编号。按表 4-4 加入试剂。

表 4-4　具体步骤操作表

管号	缓冲溶液（滴）			1%淀粉溶液（滴）	唾液（滴）
	pH 3.0	pH 6.8	pH 8.0		
1	20	—	—	10	5
2	—	20	—	10	5
3	—	—	20	10	5

（2）将上面各管摇匀后放入 37 ℃恒温水浴中保温。

（3）5 min～10 min 后，取出分别加入 1 滴稀碘溶液，观察 3 管颜色的区别，说明 pH 对酶促反应的影响。

3. 激活剂与抑制剂对酶促反应的影响

（1）取 4 支试管，编号按表 4－5 加入试剂。

（2）摇匀各管后放入 37 ℃ 恒温水浴中保温。

表 4－5　具体步骤操作表

管号	pH 6.8 缓冲溶液（滴）	1%淀粉溶液（滴）	蒸馏水（mL）	1%NaCl	1%$CuSO_4$	1%Na_2SO_4	稀唾液（滴）
1	20	10	10	—	—	—	5
2	20	10	—	10	—	—	5
3	20	10	—	—	10	—	5
4	20	10	—	—	—	10	5

（3）5 min～10 min 后，取出分别加入 1 滴稀碘溶液，观察各管颜色的区别，说明激活剂和抑制剂对酶促反应的影响。

五、思考题

（1）为什么用碘液做指示剂检查各种因素对唾液淀粉酶的影响？

（2）激活剂与抑制剂有什么区别？

复习思考题

一、选择题

1. 关于米氏常数 K_m 的说法，哪个是正确的？（　　）

A. 饱和底物浓度时的速度　　B. 在一定酶浓度下，最大速度的一半

C. 饱和底物浓度的一半　　D. 速度达最大速度半数时的底物浓度

2. 下面关于酶的描述，哪一项不正确？（　　）

A. 所有的蛋白质都是酶　　B. 酶是生物催化剂

C. 酶在强碱、强酸条件下会失活　　D. 酶具有专一性

3. 当［S］＝4K_m时，v＝（　　）。

A. V_{max}　　B. $\frac{4}{3}V_{max}$

C. $\frac{3}{4}V_{max}$　　D. $\frac{4}{5}V_{max}$

E. $\frac{6}{5}V_{max}$

4. 丙二酸对琥珀酸脱氢酶的抑制属于（　　）。

A. 非竞争性抑制　　B. 反竞争性抑制

C. 不可逆性抑制　　D. 竞争性抑制

5. 磺胺药物治病原理是（　　）。

A. 直接杀死细菌　　B. 细菌生长某必需酶的竞争性抑制剂

C. 细菌生长某必需酶的非竞争性抑制剂

D. 细菌生长某必需酶的不可逆抑制剂

6. 有机磷农药作为酶的抑制剂是作用于酶活性中心的（　　）。

A. 巯基　　B. 羟基

C. 羧基　　D. 咪唑基

E. 氨基

7. 酶不可逆抑制的机制是（　　）。

A. 使酶蛋白变性　　B. 与酶以共价键结合

C. 与酶的必需基团结合　　D. 与酶以次级键结合

8. 酶的活性中心是指（　　）。

A. 酶分子上的几个必需基团　　B. 酶分子与底物结合的部位

C. 酶分子结合底物并发挥催化作用的关键性三维结构区

D. 酶分子中心部位的一种特殊结构

E. 酶分子催化底物变成产物的部位

9. 酶原激活的实质是（　　）。

A. 激活剂与酶结合使酶激活　　B. 酶蛋白的变构效应

C. 酶原分子一级结构发生改变从而形成或暴露出酶的活性中心

D. 酶原分子的空间构象发生了变化而一级结构不变

10. 酶的竞争性抑制作用特点是指抑制剂（　　）。

A. 与酶的底物竞争酶的活性中心　　B. 与酶的产物竞争酶的活性中心

C. 与酶的底物竞争非必需基团　　D. 与酶的底物竞争辅酶

11. 酶原激活的生理意义是（　　）。

A. 保护酶的活性　　B. 恢复酶活性

C. 促进生长　　D. 避免自身损伤

12. 关于酶的叙述哪项是正确的？（　　）

A. 所有的蛋白质都是酶

B. 酶与一般催化剂相比催化效率高得多，但专一性不够

C. 酶活性的可调节控制性质具重要生理意义

D. 所有具催化作用的物质都是酶

13. 对全酶的正确描述是（　　）。

A. 单纯有蛋白质的酶　　B. 酶与底物结合的复合物

C. 酶蛋白和变构剂组成的酶　　D. 由酶蛋白和辅酶（辅基）组成的酶

14. 下列关于酶活性中心的正确叙述的是（　　）。

A. 所有的酶都有活性中心

B. 提供酶活性中心上的必需基团的氨基酸在肽链上相距很近
C. 所有抑制剂都直接作用于活性中心
D. 酶的必需基团均存在于活性中心内
15. 关于酶抑制剂的叙述正确的是（　　）。
A. 酶的抑制剂中一部分是酶的变性剂
B. 酶的抑制剂只与活性中心上的基团结合
C. 酶的抑制剂均能使酶促反应速度下降
D. 酶的抑制剂一般是大分子物质
16. 以下哪项不是酶的特点？（　　）
A. 多数酶是细胞制造的蛋白质
B. 易受 pH 和温度等外界因素的影响
C. 能加速反应，并改变反应平衡点
D. 催化效率极高
E. 有高度特异性
17. 酶催化作用所必需的基团是指（　　）。
A. 维持酶一级结构所必需的基团
B. 位于活性中心以内或以外的，维持酶活性所必需的基团
C. 酶的亚基结合所必需的基团
D. 维持分子构象所必需的基团
18. 己糖激酶以葡萄糖为底物时，$K_m=\frac{1}{2}$［S］，其反应速度 v 是 V_{max}的（　　）。
A. 67%　B. 50%　C. 33%　D. 15%　E. 9%
19. 酶促反应速度 v 达到最大反应速度 V_{max}的 80%时，底物浓度［S］为（　　）。
A. $1K_m$　B. $2K_m$　C. $3K_m$　D. $4K_m$　E. $5K_m$
20. 酶原所以没有活性是因为（　　）。
A. 酶蛋白肽链合成不完全
B. 活性中心未形成或未暴露
C. 酶原是普通的蛋白质
D. 缺乏辅酶或辅基
E. 是已经变性的蛋白质
21. 全酶是指什么？（　　）
A. 酶的辅助因子以外的部分
B. 酶的无活性前体
C. 一种酶一抑制剂复合物
D. 一种需要辅助因子的酶，具备了酶蛋白、辅助因子各种成分
22. 根据米氏方程，有关［S］与 K_m 之间关系的说法不正确的是（　　）。
A. ［S］$\ll K_m$ 时，V 与［S］成正比
B. ［S］$=K_m$ 时，$v=\frac{1}{2}V_{max}$
C. ［S］$\gg K_m$ 时，反应速度与底物浓度无关
D. ［S］$=\frac{2}{3}K_m$ 时，$v=25\%V_{max}$

23. 关于酶活性中心的叙述下列哪项是正确的？（　　）
A. 所有酶的活性中心都有金属离子
B. 所有的抑制剂都作用于酶的活性中心
C. 所有的必需基团都位于酶的活性中心
D. 所有酶的活性中心都含有辅酶
E. 所有的酶都有活性中心
24. 全酶是指（　　）。
A. 酶与底物复合物
B. 酶与抑制剂复合物
C. 酶与辅助因子复合物
D. 酶的无活性前体
E. 酶与变构剂的复合物
25. 关于酶的最适温度下列哪项是正确的？（　　）
A. 是酶的特征性常数
B. 是指反应速度等于50%V_{max}时的温度
C. 是酶促反应速度最快时的温度
D. 是一个固定值与其他因素无关
E. 与反应时间无关
26. 下列关于竞争性抑制剂的论述哪项是错误的？（　　）
A. 抑制剂与酶活性中心结合
B. 抑制剂与酶的结合是可逆的
C. 抑制剂结构与底物相似
D. 抑制剂与酶非共价键结合
E. 抑制程度只与抑制剂浓度有关

二、填空题

1. 酶是______产生的，具有催化活性的________________。

2. 酶具有________________、________________和________________等催化特点。

3. 影响酶促反应速度的因素有________________、________________、________________、________________、________________和________________。

4. 辅助因子包括________________、________________和________________等。其中________________与酶蛋白结合紧密，需要________________除去，________________与酶蛋白结合疏松，可以用________________除去。

5. 酶的活性中心包括________________和________________两个功能部位，其中________________直接与底物结合，决定酶的专一性，________________是发生化学变化的部位，决定催化反应的性质。

6. 结合酶，其蛋白质部分称________________，非蛋白质部分称________________，两者结合成复合物称________________。

7. 凡能提高酶活性的物质都称为________________。

三、简答题

1. 酶作为一种生物催化剂有何特点？

2. 解释酶的活性部位、必需基团二者之间的关系。

3. 说明米氏常数的意义及应用。

4. 什么是竞争性和非竞争性抑制？试用一两种药物举例说明不可逆抑制剂和可逆抑制剂对酶的抑制作用？

5. 当酶促反应进行的速度为V_{max}的80%时，在K_m和[S]之间有何关系？

第五章　维生素

人们对维生素（Vitamin）的认识与发现来源于长期的医药实验和对实验动物的科学饲养实验。早在公元581—682年，中国唐代的医学家孙思邈就用动物肝脏防治夜盲症（古称雀目），用谷皮熬粥防治脚气病。1890年，荷兰医生艾克曼在他的实验鸡群中发现了多发性神经炎病，其表现与脚气病极其相似。1897年，他终于证明该病是由于用白精米喂养引起的，将丢弃的米糠放回饲料中即可治愈，他认为米糠中含有一种“保护因素”。1878—1882年，日本海军用大麦代替食物中大部分精米后，海军士官中出现脚气病的人数得到了控制。1906年，英国的霍普金斯发现，如果大鼠仅以纯化的饲料喂养，则不能存活，但如果在纯化饲料中增加微量的牛奶后，大鼠就能正常生长。由此他得出结论：正常膳食中除了蛋白质、脂肪、糖类和矿物质外，一定还有其他必需的食物辅助因子，即所谓的维生素。随后，科学家们发现了多种不同的维生素，并且不同的维生素其功能也不一样。

本章重点知识

1. 掌握维生素的概念及分类；
2. 了解维生素的生理功能和食物来源；
3. 掌握辅酶、辅基和维生素的联系。

第一节　概述

一、维生素的概念

维生素是维持机体正常生命活动所必需的一类微量小分子有机化合物。这类物质在机体内不能合成或合成量很少，主要由食物供给。维生素的日需量很少，它们既不是构成各种组织的原料，也不是体内能量的来源，却是机体新陈代谢不可缺少的物质。多数的维生素作为辅酶或辅基参与体内的代谢过程。人体有如一座极为复杂的化工厂，不断地进行着各种生化反应，其反应进行与酶的催化作用有密切关系。许多酶要产生活性，必须有辅酶或辅基参加。已知许多维生素是酶的辅酶或者是辅酶的组成分子。因此，维生素是维持和调节机体正常代谢的重要物质。

二、维生素缺乏症

维生素在体内不断地代谢，失去活性后，排出体外。因此必须经常地从外界摄取维生素以保持机体正常物质代谢，否则易于发生“维生素缺乏症”，严重者可危及生命。引起维生素不足或缺乏的主要原因有下列几种。

（一）供给机体的维生素不足

食物中供给的维生素减少，可因摄入食物量减少或食物中维生素含量过少；也可因食物的贮存、加工、烹调不当，使某些维生素损失或破坏过多。例如海员可因食入的新鲜蔬菜和水果减少，引起维生素 C 不足；大米含有丰富的维生素 B_1，可因加工过精、烹调时淘米过度、加碱煮沸等，使维生素 B_1 大量损失或破坏。此外，由于日光照射不足，可使体内维生素 D_3 合成减少，长期服用抗菌药物，使肠道细菌生长受到抑制，细菌丛合成某些维生素（如 K、PP、B_6、叶酸等）减少。

（二）机体对维生素的吸收障碍

长期慢性腹泻，可使维生素吸收障碍，引起多种维生素缺乏。又如肝胆疾患，使肠道胆汁减少，造成脂类吸收障碍，也可引起脂溶性维生素的吸收障碍。

（三）机体对维生素的需要量增加

人体在某些生理或病理情况下，对某些维生素的需要量增加，若没有及时增加供给，可造成维生素不足。如儿童的生长发育期、妇女的妊娠期和哺乳期，对维生素 A、D、C 等的需要量增加；重体力劳动、患严重的传染性疾病、高烧和慢性消耗性疾病，都对维生素 B_1、B_2、PP、C 等的需要量增多。

（四）药物引起维生素缺乏

例如异烟肼与烟酰胺结构相似，有拮抗作用，异烟肼又能与维生素 B_6 结合使 B_6 失活，所以长期服用异烟肼应补充维生素 PP 和 B_6。

三、维生素的命名与分类

维生素的命名习惯上按发现的先后顺序以 A、B、C、D、E 命名。B 族维生素最初发现时以为是一种维生素，实际上是多种维生素的混合，于是在英文字母右下方注以数字 1、2、3…加以区别，如 B_1、B_2、B_6 等。有的按生理功能命名，如维生素 C 又叫抗坏血酸；有的或按化学结构命名，如维生素 B_1 是含硫的胺类，又叫硫胺素。因此，同一种维生素会出现两个以上的名字。

维生素种类很多，据不完全统计现在被列为维生素的有六十多种。各种维生素在结构上没有多少相同之处，通常按其溶解性质不同可分为脂溶性维生素和水溶性维生素两大类：

脂溶性维生素：维生素 A、维生素 D、维生素 E、维生素 K 等。

水溶性维生素：维生素 C 和维生素 B 族等。

第二节　脂溶性维生素

维生素 A、D、E、K 等不溶于水，而溶于脂肪和脂溶剂，因此称为脂溶性维生素。机体对该类维生素的吸收，主要与机体肠道吸收脂类能力有关。当脂类物质吸收不良或摄入量过少时，脂溶性维生素的吸收也会大为减少，引起相应的维生素缺乏症。该类维生素吸收后可以在体内，尤其是在肝内储存。

一、维生素 A

维生素 A 又称为视黄醇，是一个具有脂环的不饱和一元醇类。主要有两类：维生素 A_1 和维生素 A_2，如图 5-1 所示。维生素 A_1 存在于哺乳动物及咸水鱼的肝脏中，即通常所说的视黄醇；维生素 A_2 为 3-脱氢视黄醇，存在于淡水鱼的肝脏中。

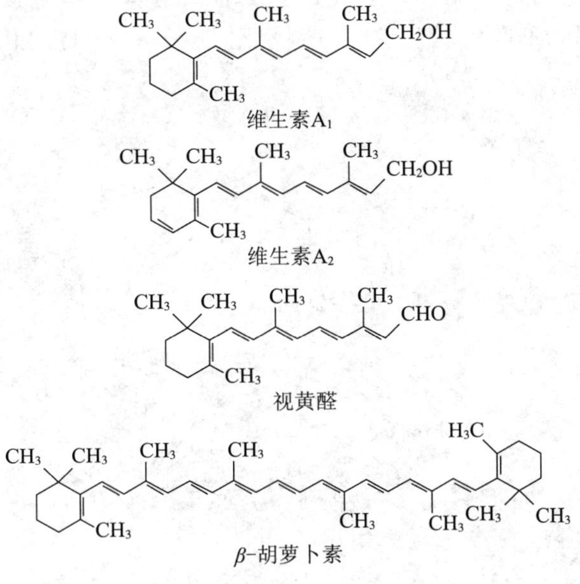

维生素A_1

维生素A_2

视黄醛

β-胡萝卜素

图 5-1　维生素 A_1、维生素 A_2、视黄醛和 β-胡萝卜素

维生素 A 的结构与 β-胡萝卜素的结构极其相似，如图 5-1 所示。β-胡萝卜素不具有生物活性，但在加氧酶作用下可裂解成为 2 分子的视黄醛，再经还原过程形成具有生物活性的维生素 A_1。因此 β-胡萝卜素是维生素 A 的主要前体，故称为维生素 A 原。

维生素 A 的生理功能如下：

（1）维持正常视觉和感光。维生素 A 被氧化成视黄醛后，与视蛋白结合成视紫红质。视紫红质可感受弱光，在傍晚或暗处起作用。人的暗适应能力与视紫红质的浓度有关。暗适应指从明亮处进到暗处看清物体所需的时间。维生素 A 缺乏，暗适应能力下降，引起夜盲症。

（2）维持机体上皮组织健康。维生素 A 缺乏时，上皮组织细胞增生、角质化过度。例如，泪腺上皮分泌停止，能使角膜、结膜干燥，发炎，产生眼干燥症甚至软化穿孔。所以维生素 A 又叫抗眼干燥症维生素。

（3）刺激组织生长和分化，促进正常生长发育。维生素 A 缺乏时，生长停滞，发育不良。

（4）抗癌作用。β-胡萝卜素是抗氧化剂，可消灭氧自由基，预防肿瘤和心血管疾病。维生素 A 摄入水平与癌症的发病率有关，维生素 A 摄入水平较高者比摄入水平低者的肺癌的发病率要低。最近挪威的研究表明，体内血浆维生素 A 水平与膀胱癌、胃肠道癌、乳腺癌之间呈现负相关。我国河南省林县是个食管癌的高发地区，研究人员对该地区人群的血浆维生素 A 含量进行了测定，发现 80%左右的人缺乏维生素 A。

维生素 A 广泛存在于高等动物及海产鱼类体中，以肝脏、眼球、乳制品和蛋黄中含量最多。胡萝卜素广泛存在于绿叶蔬菜、胡萝卜、玉米、番茄等植物性食物中。维生素 A 分子中含有羟基，易受空气氧化或日光暴晒而破坏。

二、维生素 D

维生素 D 是类固醇衍生物，因具有抗佝偻病的作用，故又称抗佝偻病维生素。维生素 D 的种类较多，但以麦角钙化醇（维生素 D_2）和胆钙化醇（维生素 D_3）较为重要。两者的结构十分相似，其区别仅在侧链上维生素 D_2 比 D_3 多一个双键和甲基，如图 5－2 所示。

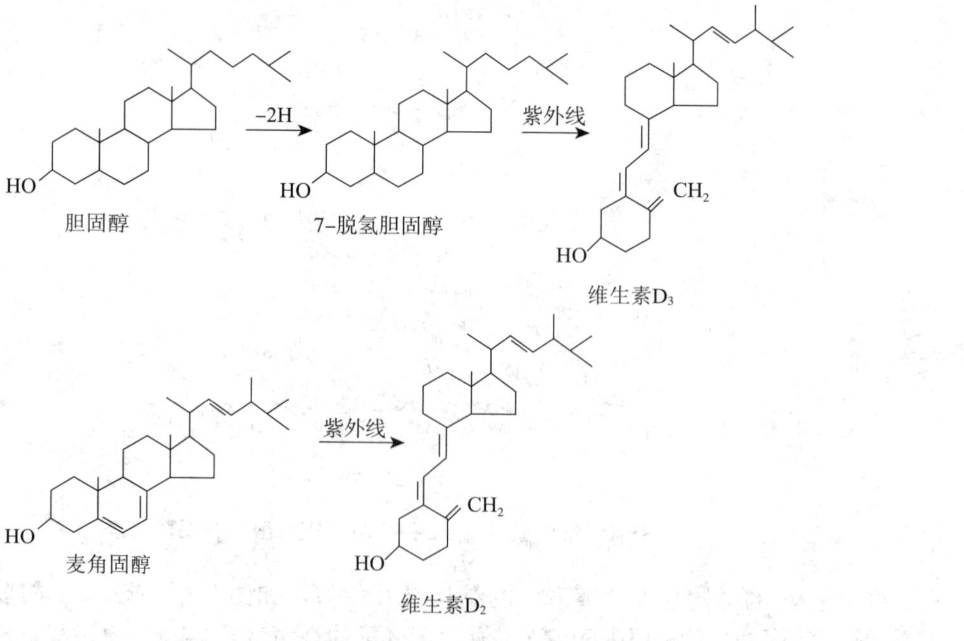

HO 胆固醇 —−2H→ HO 7-脱氢胆固醇 —紫外线→ HO CH₂ 维生素D_3

HO 麦角固醇 —紫外线→ HO CH₂ 维生素D_2

图 5－2　维生素 D_3 和维生素 D_2 的形成及其结构

在人和动物体内，胆固醇脱氢生成7-脱氢胆固醇，后者经日光或紫外线照射生成维生素D_3。这是人体维生素D的主要来源，并足够维持生物机体的需要，故7-脱氢胆固醇可称为维生素D_3原。植物油和酵母中含有麦角固醇，经紫外照射可转化为维生素D_2，故麦角固醇可称为维生素D_2原。由此可见，适当的日光浴或室外活动可防止维生素D的不足。另外，维生素D还可从膳食中获得，如鱼、蛋黄、奶油中含量相当丰富，尤其是海产鱼肝油中特别丰富。

维生素D的主要生理功能是调节钙、磷代谢，维持血钙和血磷水平，从而维护牙齿和骨骼的正常生长和发育。当维生素D缺乏时，肠道内钙、磷吸收发生障碍，血液中钙、磷浓度降低，引起儿童佝偻病，成人特别是孕妇和哺乳妇女易患软骨病。但是过多服用维生素D，则会引起恶心、腹泻、头痛等中毒症状，严重时会出现骨损坏、动脉硬化等。发现维生素D中毒后，应及时停止摄入维生素D，避免日光和紫外线的照射，并给予治疗。

三、维生素E

维生素E属于酚类化合物，与动物的生殖功能有关，故又称为生育酚或抗不育维生素。临床上常用来治疗先兆性流产和习惯性流产。

维生素E具有抗氧化的作用，是动物和人体中最有效的还原剂。能使细胞膜上磷脂的高度不饱和脂肪酸免受过氧化物的氧化，保护细胞膜结构的完整性和稳定性；同时，动物实验表明充足的维生素E可保障肝脏的解毒功能，减少环境中污染物对机体的有害作用；此外，对老年动物给予维生素E后可消除脑细胞等细胞中的过氧化脂质色素，并可改善皮肤弹性、延缓性腺萎缩，在预防衰老上有重要意义。

维生素E广泛分布于动植物性食品中。人体所需的大多来自谷类和食用油类，如麦胚油、玉米油、花生油和芝麻油中含量丰富；肉类、水产、禽、蛋、乳、豆、水果，几乎所有的绿叶蔬菜等都含有一定量的维生素E。因此，正常情况下人体很少发生维生素E的缺乏。维生素E缺乏的主要症状是不能生育，此外，还会出现肌肉萎缩、肾脏损坏、身体各部分渗出液聚合等症状。

四、维生素K

维生素K具有促进凝血功能，故又称为凝血维生素。

维生素K的生理功能有：促进肝脏合成凝血酶原，调节凝血因子Ⅶ、Ⅸ、Ⅹ的合成，促进血液凝固；作为电子传递链的一部分，参与氧化磷酸化过程；参与骨盐代谢，骨化组织中也存在维生素K依赖的蛋白质，被称为骨钙蛋白。

维生素K在食物中分布很广，以绿叶蔬菜（如菠菜）的含量最为丰富，一些植物油和蛋黄等也是维生素K的良好来源，而鱼、肉、乳等含量较少。人体肠道中的大肠杆菌也可以合成维生素K。因此，长期服用抗菌药物可使肠道细菌合成维生素K减少，影响维生素K的来源。新生儿肠道中无细菌合成维生素K，摄入量也不足，易发生出血，早产儿尤为明显。因此常在孕妇产前或新生儿出生后立即给予维生素K以预防出血。

缺乏维生素K，凝血酶原合成受阻，导致凝血时间延长，常发生肌肉和肠道出血。

第三节　水溶性维生素

维生素B族和维生素C溶于水而不溶于有机溶剂，因此称为水溶性维生素。维生素B族主要有维生素B_1、B_2、PP、B_6、泛酸、生物素、叶酸和B_{12}等。维生素B族是辅酶的重要组成部分，而且该类辅酶在肝脏和酵母中含量最丰富。与脂溶性维生素不同，进入人体的多余的水溶性维生素及其代谢产物均从尿液排出，体内不能多储存，也不易出现中毒症状，但因为储存很少必须经常从食物中摄取。

一、维生素B_1和焦磷酸硫胺素（TPP）

维生素B_1称为抗神经炎维生素，也称为抗脚气病维生素，因其化学结构是由含硫的噻唑环和含氨基的嘧啶环组成，故又称为硫胺素。临床上所用的维生素B_1是人工合成的硫胺素的盐酸盐，即盐酸硫酸素。维生素B_1干燥时较为稳定，但易于吸潮；在酸性溶液中耐热至120℃而不分解，但在碱中易分解破坏。因此，烹调过程中淘米过度或加碱煮沸会使维生素B_1丢失或分解。

在体内以焦磷酸硫胺素（TPP）的形式存在。TPP可作为脱羧酶、丙酮酸脱氢酶系和α-酮戊二酸脱氢酶系的辅酶，参与许多α-酮酸的脱羧反应。

由于维生素B_1与糖代谢有密切关系，所以当维生素B_1缺乏时，体内的TPP含量减少，从而使丙酮酸氧化脱羧作用发生障碍，导致血、尿和神经组织中丙酮酸含量升高。在正常情况下，神经组织的能量来源主要靠氧化供给，当维生素B_1缺乏时，神经组织能量供应不足，可引起多发性神经炎，就会产生烦躁易怒、四肢麻木、心肌萎缩、心力衰竭、下肢水肿等症状，临床上称为脚气病。

据研究，维生素B_1与体内胆碱酯酶的活性有关，缺乏会使神经传导受到影响，造成胃肠蠕动缓慢，消化液分泌减少，食欲不振，消化不良等消化道症状。

维生素B_1在植物中分布广泛。主要存在于种子的外皮和胚芽中，谷类、豆类、坚果、肉类、动物内脏及蛋类都含有丰富的维生素B_1，酵母中的含量也很丰富，蔬菜水果类含量不高，谷类过分碾磨精细或淘洗过度都会造成维生素B_1的大量损失。

二、维生素B_2和黄素辅酶

维生素B_2又称为核黄素，在体内主要以磷酸酯形式存在，即黄素单核苷酸（FMN）和黄素腺嘌呤二核苷酸（FAD）。它们具有氧化还原能力，是生物体内一些氧化还原酶（黄素蛋白）的辅基，与酶蛋白部分结合很牢，在生物氧化过程当中起到传递氢的作用，故FMN和FAD又称为黄素辅酶。这两种辅酶的还原型为$FMNH_2$和$FADH_2$。FMN和FAD是由维生素B_2经磷酸化作用和再进一步腺苷化形成的，反应如下：

$$\text{维生素} B_2 + ATP \xrightarrow{\text{黄素激酶}} FMN + ADP$$

$$FMN + ATP \xrightarrow{\text{FAD合成酶}} FAD + PPi$$

维生素 B_2 的生理功能是作为辅酶参与生物氧化作用，在糖、脂、氨基酸的代谢中都非常重要，因此对维持皮肤、黏膜和视觉的正常机能均有一定的作用。当人体长期缺乏维生素B_2时，会导致细胞代谢失调，出现唇炎、舌炎、口角炎、眼角膜炎、多发性神经炎等症状。

维生素 B_2广泛存在于自然界中，小麦、青菜、大豆、米糠等都含有丰富的维生素B_2。动物肝脏及酵母细胞中含量较高，绿色植物及某些细菌和霉菌能合成核黄素，但在动物体内却不能合成，必须由食物供给。

三、维生素 PP 与辅酶Ⅰ、辅酶Ⅱ

维生素 PP 又称维生素 B_3，或称抗癞皮病维生素，包括烟酸（又称烟酸）和烟酰胺（又称烟酰胺）两种。在生物体内，维生素 PP 主要是以烟酰胺形式存在，烟酰胺与核糖、磷酸、腺嘌呤组成脱氢酶的辅酶，主要是烟酰胺腺嘌呤二核苷酸（NAD^+或辅酶Ⅰ）和烟酰胺腺嘌呤二核苷酸磷酸（$NADP^+$或辅酶Ⅱ），两者是多种脱氢酶的辅酶，反应中可以可逆地进行加氢和脱氢，因此在代谢反应中起传递氢的作用。

维生素 PP 广泛存在于酵母、肝、鱼、绿叶蔬菜、肉类、谷类和花生中，此外，在体内色氨酸也可转变为维生素 PP，故人体一般不会缺乏。一旦人体长期缺乏维生素 PP，就会使机体能量代谢受阻，神经细胞得不到足够的能量，致使神经功能受影响。典型的维生素 PP 缺乏症称为癞皮病，其显著的外观表现为皮炎（Dermatitis），在暴露或易摩擦的肢体部位出现对称样症状，初期皮肤变红，后转为褐色，增厚并呈现鳞状样皮肤，此外，还可出现腹泻（Diarrhea）和痴呆（Dementia），故又称之为“三 D 症状”。

四、泛酸与辅酶 A

泛酸是自然界中分布十分广泛的维生素，故又称遍多酸，是维生素 B_5。

泛酸是辅酶 A 的组成成分，在生物体内，辅酶 A 是泛酸的主要活性形式，常简写为 CoA。辅酶 A 是酰基转移酶类的辅酶，起传递酰基的作用。由于携带酰基部位在-SH 基上，故通常以 CoA-SH 表示。当携带乙酰时形成 $CH_3CO \sim SCoA$，称为乙酰辅酶 A。辅酶 A 在糖代谢、脂类代谢和蛋白质代谢的相互关系中是一个很重要的穿梭物质。

临床上，辅酶 A 对厌食、乏力等症状有明显的疗效，故被广泛用作多种疾病的重要辅助药物，如白细胞减少症、功能性低热、脂肪肝、各种肝炎、冠心病等症。

泛酸广泛存在于动植物中，肝、肾、蛋、小麦、花生、豌豆、酵母中含量丰富，特别是蜂王浆中含量最多，同时肠内细菌也能合成泛酸供人体使用，所以人类极少发生泛酸缺乏症。

五、维生素 B_6 与磷酸吡哆素

维生素 B_6包括三种物质：吡哆醇、吡哆醛和吡哆胺。在体内，主要是以磷酸酯形式

存在，即磷酸吡哆醇、磷酸吡哆醛和磷酸吡哆胺。其中，参与代谢活性较强的是磷酸吡哆醛和磷酸吡哆胺，特别是在氨基酸代谢中，它是氨基酸转氨酶和脱羧酶的辅酶，两者可以相互转化。

维生素 B_6 分布较广，酵母、肝、蛋黄、肉、鱼和谷物中含量丰富，同时肠道细菌也可合成维生素 B_6。

缺乏维生素 B_6 可产生呕吐、中枢神经兴奋、惊厥、低色素性贫血等症状。特别是酗酒者和长期服用异酰胺的结核患者最容易缺乏此维生素，因为乙醇在体内氧化为乙醛，而乙醛可促使磷酸吡哆醛分解；吡哆醛易与异酰胺结合成异烟腙失去活性。

六、生物素

生物素又称维生素 B_7，或维生素 H。

生物素是多种羧化酶的辅酶或辅基，如丙酮酸羧化酶、乙酰辅酶 A 羧化酶等。生物素和酶蛋白结合，催化体内 CO_2 的固定反应和羧化反应。生物素与糖、脂肪、蛋白质和核酸的代谢有密切关系，在代谢过程中起 CO_2 载体作用。

生物素来源广泛，在肝、蛋黄、牛乳、蔬菜和谷物中都含有，肠道细菌也能合成，一般不会缺乏，但是生鸡蛋清中含有一种抗生物素蛋白，能与生物素结合成一种无活性人体不易吸收的结合蛋白，故长期食用生鸡蛋可引起生物素缺乏病，导致疲劳、食欲不振、四肢皮炎、肌肉疼痛、毛发脱落、贫血等症。

生物素对一些微生物如酵母菌、细菌的生长有强烈促进作用，所以发酵法生产抗生素时，培养基中常需加入生物素。

七、叶酸与叶酸辅酶

叶酸是 1941 年由菠菜中分离出来而命名的（最初是由肝脏分离出来，随后发现绿叶中含量丰富，故此命名）。

叶酸在体内的活化形式是四氢叶酸（FH_4）。它是一碳基团转移酶的辅酶，起着传递一碳基团的作用，参与体内重要物质（如嘌呤、嘧啶、甲硫氨酸、胆碱等）的合成，在核酸和蛋白质的代谢中具有重要作用。

叶酸对于正常红细胞的形成有促进作用。当叶酸缺乏时，DNA 合成受到抑制，骨髓巨红细胞中 DNA 合成减少，细胞分裂速度减低，细胞体积较大，细胞核内染色质疏松，称为巨红细胞。这种红细胞大部分在骨髓内成熟前就被破坏而造成贫血，称为巨幼红细胞性贫血（Macrocytic Anemia）。如果孕妇缺乏叶酸，可导致无脑儿或脊椎裂。

叶酸广泛存在于肝脏和蔬菜中，人类肠道细菌也能合成叶酸，一般不易缺乏。但当怀孕时，由于叶酸需求增多；或肠道吸收不好；或长期使用抗生素等情况下可能会导致叶酸缺乏。用叶酸治疗恶性贫血病时，需与维生素 B_{12} 合并使用。

八、维生素 B_{12} 与辅酶 B_{12}

维生素 B_{12} 又称抗恶性贫血维生素，因分子中含有金属元素钴，故又称为钴胺素，是唯一含有金属元素的维生素。

维生素 B_{12} 在体内有两种活性形式：辅酶 B_{12} 和甲基钴胺素。辅酶 B_{12} 可作为变位酶的辅酶参加一些异构化反应，而甲基钴胺素可参与生物合成的甲基化作用，因此，维生素 B_{12} 对神经功能有特殊的重要性。

维生素 B_{12} 参与体内一碳基团代谢，因此与叶酸的作用有时是相互关联的。当机体缺乏维生素 B_{12} 时，不能正常产生红细胞，导致恶性贫血，幼龄动物发育不良、神经系统受损、手足麻木、缺乏平衡感、忧郁易怒、思想迟缓和健忘等。

在自然界中，只有动物食品才富含维生素 B_{12}，特别是动物的肝脏，其次为肉、蛋、奶类，另外发酵豆制品如腐乳、豆豉等食物中也含有。人体肠道细菌也可合成部分的维生素 B_{12}，所以人体一般不缺。但有严重吸收障碍疾患的病人和长期素食者易发生维生素 B_{12} 缺乏症。

九、维生素 C

维生素 C 能防治坏血病，又称抗坏血酸。它具有酸性和强还原性，为高度的水溶性维生素。在体内维生素 C 以还原型和氧化型两种形式存在，可以通过氧化还原互变。

维生素 C 是维持人体身体健康不可缺少的物质。其生理功能有：

（1）参与体内氧化还原反应。维生素 C 可起到保护—SH 的作用，能使巯基酶的-SH 维持还原状态，具有保护细胞膜和防治重金属中毒的作用。维生素 C 作为重要的抗氧化剂和自由基清除剂，可使难吸收的 Fe^{3+} 还原成易吸收的 Fe^{2+}，促进肠道对铁的吸收。它还可保护其他维生素免遭氧化，促使叶酸转变为有活性的四氢叶酸。

（2）参与羟化反应。维生素 C 是羟化酶的辅酶，促进脯氨酸转变为羟脯氨酸，羟脯氨酸是维持胶原蛋白空间构象的关键物质。胶原蛋白不足，使微血管通透性增加，易破裂出血，引起维生素 C 缺乏病，其症状为创口溃疡不易愈合或导致角化的毛囊四周出血，严重时皮下、黏膜、肌肉出血等，常有鼻衄、月经过多及便血等现象。该蛋白的不足还使骨骼和牙齿易于折断或脱落。

（3）其他。维生素 C 可促进免疫球蛋白的合成与稳定，增强机体抵抗力，还有防治动脉硬化、抗病毒和防癌作用。

维生素 C 广泛分布在新鲜的蔬菜和水果中。柑橘、枣、山楂、番茄、辣椒、豆芽、猕猴桃、石榴等中尤其丰富。人体不能合成维生素 C，必须由食物中摄取。

维生素 C 容易被氧化，在食物贮藏或烹调过程中，甚至切碎新鲜蔬菜时维生素 C 都能被破坏。微量的铜、铁离子可加快破坏的速度。因此，只有新鲜的蔬菜、水果或生拌菜才是维生素 C 的丰富来源。它是无色晶体，熔点 190 ℃～192 ℃，易溶于水，水溶液呈酸性，化学性质较活泼，遇热、碱和重金属离子容易分解，所以炒菜不可用铜锅和加热过久。但大量食用维生素 C 也会引起中毒。

本章实验

实验一　维生素 A，B_1 和 B_2 的定性鉴定

一、实验目的

了解并学会维生素 A、B_1 和 B_2 定性鉴定的原理和方法。

二、实验原理

维生素种类很多，不同的维生素会发生不同的呈色反应。

维生素 A 及其前体，β-胡萝卜素在低温下都能与 $SbCl_3$ 产生慢慢消退的蓝色反应。

维生素 B_1，又称硫胺素，据推测，早期使用重氮试剂法：在有 $NaHCO_3$ 存在时，它与重氮试剂作用呈红色，加入少量甲醛可使红色稳定。此法操作简单、迅速，但要求样品中含量高于 5 μg/g～10 μg/g，且反应不灵敏，特异性较低。目前普遍采用荧光法：在碱性环境中，硫胺素经氰化钾定量地被氧化成带有深蓝色荧光的硫色素。此法灵敏性和特异性都很高，可测出 0.01 μg 硫胺素。

维生素 B_2，又名核黄素，其水和乙醇溶液呈黄色并具有强荧光。亚硫酸盐可将其还原成无色二氢化物，在空气中又重新被氧化，恢复荧光。

三、材料、试剂与器材

1. 材料：鱼肝油和米糠。

2. 试剂：

（1）精馏氯仿：用蒸馏水洗净市售氯仿 2～3 次，加一些煅烧过的 K_2CO_3 或无水 Na_2SO_4，进行干燥，并在暗色玻璃瓶中蒸馏，取 61 ℃～62 ℃部分试剂。

（2）三氯化锑（$SbCl_3$）氯仿饱和液：以少量精馏氯仿反复洗涤 $SbCl_3$，直到氯仿不再呈色为止。放在干燥器内，用硫酸干燥。用干燥的 $SbCl_3$ 和精馏氯仿配制饱和溶液。

（3）$NaHCO_3$ 溶液：NaOH 2.0 g 溶于 60 mL 蒸馏水中，加 $NaHCO_3$ 2.88 g，混匀后，用水稀释至 100 mL。

（4）重氮试剂：试剂 A——将亚硝酸钠 0.5 g 溶于水中，定容至 100 mL，用前新鲜配制；试剂 B——将 p-氨基苯磺酸 0.5 g 溶解于 0.5 mL 浓盐酸中，然后以水定容至 100 mL。需用时，将 A 液和 B 液按 1∶50 比例配合，混匀 15 min 后，即可使用，24 h 内有效。

（5）其他试剂：乙酸酐，0.05 mol/L 硫酸，0.2%硫胺素溶液，30 μg/mL 核黄素溶液，1%铁氰化钾溶液，异丁醇，30%NaOH 溶液，2.5% $NaHSO_3$溶液（用 2% Na_2CO_3 溶液做溶剂）。

3. 器材：试管及试管架，1 mL 移液管，2 mL 移液管，5 mL 滴定管，10 mL 量筒及滴管，电子天平，滤纸及漏斗等。

四、实验步骤

1. 维生素 A：取 1～2 滴鱼肝油，放入洁净、干燥试管中，加氯仿约 0.5 mL 和乙酸酐 1～2 滴。摇匀后，用滴定管滴加冰水预冷的 $SbCl_3$ -氯仿溶液 1 mL～2 mL，再摇匀。观察其颜色变化。

2. 维生素 B_1（重氮试剂法）：取米糠约 1 g，置于试管中，加入 5 mL 0.05 mol/L 硫酸溶液并用力震荡，以提取硫胺素。放置 10 min 后，用滤纸过滤。取滤液 1 mL，加入碱性

溶液 $NaHCO_3$ 1.5 mL 及重氮试剂 1 mL，摇匀后，10 min 内观察深红色的出现。

3. 维生素 B_1（荧光法）：取 0.2%硫胺素溶液 1 mL～2 mL，加入铁氰化钾溶液 2 mL 和 30%NaOH 溶液 1 mL，充分混匀后，再加入 2 mL 异丁醇，充分摇荡。待两液相分开后，观察上层异丁醇溶液中的蓝色荧光。

4. 维生素 B_2：取 2 支试管，各加入核黄素溶液 1 mL，观察其黄绿色荧光。在一管中加入 5～10 滴亚硫酸氢钠溶液，比较两管的荧光。充分摇匀后，再随时比较两管的荧光（最好在紫外灯下观察）。

五、注意事项

1. 定性测定维生素 A 所使用的试剂和器材需绝对干燥。微量水分可使 $SbCl_3$ 形成氯氧化锑（SbOCl），不再与维生素 A 反应，并出现混浊。在试管中添加乙酸酐 1～2 滴可除去微量吸收的水分。

2. 测维生素 A 所使用的氯仿必须除去杂质及水分，经过重蒸馏的。

3. 凡接触过的玻璃器皿以 10% HCl 洗涤后，再用水冲洗。

4. 在冰水中预冷 $SbCl_3$ -氯仿溶液，是为了防止维生素 A 在与反应形成的蓝色过快褪色。

六、思考题

1. 简述维生素 A、B_1 和 B_2 定性鉴定的原理。

2. 测定维生素 A 呈色实验中最重要的环节是什么？

实验二 维生素 C 的含量测定

一、实验目的

1. 掌握定量测定维生素 C 的原理。

2. 熟悉掌握蔬菜或水果等食物中维生素 C 含量的定量测定方法。

二、实验原理

维生素 C 是一种人类必需的水溶性维生素，植物的绿色部分及许多的水果和蔬菜中，都含有丰富的维生素 C。

维生素 C 属于不饱和的多羟基化合物，具有很强的还原性。在酸性条件下，抗坏血酸能将氧化型的染料 2,6-二氯酚靛酚（红色）还原为还原型的 2,6-二氯酚靛酚（无色），同时，抗坏血酸被氧化为脱氢抗坏血酸。反应如图 5－3 所示。

所以，可利用此反应来定量测定抗坏血酸。酸性溶液中，当用此染料滴定含有维生素 C 的溶液时，维生素 C 尚未被完全氧化前，则滴下的染料立即被还原成无色。一旦溶液中的维生素 C 已被完全氧化时，则滴下的染料立即变为粉红色。所以，当溶液由无色转变为微红色时即表示溶液中的维生素 C 刚刚全部被氧化，此时即为滴定终点。如无其他杂质干扰，根据滴定时消耗的染料 2,6-二氯酚靛酚标准溶液的量，即可求出样品中维生素 C 的含量。

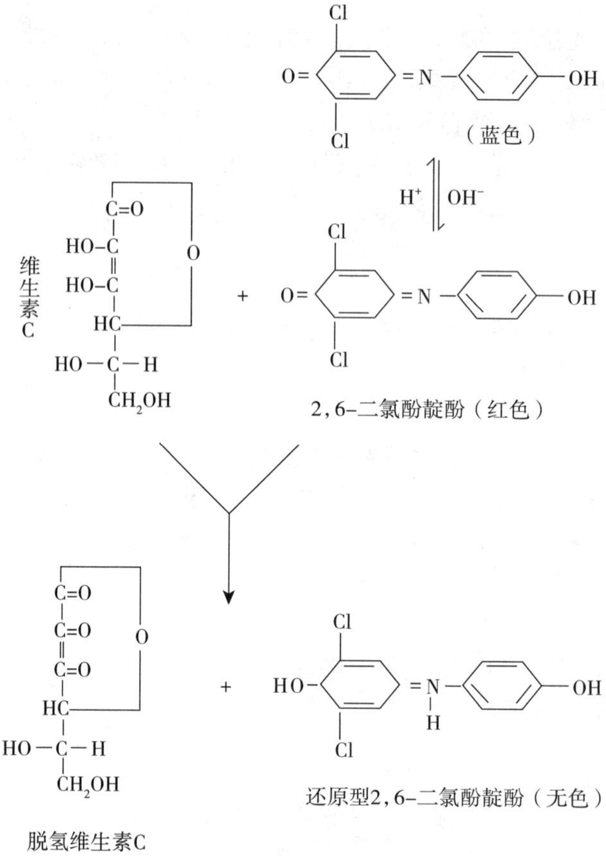

（蓝色）

H^+ ⇌ OH^-

维生素C + 2,6–二氯酚靛酚（红色）

脱氢维生素C + 还原型2,6–二氯酚靛酚（无色）

图 5－3　2,6-二氯酚靛酚滴定法

三、材料、试剂与器材

1. 材料：苹果等果蔬。

2. 试剂：

（1）1%HCl 溶液。

（1）2%草酸溶液：草酸 2 g 溶于 100 mL 蒸馏水中。

（3）1%草酸溶液：草酸 1 g 溶于 100 mL 蒸馏水中。

（4）标准维生素 C 溶液：准确称取 10 mg 纯维生素 C（应为洁白色，如变为黄色则不能用）溶于 1%草酸溶液中，并稀释至 100 mL，贮于棕色瓶中，冷藏。最好临用前配制。

（5）0.1%的 2,6-二氯酚靛酚溶液：250 mg 2,6-二氯酚靛酚溶于 150 mL 含有 52 mg $NaHCO_3$的热水中，冷却后加水稀释至 250 mL，滤去不溶物，贮于棕色瓶中冷藏（4 ℃ 约可保存一周）。每次临用时，要用标准维生素 C 溶液来标定。

3. 器材：组织捣碎器，2 mL 微量滴定管，滤纸，100 ml 锥形瓶，1 mL 和 10 mL 移液管，100 mL容量瓶，漏斗。

四、实验步骤：

1. 维生素 C 提取。将整株新鲜蔬菜或整个新鲜水果用水洗净，再用纱布或吸水纸吸干表面水分，然后称取 50 g～100 g，加入等体积 2%草酸溶液，置组织捣碎机中打成浆状，滤纸过滤，滤液备用。滤饼可用少量 2% 草酸洗几次，合并滤液，记录滤液总体积。

2. 标准液滴定。准确吸取标准维生素 C 溶液 1.0 mL（含 0.1 mg 维生素 C）置 100 mL 锥形瓶中，加9 mL的 1%草酸溶液，用微量滴定管以 0.1%的 2,6-二氯酚靛酚滴定至淡红色，并保持15 s不褪色，即达终点。由所用染料的体积计算出滴定度（T），即 1 mL 染料相当于多少毫克抗坏血酸（取 10 mL 的 1%草酸溶液作空白对照，按以上方法滴定）。

3. 样品滴定。准确吸取滤液两份，每份 10 mL 分别放入两个 100 mL 锥形瓶内，滴定方法同前。另取 10 mL 的 1%草酸作空白对照滴定。

4. 计算：

$$T=\frac{0.1}{V_1-V_2}$$

$$\text{维生素 C 含量（mg/100 g 样品）}=\frac{(V_A-V_B)\times C\times T\times 100}{D\times W}$$

式中：V_1——滴定维生素 C 溶液作用染料体积（mL）；

V_2——滴定空白对照所用染料体积（mL）；

V_A——滴定样品所耗用染料的平均体积（mL）；

V_B——滴定空白对照所耗用的染料的平均体积（mL）；

C——样品提取液的总体积（mL）；

D——滴定时所取的样品提取液体积（mL）；

W——待测样品的重量（g）。

五、注意事项

1. 某些水果、蔬菜（如橘子、西红柿）浆状物泡沫太多，可加数滴丁醇或辛醇。

2. 整个操作过程要迅速，防止还原型抗坏血酸被氧化。滴定过程一般不超过 2 min，因为在本实验滴定条件下，一些非维生素 C 的还原物质作用较迟缓，快速滴定可减少它们的干扰。

3. 滴定所用的染料应在 1 mL～4 mL 之间，如果样品含维生素 C 太高或太低时，可酌情增减样液用量或改变提取液稀释度。

4. 2%草酸有抑制抗坏血酸氧化酶的作用，而 1%草酸无此作用。

5. 干扰滴定因素有：

（1）若提取液中色素很多时，滴定不易看出颜色变化，可用白陶土脱色，或加 1 mL 氯仿，到达终点时，氯仿层呈现淡红色。

（2）Fe^{2+} 可还原二氯，对于含有大量 Fe^{2+} 的样品可用 8%乙酸溶液代替草酸溶液提取，此时 Fe^{2+} 不会很快与染料起作用。

（3）样品中可能有其他杂质还原，但反应速度均较抗坏血酸慢，因而滴定开始时，染料要迅速加入，而后尽可能逐滴加入，并要不断地摇动三角瓶直至呈粉红色，于 15 s 内消退为终点。

6. 提取的浆状物如不易过滤，亦可离心，留取上清液进行滴定。

六、思考题

1. 影响维生素 C 测定的因素有哪些？

2. 简述维生素 C 的生理功能和用该法测定维生素 C 的原理。

复习思考题

一、选择题

1. 下列关于维生素的叙述正确的是（　　）。

A. 维生素是构成组织细胞成分之一

B. 根据化学结构和性质分类

C. 全部由食物供给

D. 是一类需要量很大的维生素

E. 有些溶于水、有些溶于脂肪

2. 下列哪一种维生素是辅酶 A 的前体？（　　）

A. 核黄素　B. 泛酸　C. 钴胺素　D. 吡哆胺

3. 下列哪一种维生素衍生出了 TPP？（　　）

A. 维生素 B_1　B. 维生素 B_2　C. 维生素 B_5　D. 生物素

4. 下列哪个被称为是维生素 A 原？（　　）

A. 视黄醇　B. 视黄醛　C. 胡萝卜素　D. 生物素

5. 下列关于维生素的叙述错误的是（　　）。

A. 摄入过量维生素可引起中毒

B. 是一类小分子有机化合物

C. 都是构成辅酶的成分

D. 脂溶性维生素不参与辅酶的组成

E. 在体内不能合成或合成量不足

6. 下列哪种维生素属于水溶性维生素？（　　）

A. 维生素 A_1　B. 维生素 D　C. 维生素 C　D. 维生素 K

7. 关于脂溶性维生素的叙述正确的是（　　）。

A. 易被消化吸收

B. 体内不能储存、余者从尿中排出

C. 酶的辅酶、辅基都是脂溶性维生素

D. 过多或过少都会引起疾病

E. 是人类必需的一类营养素、需要量大

8. 维生素 D 缺乏时可引起（　　）。

A. 痛风症　B. 呆小症　C. 夜盲症

D. 眼干燥症　E. 佝偻病

9. 下列关于水溶性维生素的叙述正确的是（　　）。

A. 不易溶于水吸收难　B. 体内储存量大

C. 它们多是构成酶的辅酶或辅基组分　D. 不需要经常摄入

10. 缺乏下列哪种维生素会引起脚气病？（　　）

A. 维生素 A　B. 维生素 PP

C. 维生素 B_1　D. 维生素 B_2

11. 下列哪种维生素缺乏会引起坏血病？（　　）

A. 硫胺素　　B. 核黄素　　C. 硫辛酸

D. 维生素 C　　E. 泛酸

二、填空题

1. 根据维生素的溶解性不同，可将维生素分为__________和__________两大类。

2. 维生素 D 又被称为__________。

3. 维生素 B_2 常以__________和__________形式存在，它们是呼吸链中的辅基成分。

4. 叶酸的辅酶形式是：__________。

5. 烟酰胺的辅酶有__________和__________两种。

6. 维生素 E 又称为__________或__________。

7. 维生素是维持机体正常代谢和健康所必需的一类__________化合物，该物质主要来自__________，其中__________，__________两种维生素可以在体内由__________和__________转变生成。

8. 夜盲症是由于缺乏__________。

9. 经常晒太阳不致缺乏的维生素是__________。

三、简答题

1. 当缺乏维生素 A、维生素 C、维生素 E 和维生素 D 缺乏时会出现哪些症状？怎么防治？

2. 维生素是如何分类的？

3. 写出 B 族维生素及与其对应的辅基（酶）的名称、功能。

第六章　生物氧化

动物在其生长、发育、繁殖等生命活动中都需要能量。酶的催化、体内物质的合成和分解、物质的转运、肌肉运动以及神经传导等都伴随着能量的变化，这些能量变化都遵循着热力学普遍定律。植物和一些微生物可以直接捕获光能而获得能量，称为光能营养生物。动物和人主要依赖营养物质在生物体细胞内氧化分解成 CO_2 和 H_2O 并释放能量，这个过程称为生物氧化（Biological Oxidation）。

本章重点知识

1. 了解生物氧化的方式、特点及其在生物学上的意义；
2. 掌握呼吸链的概念及生物氧化过程中水的生成过程；
3. 掌握氧化磷酸化的概念及电子传递与 ADP 磷酸化偶联的部位。

第一节　概述

一、生物氧化的概念

人体和其他生物体一样，在整个生命活动过程中，如肌肉收缩、神经冲动以及细胞内各种生物合成反应都需要消耗能量。人体通过摄取食物的方式从外界获得能量，食物中所能利用的能量就是有机物中所含有的化学能。人类食物中提供能量的有机物主要是糖、脂肪、蛋白质，统称为人体的三大营养素。人体在生命活动过程中所需的能量来源于体内营养物质的氧化分解。

糖、脂肪、蛋白质等有机物在生物体内彻底氧化生成二氧化碳和水，并逐步释放能量的过程称为生物氧化，生物氧化过程如图 6－1 所示。由于生物氧化是在组织细胞内进行，氧化过程以吸入氧气和呼出二氧化碳的呼吸作用为基础，所以又称为组织呼吸或细胞呼吸。对于真核生物来说，生物氧化主要在细胞的线粒体内完成。

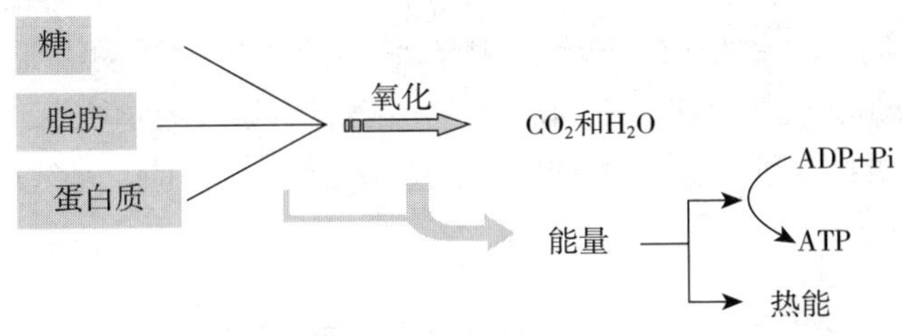

图 6-1　生物氧化过程图

在生物体内，氧化反应有下列三种类型：

（1）失电子。如细胞色素（Cyta）中铁的氧化：

$$Cyta\text{-}Fe^{2+}-e \rightleftharpoons Cyta-Fe^{3+}$$

（2）脱氢。如醇氧化为醛：

$$RCH_2OH-2H \rightleftharpoons RCHO$$

因为一个氢原子是由一个质子（H^+）和一个电子（e）组成的，即 $H \rightarrow H^+ + e$，脱去一个氢原子也就是失去一个质子和一个电子，所以脱氢反应的本质也是电子转移。

（3）加氧。如醛氧化为酸：

$$RCHO+\frac{1}{2}O_2 \rightleftharpoons RCOOH$$

加氧反应有的也是先与水化合，再脱去氢（包括质子和电子），如醛的氧化反应也可写成：

$$RCHO+H_2O \rightleftharpoons RCH(OH)_2-2H^+-2e \rightleftharpoons RCOOH$$

加氧反应也常伴有氧分子接受质子和电子而被还原成水：

$$RH+O_2+2H^++2e \rightleftharpoons ROH+H_2O$$

由此可见，氧化还原的本质是电子的转移。由于自由态的电子极不稳定，它从某一物质上脱去后，必然要被另一物质接受，接受电子的物质就被还原。因此，每一个氧化反应必然同时伴有一个还原反应。被氧化的物质称为供氢体（供电子体），被还原的物质称为受氢体（受电子体）。例如，AH_2 为供氢体，B 为受氢体，两者发生氧化还原反应，AH_2 脱氢被氧化，B 加氢被还原，反应便构成一个氧化还原系统。

$$AH_2+B \rightleftharpoons A+BH_2$$

进行氧化还原反应的每一种物质，都可以有氧化型和还原型两种形式，如上述反应中的 AH_2 和 BH_2 为还原型，A 和 B 为氧化型。

二、生物氧化的特点

生物氧化和有机物在空气中燃烧在化学本质上是相同的，都是消耗氧使有机物氧化，最终产物都是 CO_2 和 H_2O，所释放的能量也是相同的。但生物氧化又有其特点：

（1）生物氧化在细胞内进行，是在酶的催化下，在体温、近中性 pH 和有水的环境中逐步进行的。

（2）生物氧化中能量是逐步释放的，这样不会因能量的骤然释放而损害机体，同时使释放的能量得到有效的利用。生物氧化过程所释放的能量通常先储存在一些高能化合物（如 ATP 中），然后通过这些物质的转移作用，满足肌体生命活动需要。

（3）CO_2 的生成是有机物氧化的中间产物有机酸经脱羧反应而生成的；水则是在一系列酶的催化作用下，将有机物脱下的氢经过一连串的递氢或递电子反应，最终与氧化合的产物。

第二节　线粒体氧化体系

线粒体氧化体系指的是线粒体内三大营养等物质氧化分解为 CO_2 和 H_2O，并释放能量的过程。线粒体内生物氧化大致可以分为三个阶段：

第一阶段：糖、脂肪和蛋白质分解为其基本单位——葡萄糖、脂肪酸和甘油、氨基酸。此阶段放能较少，仅相当于该物质所放出总能量的 1%以下，而且多以热的形式散失，不能为机体所利用。

第二阶段：葡萄糖、脂肪酸和甘油、氨基酸经过一系列反应生成活泼的二碳物质——乙酰辅酶 A。此阶段释放出总能量的 1/3，其中部分转变为可被机体利用的化学能。

第三阶段：乙酰辅酶 A 经过三羧酸循环彻底氧化为 CO_2 和 H_2O。这是糖、脂肪和蛋白质分解的共同通路。此阶段中有多次脱氢，脱下的氢经呼吸链传递，最后与氧结合生成水，同时释放出大量能量。

所以，线粒体生物氧化主要包括三方面的内容：

（1）H_2O 的生成——细胞是如何利用氧分子把有机物中的氢氧化成水的。

（2）能量的产生——当有机物被氧化成 C_2O 和 H_2O 时，释放的能量怎样转化成 ATP 的。

（3）CO_2 的生成——细胞如何在酶的催化下把有机物中的碳转变成 CO_2 的。

一、线粒体结构和功能

（一）结构

线粒体有两层膜，外膜光滑，内膜折叠成嵴，伸向基质，内外膜之间为膜间腔（见图 6－2）。

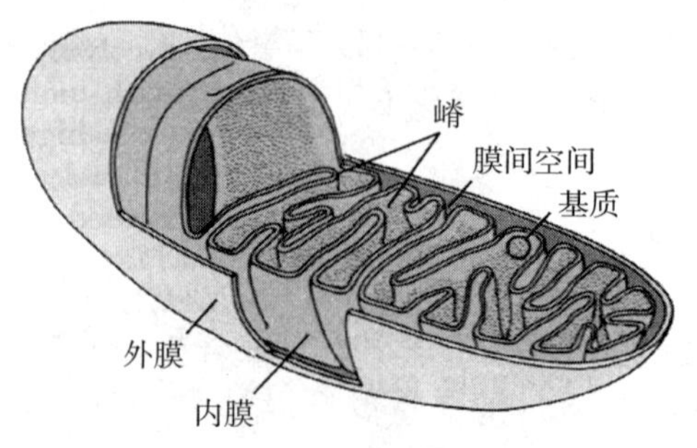

图 6－2　线粒体的结构

（二）功能

线粒体的功能有如下 4 点：

（1）外膜对大多数小分子和离子可自由透过。内膜是疏水的脂双层结构，不能自由通透，大多数物质需通过特殊的酶或载体才能进出。内膜上含有呼吸链和 ATP 合成酶。

（2）线粒体基质中含有全部三羧酸循环酶系、脂肪酸 β-氧化酶系和谷氨酸脱氢酶等与有机酸氧化分解有关的酶。通过这些酶可将乙酰辅酶 A、脂肪酸和其他酮酸氧化。

（3）线粒体内膜上存在着多种酶与辅酶组成的电子传递链，或称呼吸链，将代谢物脱下的氢传递到氧生成水。

（4）线粒体是细胞的能量工厂，线粒体内膜上的 ATP 合成酶，利用电子传递过程释放的能量，使 ADP 磷酸化生成 ATP，其余能量以热能形式释放。

二、生物氧化中水的生成

生物氧化作用是通过脱氢反应来实现的。脱氢是氧化的一种方式，生物氧化中所生成的水是代谢物脱下的氢经生物氧化作用与氧结合而成的。

糖、脂肪和蛋白质中所含的氢，在一般情况下是不活泼的，必须通过相应的脱氢酶激活后才能脱落。体内的氧也必须经过氧化酶激活后才能变为活性很高的氧化剂。但激活的氧在一般情况下不能直接氧化脱落的氢，两者之间尚需传递才能结合成水。

在大量实验工作的基础上，已经建立了生物氧化体系的概念：底物分子中的氢经脱氢酶激活而脱落，脱下的氢经中间传递体传递，最后与被氧化酶激活的氧结合水生成，如图 6-3 所示。

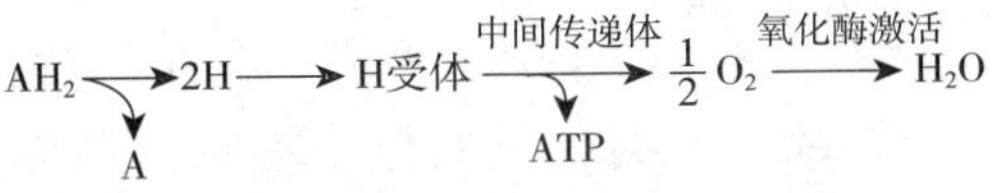

$$AH_2 \xrightarrow[\searrow A]{} 2H \longrightarrow H受体 \xrightarrow[\downarrow ATP]{中间传递体} \frac{1}{2}O_2 \xrightarrow{氧化酶激活} H_2O$$

图 6-3　生物氧化中水的生成图

传递氢（或电子）的酶或辅酶称为电子传递体，它们按一定的顺序排列在线粒体内膜上，组成递氢或递电子体系，称为电子传递链。该体系进行的一系列传递过程与细胞摄取氧的呼吸过程相关，又称为呼吸链（Respiratory Chain）。呼吸链的主要成分及其在氧化过程中的传递顺序如图 6-4 所示。

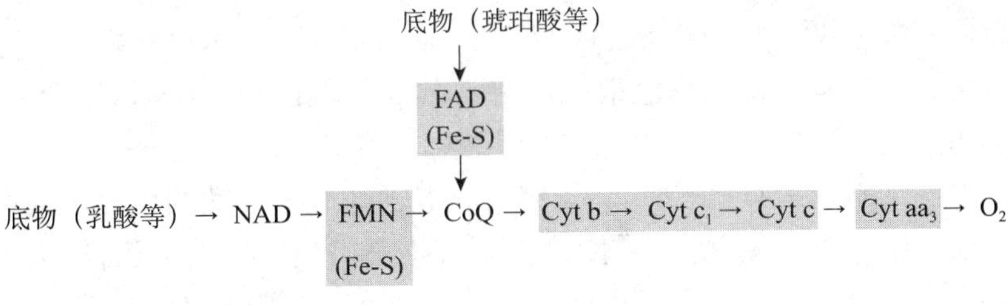

图 6-4　呼吸链主要成分

（一）呼吸链的主要成分和作用

构成呼吸链的成分有 20 多种，一般可分为 5 类：烟酰胺脱氢酶类、黄素脱氢酶类、铁硫蛋白类、辅酶 Q 类和细胞色素类。

1. 烟酰胺脱氢酶类

烟酰胺脱氢酶类以含有烟酰胺结构的 NAD^+ 或 $NADP^+$ 为辅酶，可催化代谢物脱氢。NAD^+ 和 $NADP^+$ 可以进行可逆的加氢、脱氢反应，主要功能是接受从代谢物脱下的氢，然后传给另一传递体——黄素脱氢酶。这样，NAD^+ 和 $NADP^+$ 在底物和黄素脱氢酶之间传递氢，使底物氧化。反应式如下：

$$NAD^+ + 2H \rightleftharpoons NADH + H^+$$

$$NADP^+ + 2H \rightleftharpoons NADPH + H^+$$

2. 黄素脱氢酶类

黄素脱氢酶类以黄素单核苷酸（FMN）或黄素腺嘌呤二核苷酸（FAD）为辅基，FMN 是 NADH 脱氢酶的辅基，FAD 是琥珀酸脱氢酶的辅基。FMN、FAD 可以进行可逆的加氢、脱氢反应，两者都将氢传递给辅酶 Q。

$$FMN\ (FAD) + 2H \rightleftharpoons FMNH_2\ (FADH_2)$$

3. 铁硫蛋白类

又称铁硫中心，其特点是含有等量的铁原子和硫原子（如 Fe_2S_2，Fe_4S_4），铁与无机硫或与蛋白质肽链上半胱氨酸残基的硫相结合。其作用是借铁的价态变化进行电子传递，每次传递 1 个电子。

$$Fe^{3+} + e^- \rightleftharpoons Fe^{2+}$$

铁硫蛋白不单独存在，常与黄素脱氢酶类结合成复合物。

4. 辅酶 Q 类

辅酶 Q（简称 CoQ，泛醌）是一类在生物界广泛存在的黄色脂溶性化合物，它在呼吸链中处于中心地位，可接受黄素酶类脱下的氢，本身被还原成 $CoQH_2$。辅酶 Q 可将两个氢分解为 2 个 H^+ 和 2 个电子，质子释放入线粒体基质中，将电子传递给细胞色素类。

$$2H \rightleftharpoons 2H^+ + 2e$$

5. 细胞色素类

细胞色素是位于线粒体内膜的含铁的电子传递体，铁的化合价的变化传递电子，也是单电子传递体。

目前发现的细胞色素有 5 种：包括 a、a_3、b、c、c_1，但现在还不能把 a 和 a_3 分开。在典型的线粒体呼吸链中，细胞色素的排列顺序是 $b\text{-}c_1\text{-}c\text{-}aa_3\text{-}O_2$，其中 aa_3 把电子直接传给氧，将其氧化，故将其合称细胞色素氧化酶。在 aa_3 中除含有铁外，还含有 2 个铜原子，依靠其化合价的变化，把电子从 a_3 传递到氧（$Cu^+ \rightleftharpoons Cu^{2+}$）。

在呼吸链中，细胞色素只接受辅酶 Q 传来的电子，通过其铁的化合价的可逆变化而依次传递电子，最后细胞色素 aa_3 将电子传给氧使氧还原成 O^{2-}，O^{2-} 具有较大活性，可与游离在环境中的质子（$2H^+$）（辅酶 Q 传出的）结合成水。呼吸链传递氢原子和电子的过程如图 6－5 所示。

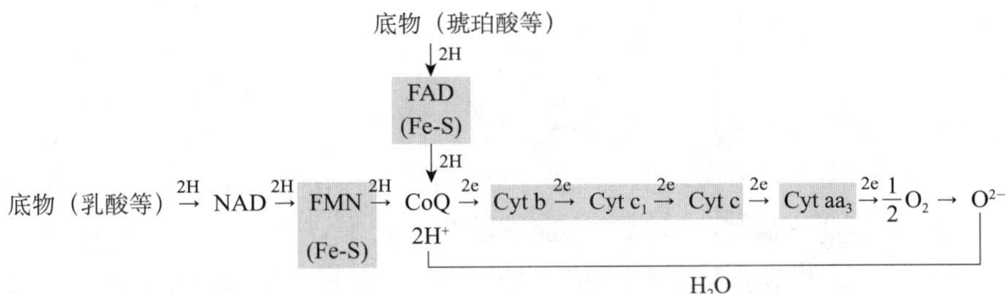

图 6－5　呼吸链传递氢原子和电子过程示意图

（二）主要的呼吸链

在具有线粒体的生物中，典型的呼吸链有两种：NADH 呼吸链和 FAD 呼吸链。这是根据代谢物脱氢时脱氢酶的辅酶或辅基的不同而区分的。NADH 呼吸链分布最广，糖、脂肪和蛋白质分解代谢中的脱氢氧化反应，绝大部分是通过 NADH 呼吸链完成的；FAD 呼吸链只催化少数代谢物脱氢，如琥珀酸、脂肪酰 CoA。

如图 6－6 所示为 NADH 呼吸链和 FAD 呼吸链。呼吸链中各传递体是按其对电子亲和力逐渐升高的顺序排列的，容易失电子的排在前面，容易得电子的排在后面。

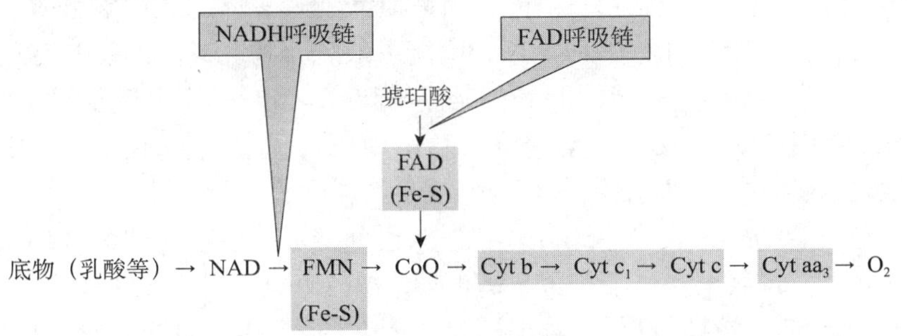

图 6－6　NADH 呼吸链和 FAD 呼吸链

1. NADH 呼吸链

这是细胞内最主要的呼吸链，因为代谢过程中绝大多数代谢物如苹果酸、乳酸等脱氢时，脱氢酶都是以 NAD^+ 为辅酶。当这些酶催化代谢物脱氢后，NAD^+ 接受氢生成 $NADH+H^+$，$NADH+H^+$ 中的 2 个氢由 FMN 接受生成 $FMNH_2$，$FMNH_2$ 将 2 个氢传递给辅酶 Q（CoQ）而生成 $CoQH_2$，后者把 2 个氢分解成 2 个 H^+ 和 2 个电子，$2H^+$ 游离于介质中，而将 2 个电子则通过细胞色素体系（$b\text{-}c_1\text{-}c\text{-}aa_3\text{-}O_2$）的传递，最终 aa_3 将 2 个电子交给 O_2，使氧活化生成 O^{2-}，O^{2-} 再与介质中的 2 个 H^+ 结合生成水。

2. FAD 呼吸链

体内有少数代谢物如琥珀酸、脂酰 CoA 和 α-磷酸甘油等，这类底物的脱氢酶属于黄素脱氢酶类，都是以 FAD 为辅基的，因此它们在氧化过程中脱下的氢不能通过 NADH 呼吸链传递。这类脱氢酶通过其辅基 FAD 直接将氢传递给 CoQ 而形成 $CoQH_2$，以后传递过程与 NADH 呼吸链相同，最终 O^{2-} 与 2 个 H^+ 结合生成 H_2O。

三、生物氧化中能量的生成

生物体依靠糖、脂肪和蛋白质的氧化获得其所需的能量。生物氧化过程中产生的能量并不是全部以热能形式释放出来，除一部分热能用于维持体温外，其余部分则通过某种方式将能量截获下来，即将能量转移到含高能键的化合物中，暂时储存起来，当机体需要时再释放出来利用。在这些过程中都是以 ATP 为中心的，它是生命活动的直接供能物质。

（一）高能化合物的概念

根据有机磷（或硫）化合物水解时释放自由能的不同，可将磷酸酯键（或硫酯键）分为两类：

1. 低能磷酸酯键（即普通磷酸酯键）

低能磷酸酯键是指由醇羟基与磷酸结合而成的磷酸酯键，如 6-磷酸葡萄糖、核苷酸等化合物中的磷酸酯键。这类磷酸化合物较稳定，水解时只能释放出少量能量，故称为低能化合物。

2. 高能磷酸酯键（或高能硫酯键）

高能磷酸酯键是指磷酸与磷酸组成的焦磷酸键和磷酸与胍基、磷酸和烯醇基等组成的键。这类化合物较不稳定，如腺苷三磷酸、磷酸肌酸、磷酸烯醇式丙酮酸等。它们水解时可释放较多的能量（大于 30 kJ/mol），称为高能磷酸化合物。其中的磷酸键就称为高能磷酸键，用符号“～P”表示。高能键的名称是不够确切的，一种高能化合物水解释放的能量取决于该化合物整个分子发生化学变化时自由能的释放量，而不是某一化学键中的能量。但因为表述习惯，“高能磷酸键”至今仍被生物化学界广泛采用。

除高能磷酸化合物外，生物体还有一类高能化合物是由酰基和硫醇基构成的，称为高能硫酯化合物，如乙酰辅酶 A、脂酰 CoA 和琥珀酰 CoA 等。由于这些化合物含有高能硫酯基团，在 CoA～SH 转移时可释放较多的自由能（约为 34.3 kJ/mol），可参与许多的代谢反应。

在能量代谢中起关键作用的是 ATP-ADP 系统。

$$ADP+P \rightleftharpoons ATP$$

ADP 能接受代谢物中形成的高能磷酸基团而转变成 ATP，也可以在呼吸链氧化过程中直接获取能量，用无机磷酸合成 ATP。ATP 水解释放出 1 个高能磷酸基团又变成 ADP，同时释放能量又被用于合成代谢和其他需要能量的生理活动，这就是 ATP 循环。

高能化合物及高能键种类列于表 6－1。

表 6－1　高能化合物及高能键种类

高能化合物	高能键种类	高能键结构	实例
焦磷酸化合物	高能焦磷酸键	A—R—P～P～P A—R—P～P	ATP ADP
酰基磷酸化合物	酰基磷酸键	RCOO～P	1,3-二磷酸甘油酸
烯醇式磷酸化合物	烯醇磷酸键	R—C—O～P ‖ CH	磷酸烯醇式丙酮酸

续表

高能化合物	高能键种类	高能键结构	实例
胍基磷酸化合物	胍基磷酸键	—NH—C(=NH)—NH～P	磷酸肌酸
高能硫酯键化合物	高能硫酯键	RCO～S—CoA	乙酰 CoA 脂酰 CoA 琥珀酰 CoA

（二）ATP 的生成

ATP 主要由 ADP 磷酸化生成，这是一个吸收能量的过程，根据能量来源的不同，将体内 ATP 的生成分为两种方式，即底物磷酸化和氧化磷酸化。

1. 底物磷酸化

在物质代谢过程中，底物因脱氢、脱水等作用使能量在分子内部重新分配而形成高能磷酸键，然后将高能磷酸基团转移到 ADP 形成 ATP。

X～P＋ADP→ATP＋X

式中，X～P 代表底物在氧化过程中所形成的高能磷酸化合物。

在糖的分解代谢中有 3 个反应是通过底物磷酸化产生 ATP 的，其能量来源于底物分子内部能量的重新分配。

（1）3-磷酸甘油醛脱氢并磷酸化生成 1,3-二磷酸甘油酸，在分子中形成 1 个高能磷酸键。在酶的催化下，1,3-二磷酸甘油酸可将高能磷酸键转给 ADP，生成 3-磷酸甘油酸和 ATP。

3-磷酸甘油醛＋H_3PO_4→1,3-二磷酸甘油酸

1,3-二磷酸甘油酸＋ADP→3-磷酸甘油酸＋ATP

（2）2-磷酸甘油酸脱水生成磷酸烯醇式丙酮酸时，也在分子内部形成 1 个高能磷酸键，然后再转移到 ADP 形成 ATP。

2-磷酸甘油酸→磷酸烯醇式丙酮酸＋H_2O

磷酸烯醇式丙酮酸＋ADP→丙酮酸＋ATP

（3）α-酮戊二酸脱氢脱羧生成琥珀酰 CoA，在分子内部形成 1 个高能硫酯键，可以转给 GDP 生成 GTP，再转给 ADP 生成 ATP。

琥珀酰 CoA＋H_3PO_4＋GDP→琥珀酸＋CoA＋GTP

GTP＋ADP→ATP＋GDP

底物磷酸化也是捕获能量的一种方式，它和氧的存在与否无关，在糖的无氧氧化中是取得能量的唯一方式。

2. 氧化磷酸化

生物氧化过程中，代谢物脱下的氢沿呼吸链传递的过程中，逐步释放的能量可以使 ADP 磷酸化生成 ATP，这种氧化释放能量和 ADP 磷酸化截获能量相偶联的作用称为氧化磷酸化，如图 6－7 所示。氧化磷酸化在线粒体内膜进行。

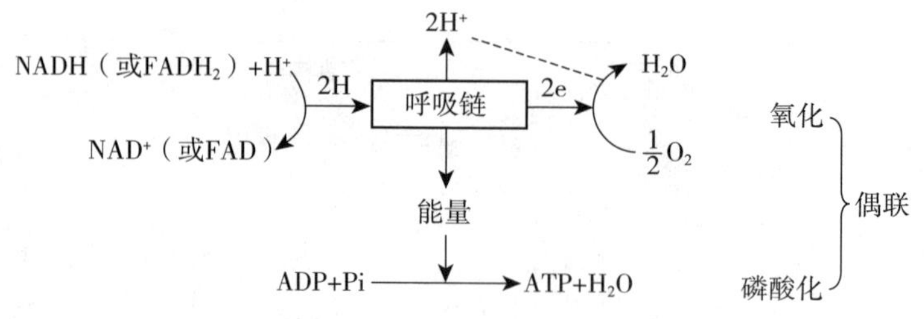

图 6-7　氧化磷酸化作用机理

氧化和磷酸化是两个不同的概念，氧化释放的能量用于 ADP 磷酸化，氧化是磷酸化的基础，而磷酸化是氧化的结果。氧化磷酸化是体内形成 ATP 的主要方式。

（三）呼吸链中 ATP 的生成部位

当氧化磷酸化正常进行时，只要有 ADP 与磷酸存在，就有 ATP 生成，而在不同的呼吸链中，生成 ATP 的数量也不相同。

研究氧化磷酸化最常用的方法是测定线粒体的 P/O 比值。P/O 比值是指每消耗 1 mol 氧原子所消耗无机磷酸的物质的量。呼吸链每传递一次，即消耗 1 mol 氧原子，消耗无机磷酸的物质的量，即是 ADP 和磷酸结合成 ATP 的生成量。所以，P/O 比值就是呼吸链传递过程中生成 ATP 的数量。实验证明，NADH 呼吸链的 P/O 比值为 3，可生成 3 mol ATP，说明在 NADH 呼吸链中有 3 个部位可以形成 ATP，这 3 个部位是：

（1）NADH 和 CoQ 之间；

（2）细胞色素 b 和 c 之间；

（3）细胞色素 aa_3 和 O_2 之间。

FAD 呼吸链的 P/O 比值为 2，生成 2 mol ATP，说明在 FAD 呼吸链中有 2 个部位可以形成 ATP（如图 6-8 所示）。其他部位释放的能量太少不能生成 ATP，以热能形式散发。

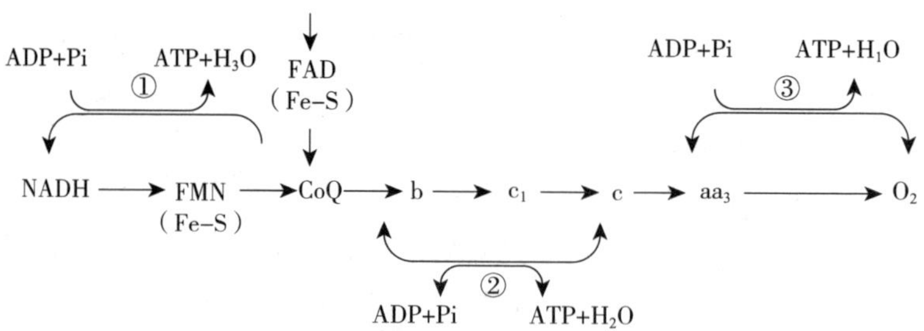

图 6-8　氧化磷酸化偶联部位示意图

注：呼吸链抑制剂作用点：①鱼藤酮、异戊巴比妥；②抗霉素 A；③CO，CN^-，N_3^-。

（四）氧化磷酸化作用的抑制

在生物氧化的呼吸链中，当某一环节受到抑制时，会使生物氧化中断，使能量断绝。常见的抑制剂有下列两种。

1. 呼吸链抑制剂

呼吸链抑制剂可在特异部位阻断呼吸链的电子传递，使底物的氧化过程（电子传递）受阻，磷酸化也就无法进行，不能形成 ATP。此时即使组织细胞有充足的氧也不能利用，造成组织呼吸停顿、能量断绝，严重时甚至危及生命。

呼吸链抑制剂主要包括鱼藤酮、异戊巴比妥、抗霉素 A、一氧化碳、氰化物、叠氮化物等。不同的抑制剂对呼吸连有专一的抑制作用，各抑制剂的作用部位如图 6－8 所示。

鱼藤酮是一种极毒的植物物质，是一种重要的杀虫剂；异戊巴比妥是一种麻醉药，它们能抑制氢原子从 NADH 到 CoQ 之间的传递；抗霉素 A 则抑制电子在细胞色素 b 和 c 之间的传递；而一氧化碳、氰化物、叠氮化物可以使呼吸链的传递全部中断，因为这些抑制剂阻断了细胞色素 aa_3 和 O_2 之间的电子传递。

小链接

临床上有很多氰化物中毒的病例，在工业生产中吸入含氰化物的蒸汽或粉末，或误食大量的苦杏仁、桃仁、白果（银杏）、木薯等含氰化物的物质，都可引起氰化物中毒。

解除氰化物的毒性通常立即注射亚甲蓝或亚硝酸钠，这些药物可使少量血红蛋白氧化为高铁血红蛋白，后者与氰化物有很大的亲和力，结合成氰化高铁血红蛋白，使细胞色素氧化酶恢复其传递电子功能。但在应用亚硝酸钠使血红蛋白变成高铁血红蛋白来夺取氰离子时，这部分血红蛋白就会失去运氧功能，所以亚硝酸钠用量必须适宜，否则又会造成运氧的障碍，同样能引起严重后果。

抢救氰化物中毒还可以使用硫代硫酸钠，使氰化物变成无毒的硫氰酸盐排出体外，使细胞色素恢复其功能。

2. 解偶联剂

氧化作用与磷酸化作用相偶联，是一切需氧生物体内两种不同的生物化学反应相互依存、相互联系的运动方式。磷酸化作用所需的能量由氧化作用提供，氧化作用所产生的能量通过磷酸化作用储存。

能破坏氧化与磷酸化相偶联的作用称为解偶联作用。能引起解偶联作用的物质称为解偶联剂。有些芳香族的酸性化合物，如 2,4-二硝基苯酚（DNP）是常见的解偶联剂。有 DNP 存在时，呼吸链的氧化作用正常进行，但不能使 ADP 磷酸化产生 ATP，这种作用称为解偶联。这时，氧化所释放的能量大部分以热的形式散失，不能为机体有效地利用。DNP 等解偶联剂并不影响底物磷酸化。

感冒或患传染性疾病时，细菌或病毒产生一种解偶联剂，导致较多能量转变为热能，使体温升高。过量的阿司匹林也能使氧化磷酸化部分解偶联，从而使体温升高。

（五）ATP 的利用和储存

虽然人体一切生理活动所需的能量主要来自糖、脂肪等物质的分解代谢，但都必须转化成 ATP 的形式才能被利用，所以 ATP 是机体所需能量的直接供应者。ATP 水解时可放出能量，这一放能反应可以与体内各种需要能量做功的吸能反应相配合，从而完成各种生理活动，如生物合成反应、肌肉收缩、信息传递等。

在生物合成过程中，除了需要 ATP 外，有时还需要其他的三磷酸核苷参加。例如，糖原合成除直接消耗ATP外，还需要UTP参加；磷脂合成尚需要CTP；蛋白质合成需要GTP。这些三磷酸核苷均是高能磷酸化合物，其生成和补充都有赖于ATP。这些三磷酸核苷在核苷单磷酸激酶催化下生成二磷酸核苷，后者经核苷二磷酸激酶催化可生成相应的三磷酸核苷。

NTP＋ATP→NDP＋ADP

NDP＋ATP→NTP＋ADP

N代表G、U、C、T等嘌呤或嘧啶。

当生物氧化释放的能量较多时，可有一部分能量从ATP转入肌酸分子中，以磷酸肌酸的形式贮存。肌酸虽然广泛地分布于体内组织，但其总量的98%都在肌肉组织中。所以，磷酸肌酸是肌肉组织中能量的贮存形式。

肌酸＋ATP→磷酸肌酸＋ADP

磷酸肌酸所含的高能磷酸键不能直接利用，当肌肉在剧烈运动需要大量能量时，就可将这部分贮存的能量再转入ATP分子中，提供肌肉运动的能量。所以，ATP是能量的直接供应者。

心肌与骨骼肌不同，心肌是持续性节律性的收缩与舒张。在细胞结构上，线粒体含量丰富，几乎占细胞总体积的1/2，而且能直接利用葡萄糖、脂肪酸和酮体为燃料，经氧化磷酸化产生ATP。但心肌既不能大量贮存脂肪和糖原，也不能贮存很多的磷酸肌酸，因此一旦心肌血管受阻导致缺氧，则极易造成心肌坏死，即心肌梗死。

四、生物氧化中二氧化碳的生成

生物氧化中CO_2的生成并不是代谢物中的碳与吸入的氧直接化合，而是糖、脂肪和蛋白质在代谢过程中产生的有机酸脱羧的结果。根据脱去CO_2的羧基在有机酸中的位置，可把脱羧作用分为α-脱羧和β-脱羧两种类型：脱羧过程有的伴有氧化作用，称为氧化脱羧；有的没有氧化作用，称为直接脱羧。

（一）直接脱羧基作用

直接脱羧基作用是指代谢过程中产生的有机酸不经过氧化作用，在脱羧酶的催化下，直接从分子中脱去羧基放出CO_2的过程。根据脱去CO_2的位置，分为有α-直接脱羧和β-直接脱羧。其作用过程如图6－9所示。

（二）氧化脱羧基作用

如图6－10所示，氧化脱羧基作用是指代谢过程中产生的有机酸，在氧化脱羧酶系的催化下，在脱羧基的同时也发生氧化（脱氢）作用。氧化脱羧基作用也分为α-氧化脱羧和β-氧化脱羧两种。

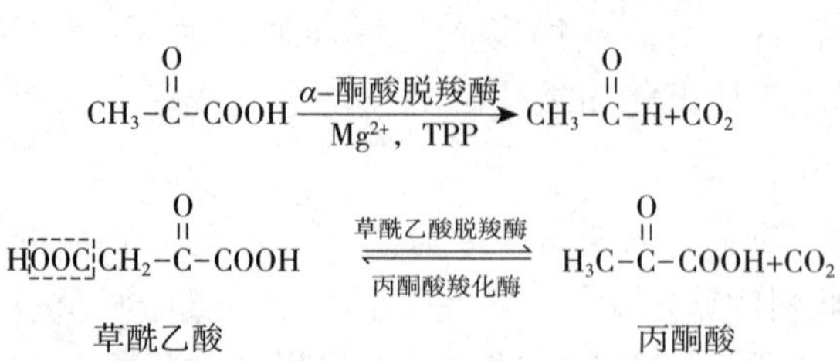

$$CH_3-\overset{O}{\overset{\|}{C}}-COOH \xrightarrow[Mg^{2+},\ TPP]{\alpha\text{-酮酸脱羧酶}} CH_3-\overset{O}{\overset{\|}{C}}-H+CO_2$$

$$\underset{\text{草酰乙酸}}{H\boxed{OOC}CH_2-\overset{O}{\overset{\|}{C}}-COOH} \underset{\text{丙酮酸羧化酶}}{\overset{\text{草酰乙酸脱羧酶}}{\rightleftharpoons}} \underset{\text{丙酮酸}}{H_3C-\overset{O}{\overset{\|}{C}}-COOH+CO_2}$$

图6－9　直接脱羧基作用过程图

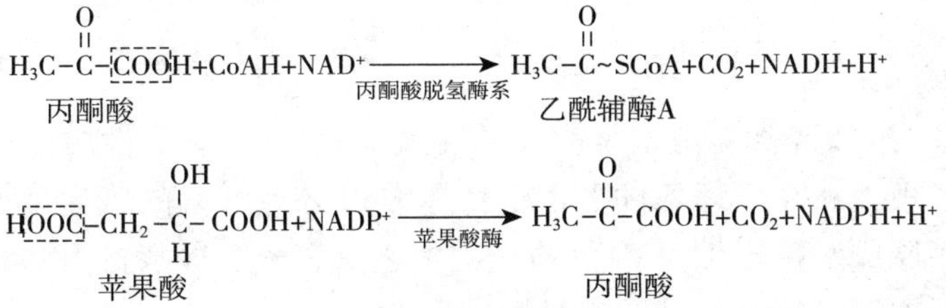

$$H_3C-\overset{O}{\overset{\|}{C}}-\boxed{COO}H+CoAH+NAD^+ \xrightarrow[\text{丙酮酸脱氢酶系}]{} H_3C-\overset{O}{\overset{\|}{C}}\sim SCoA+CO_2+NADH+H^+$$

丙酮酸　　　　　　　　　　　　乙酰辅酶A

$$H\boxed{OOC}-CH_2-\underset{H}{\overset{OH}{\overset{|}{\underset{|}{C}}}}-COOH+NADP^+ \xrightarrow[\text{苹果酸酶}]{} H_3C-\overset{O}{\overset{\|}{C}}-COOH+CO_2+NADPH+H^+$$

苹果酸　　　　　　　　　　　　丙酮酸

图 6-10　氧化脱羧基作用过程图

第三节　非线粒体氧化体系

除线粒体外，细胞的微粒体和过氧化物酶体中也发现有氧分子直接参加的生物氧化体系。其共同特点是耗氧量少、不伴有 ATP 的产生，但与体内许多重要的生理活性物质，如类固醇激素、维生素 D、胆汁酸等的生物合成以及药物、毒物的清除和排泄（生物转化）有关。

一、微粒体氧化体系

多种非营养物质（包括机体代谢中生成的各种小分子活性物质，以及进入体内的一些异物、毒物）大多在微粒体进行氧化，通过氧化增强其水溶性（或极性），以利于进一步随胆汁或尿排出，因此，微粒体氧化成为机体排除废物的重要过程。此作用在肝脏中最强，肠、肾、肺等也可进行。

二、过氧化物酶体氧化体系

过氧化物酶体是一种特殊的细胞器，存在于动物组织的肝、肾、中性粒细胞和小肠黏膜细胞中。过氧化物酶体中含有多种催化生成 H_2O_2 的酶，同时含有分解 H_2O_2 的酶，能氧化多种底物，如氨基酸、脂肪酸等。

（一）过氧化氢和超氧离子的生成

在生物氧化中，氧分子必须接受 4 个电子才能完全还原，生成 $2O^{2-}$，再与 H^+ 结合生成 H_2O。即：

$$O_2+4e\rightarrow 2O^{2-}$$

$$2O^{2-}+4H^+\rightarrow 2H_2O$$

如果电子供给不足，则生成过氧化离子 O_2^{2-} 或超氧离子 O_2^-，前者可与 H^+ 结合生成 H_2O_2。即：

$$O_2+2e\rightarrow O_2^{2-} \qquad O_2+e\rightarrow O_2^-$$

$$O_2^{2-}+2H^+\rightarrow H_2O_2$$

超氧离子为带有负电荷的自由基，化学性质活跃，与 H_2O_2 作用可生成性质更活跃的羟基自由基·OH。

$$H_2O_2+O_2^- \rightarrow O_2+OH^- + \cdot OH$$

超氧离子、H_2O_2 和羟基自由基统称为活性氧（氧自由基），性质活跃，氧化作用极为强烈，对机体危害极大。在生理条件下，生物体内 96%～99%的氧通过呼吸链中的细胞色素氧化酶催化而还原成水，近 1%～4%的氧产生超氧离子、羟基自由基和过氧化氢。当线粒体的结构受到影响时，氧自由基的产量增多。

过氧化物酶体系中含有多种氧化酶可以催化 H_2O_2 和 O_2^- 的生成。当机体遭受电离辐射时，也会产生超氧离子。

（二）氧自由基生理作用和危害作用

H_2O_2 在体内有一定的生理作用，如中性粒细胞产生的 H_2O_2 可用于杀死吞噬的细菌；甲状腺中产生的 H_2O_2 可用于使 $2I^-$ 氧化为 I_2，有利于甲状腺激素的生成。但对大多数组织来说，H_2O_2 堆积过多会对细胞有毒性作用。

氧自由基若产生量超过机体的清除能力便会造成对机体的损伤，主要有以下三点：

（1）氧化磷脂膜中的多不饱和脂肪酸，生成过氧脂质，引起生物膜损伤（多不饱和脂肪酸含有双键，化学性质比较活跃，易与自由基反应），还可以和蛋白质结合可形成脂褐素，使皮肤出现晒斑、黄褐斑、老年斑等，使组织老化和引起疾病发生。

（2）氧化蛋白质的巯基，改变蛋白质功能或使巯基酶失活。

（3）使 DNA 氧化、修饰、甚至断裂，改变 DNA 结构，诱发肿瘤。

氧是维持生命所必需的物质，但也有一定的毒性，机体吸入的氧过多或长时间在纯氧中呼吸，可引起呼吸紊乱乃至死亡。这是因为氧不能在体内储存（血红蛋白数量有限），如吸入过多则经生物氧化作用生成大量的 H_2O_2、超氧负离子等自由基，对机体造成严重损伤，引起多种疾病，如心脏病、老年痴呆症、帕金森病和肿瘤。

人类生存的环境中充斥着不计其数的自由基。例如，环境中的各种辐射，食品上的农药。再如炒菜时产生的油烟，这种油烟中的自由基使经常做饭的人患肺部疾病和肿瘤的概率远远高于其他人。而吸烟是最直接受到自由基危害的行为。吸烟的过程是一个十分复杂的化学过程，吸食一支香烟的时候就像开起了一座小化工厂，它产生了数以千计的化合物，其中除了早在 20 世纪 80 年代已被认知的焦油和烟碱（尼古丁）外，还存在大量难以控制的多种自由基。最新研究表明，吸烟时自由基的危害要远远大于尼古丁。自由基的存活时间仅仅为 10s，但吸入人体后，就会直接或间接损伤细胞膜或直接与基因结合导致细胞转化等，从而引起肺气肿、肺癌、肺间质纤维化等一系列与吸烟有关的疾病。

此外，汽车尾气、工业生产废气等环境污染产生的大量自由基也会在人们日常生活运动中被无防备的吸入。

（三）过氧化氢和超氧离子的清除

1. 过氧化氢的清除

过氧化物酶体中含有过氧化氢酶和过氧化物酶，可处理和利用过氧化氢。

$$H_2O_2+H_2O_2 \xrightarrow{\text{过氧化氢酶}} 2H_2O+O_2$$

$$RO_2 \xrightarrow[H_2O_2]{\text{过氧化物酶}} 2H_2O+R$$

$$R \xrightarrow[H_2O_2]{\text{过氧化物酶}} H_2O+RO$$

红细胞等组织中还有一种含硒的谷胱甘肽过氧化物酶，利用还原型谷胱甘肽（GSH）催化作用破坏过氧化脂质，保护生物膜、血红蛋白及酶的巯基等免受氧化剂的危害，从而维持细胞的正常功能。

2. 超氧离子的清除

需氧生物体内普遍存在一种超氧化物歧化酶（SOD），它能催化超氧离子与质子发生反应生成氧和过氧化氢，过氧化氢进一步被相应的酶分解，从而保护机体免受氧自由基的损伤。

SOD是人体防御内、外环境中超氧离子对人体侵害的重要的酶。所以SOD活性下降或含量减少，会引起O_2的堆积，从而产生过多自由基，对人体组织、细胞有较强的破坏作用，可引起许多疾病。若及时补充SOD，则可避免或减轻疾病的出现。研究证明：SOD对肿瘤的生长有抑制作用，其活性降低是许多肿瘤的特征；SOD可减少动物因缺血所造成的心肌区域性梗死的范围和程度。

除了酶对自由基的清除外，许多抗氧化剂也参与了对自由基的清除。例如，维生素E、谷胱甘肽、抗坏血酸、β-胡萝卜素、不饱和脂肪酸等都以不同的方式直接参与了体内对自由基的清除过程。

本章实验

实验一 细胞色素C的制备

一、实验目的

1. 学习蛋白质制备的基本原理及方法。

2. 学习和掌握制备细胞色素C的方法。

二、实验原理

细胞色素c存在于线粒体中，是唯一较容易从线粒体中提取的蛋白质。向心肌中加入低浓度三氯乙酸溶液（TCA），由于细胞色素c是碱性蛋白，经过匀浆后低浓度的TCA可使其酸化，易于从膜上溶解下来，而其他的大部分蛋白质都被TCA沉淀下来。再通过硫酸铵沉淀肌红蛋白，最后用较高浓度的TCA使细胞色素c沉淀出来，达到初步纯化的目的。

三、材料、试剂与器材

1. 材料：猪心。

2. 试剂：20% TCA、0.145 mol/L TCA、硫酸铵、10% NaOH。

3. 器材：组织捣碎机、离心机、磁力搅拌器。

四、离心机的使用

1. 离心机要置水平位置，以保证旋转轴垂直地球水平面。

2. 使用前应检查套环是否平衡、离心杯及其外套（离心管套）是否平衡。

3. 样品倾入离心杯后应与离心管套一起两两平衡，平衡后把它们放置于转子的对称位置。

4. 盖好盖子，打开电源开关，设置离心时间。

5. 启动离心时转速应由小至大，缓慢升速（一般要 2 min～3 min）。

6. 达到预定转速后再开始记录预定离心时间。

7. 离心完成后要调整调速连杆至 0 位，然后关上电源。

8. 等到转速为 0 转子完全停止时才能打开离心机盖，取出样品。

五、实验步骤

1. 新鲜猪心 50 g，切碎，加等量 0.145 mol/L TCA，高速组织捣碎机匀浆 2 min，使细胞色素从线粒体膜上解聚下来。

2. 用 6 层纱布过滤匀浆液去杂质。并于室温放置抽提 3 h。

3. 用 10% NaOH 溶液将上述混合液调 pH 值至 7.3，并测定体积（以利于 $(NH_4)_2SO_4$ 沉淀去杂蛋白）。

4. 500 g/L 混合液缓慢加入 $(NH_4)_2SO_4$ 粉末，边加边搅拌。放置一段时间，4 000 r/min离心 20 min 去除沉淀，得到粉红色滤液，测定体积。

5. 进一步按 50 g/L 滤液缓慢加入 $(NH_4)_2SO_4$ 粉末，边加边搅拌。放置一段时间，4 000 r/min离心 20 min 去除沉淀，得到粉红色滤液，测定体积。

6. 加入 20% TCA（25 mol/L 上清）以沉淀细胞色素。3 000 r/min离心 15 min 得到沉淀。

7. 用 1 mL 蒸馏水溶解沉淀，将此悬浮液移入透析袋，透析至无 $(NH_4)_2SO_4$ 和 TCA。

8. 透析后的细胞色素 C 溶液 4 000 r/min 离心 20 min 去除沉淀，得到粉红色滤液。

六、注意事项

1. 加入 $(NH_4)_2SO_4$ 时要先将其磨成粉末，再缓慢地边搅拌边加入。

2. 10% NaOH 溶液调混合液 pH 值至 7.3，一定不能调过头，否则细胞色素 c 易变性。

3. 透析时要求低温，透析袋要避免破漏，每隔几小时要换透析液，并用 Ba^{2+} 检查是否还有 SO_4^{2-} 存在。

七、思考题

1. 为什么用 0.145 mol/L TCA 来抽提细胞色素 c?

2. 加入硫酸铵时要注意什么？为什么？

实验二　大蒜细胞 SOD 的提取与分离

一、实验目的

掌握超氧化物歧化酶的提取与分离方法。

二、实验原理

超氧化物歧化酶（SOD）是一种具有抗氧化、抗衰老、抗辐射和消炎作用的药用酶。

它可催化超氧负离子（O_2^-）进行歧化反应，生成氧和过氧化氢：$2O_2^- + H_2 \longrightarrow O_2 + H_2O_2$。大蒜蒜瓣和悬浮培养的大蒜细胞中含有较丰富的SOD，通过组织或细胞破碎后，可用pH7.8的磷酸缓冲液提取。由于SOD不溶于丙酮，可用丙酮将其沉淀析出。

三、材料、试剂与器材

1. 材料、试剂：

（1）新鲜蒜瓣。

（2）大蒜细胞，通过细胞培养技术获得。

（3）磷酸缓冲液：0.05 mol/L pH7.8的磷酸缓冲溶液。

（4）氯仿-乙醇混合溶剂：氯仿∶无水乙醇＝3∶5（V/V）。

（5）丙酮：用前冷却至4 ℃～10 ℃。

（6）碳酸盐缓冲液：0.05 mol/L，pH10.2。

（7）EDTA溶液：0.1 mol/L。

（8）肾上腺素液：2 mmol/L。

2. 器材：

研钵、离心机、电热恒温水浴锅、分光光度计、试管。

四、实验步骤

1. 组织或细胞破碎：

称取5 g左右大蒜蒜瓣或大蒜细胞，置于研磨器中研磨，使组织或细胞破碎。

2. SOD的提取：

将上述破碎的组织或细胞，加入2～3倍体积的0.05 mol/L，pH7.8的磷酸缓冲液，继续研磨搅拌20 min，使SOD充分溶解到缓冲液中，然后用离心机在5 000 rpm离心15 min，弃沉淀，得提取液。

3. 除杂蛋白：

提取液加入0.25倍体积的氯仿-乙醇混合溶剂搅拌15 min，5 000 rpm离心15 min，去杂蛋白沉淀，得粗酶液。

4. SOD的沉淀分离：

将上述粗酶液加入等体积的冷丙酮，搅拌15 min，5 000 rpm离心15 min，得SOD沉淀。

将SOD沉淀溶于0.05 mol/L pH7.8的磷酸缓冲液中，于55 ℃～60 ℃加热15 min，离心弃沉淀，得到SOD酶液。

将上述提取液、粗酶液和酶液分别取样，测定各自的SOD活力。

5. SOD活力测定：

取3根小试管，按表6-2分别加进各种试剂和样品液。

表6-2　具体步骤操作表

试剂	空白管（ml）	对照管（ml）	样品管（ml）
碳酸缓冲液	5.0	5.0	5.0
EDTA溶液	0.5	0.5	0.5
蒸馏水	0.5	0.5	—
样品液	—	—	0.5
混合均匀			
肾上腺素液	—	0.5	0.5

在加入肾上腺素前，充分摇匀并在 30 ℃水浴中预热 5 min 至恒温。加入肾上腺素（空白管不加），继续保温反应 2 min，然后立即测定各管在 480 nm 处的光密度。对照管与样品管的光密度值分别为 A 和 B。

在上述条件下，SOD 抑制肾上腺素自氧化的 50％所需的酶量定义为一个酶活力单位。即：

酶活力(单位)＝2・(A－B)・N/A

式中：N——样品稀释倍数；

2——抑制肾上腺素自氧化 50％的换算系数（100％/50％）。

若以每毫升样品液的单位数表示，则按下式计算：

酶活力单位/ml＝2・(A－B)・N/A・V/V_1＝26・(A－B)・N/A

式中：V——反应液体积（6.5 ml）；

V_1——样品液体积（0.5 ml）。

最后，根据提取液、粗酶液和酶液的酶活力和体积，计算纯化回收率。

五、思考题

实验中制得的提取液、粗酶液和酶液比较，哪一个 SOD 活力更强？

复习思考题

一、名词解释

1. 生物氧化　　2. 呼吸链

3. 解偶联剂

二、选择题

1. 人体中能量的释放、贮存和利用都以下列哪一种为中心？（　　）

A. GTP　　B. UTP　　C. TTP　　D. ATP　　E. CTP

2. 下列物质中哪种是呼吸链抑制剂？（　　）

A. ATP　　B. 寡酶素　　C. 2,4-二硝基苯酚

D. 氰化物　　E. 二氧化碳

3. 能直接以氧作为电子接受体的是（　　）。

A. 细胞色素 b　　B. 细胞色素 c　　C. 细胞色素 b_1　　D. 细胞色素 a_3

4. 氢原子经过呼吸链氧化的终产物是（　　）。

A. H_2O_2　　B. H_2O　　C. H^+　　D. CO_2　　E. O

5. 能将 $2H^+$ 游离于介质而将电子递给细胞色素的是（　　）。

A. NADH＋H^+　　B. $FADH_2$　　C. CoQ

D. $FMNH_2$　　E. NADPH＋H^+

6. 氰化物能与下列哪种物质结合从而阻断呼吸链的生物氧化？（　　）

A. 细胞色素 c　　B. 细胞色素 b　　C. 细胞色素 aa_3　　D. 细胞色素 b_1

7. 各种细胞色素在呼吸链中的排列顺序是（　　）。

A. b-c-c_1-aa_3-O_2　　B. c-c_1-b-aa_3-O_2

C. c_1-c-b-aa_3-O_2　　D. b-c_1-c-aa_3-O_2

8. 1 mol 琥珀酸脱氢生成延胡索酸，脱下的氢通过呼吸链传递，在 KCN 存在时，可生成多少 mol ATP?（　　）

A. 1　　B. 2　　C. 3　　D. 4　　E. 无 ATP

9. 参与呼吸链传递电子的金属离子是（　　）。

A. 铁离子　　B. 钴离子　　C. 镁离子　　D. 锌离子

10. 一氧化碳中毒是由于抑制了哪种细胞色素的作用?（　　）

A. Cyta　　B. Cytb　　C. Cytc　　D. $Cytaa_3$　　E. $Cytc_1$

11. CO 影响氧化磷酸化的机理在于（　　）。

A. 使 ATP 水解为 ADP 和 Pi 加速

B. 影响电子在细胞色素 b 与 c_1 之间传递

C. 影响电子在细胞色素 aa_3 与 O_2 之间传递

D. 解偶联作用

12. 人体活动主要的直接供能物质是（　　）。

A. 葡萄糖　　B. 脂肪酸　　C. ATP　　D. GTP　　E. 磷酸肌酸

13. 在肌肉细胞中，高能磷酸键的主要贮存形式是（　　）。

A. ATP　　B. GTP　　C. UTP　　D. ADP　　E. 磷酸肌酸

14. 2,4-二硝基酚抑制细胞代谢的功能，可能由于阻断下列哪一种生化作用所引起?（　　）

A. 糖酵解作用　　B. 肝糖原的异生作用

C. 氧化磷酸化　　D. 柠檬酸循环

15. 生物氧化中大多数底物脱氢需要哪一种辅酶?（　　）

A. FAD　　B. FMN　　C. NAD^+　　D. CoQ　　E. Cytc

16. 下列物质氧化中哪个不需经 NADH 氧化呼吸链?（　　）

A. 琥珀酸　　B. 苹果酸　　C. β-羟丁酸　　D. 谷氨酸　　E. 异柠檬酸

17. 1 分子琥珀酸脱氢生成延胡索酸时，脱下的一对氢经过呼吸链氧化生成水，同时生成多少分子 ATP?（　　）

A. 1　　B. 2　　C. 3　　D. 4　　E. 6

18. 下列化合物中除（　　）外都是呼吸链的组成成分。

A. CoQ　　B. Cytb　　C. CoA　　D. NAD^+

19. 呼吸链存在于（　　）。

A. 细胞膜　　B. 线粒体外膜　　C. 线粒体内膜　　D. 微粒体

20. 体内 CO_2 来自（　　）。

A. 碳原子被氧原子氧化　　B. 呼吸链的氧化过程

C. 有机酸脱羧　　D. 糖原分解

21. 线粒体氧化磷酸化解偶联意味着（　　）。

A. 线粒体氧化作用停止　　B. 线粒体膜 ATP 酶被抑制

C. 线粒体三羧酸循环停止　　D. 线粒体能利用氧，但不能生成 ATP

22. 下列有关呼吸链的叙述错误的是哪项?（　　）

A. 呼吸链也是电子传递链

B. 氢和电子的传递有严格的方向和顺序

C. 在各种细胞色素中只有 aa_3 可直接以 O_2 为电子受体

D. 递电子体都是递氢体

23. NAD^+ 在呼吸链中的作用是传递（　　）。

A. 2 个氢原子　　B. 2 个电子　　C. 2 个质子　　D. 2 个电子和 1 个质子

24. 呼吸链的存在部位是（　　）。

A. 细胞质　　B. 细胞核　　C. 线粒体　　D. 微粒体

25. 下列关于生物氧化的描述错误的是哪项？（　　）

A. 生物氧化是在体温 PH 近中性的条件下进行的

B. 生物氧化是一系列酶促反应，并逐步氧化逐步释放能量

C. 生物氧化的具体表现为消耗氧和生成 CO_2

D. 最终产物是 H_2O、CO_2 和能量

E. 所产生的能量均以 ADP 磷酸化为 ATP 形式生成和利用

三、填空题

1. 生物氧化是________________在细胞中________，同时产生________________的过程。

2. 典型的呼吸链包括________和________两种，这是根据接受代谢物脱下的氢的________________不同而区别的。

3. 每对电子从 $FADH_2$ 转移到________必然释放出 2 个 H^+ 进入线粒体基质中。

4. 体内 CO_2 的生成不是碳与氧的直接结合，而是____________。

5. 动物体内高能磷酸化合物的生成方式有________和________两种。

6. 在离体的线粒体实验中测得某物质的磷氧比值（P/O）为 3，说明它氧化时脱下来的 2H 是通过________呼吸链传递给 O_2 的；能生成________分子 ATP。

四、是非题（在题后括号内打√或×）

1. 琥珀酸脱氢酶的辅基 FAD 与酶蛋白之间以共价键结合。（　　）

2. 解偶联剂可抑制呼吸链的电子传递。（　　）

3. ATP 虽然含有大量的自由能，但它并不是能量的贮存形式。（　　）

4. 物质在空气中燃烧和在体内的生物氧化的化学本质是完全相同的，但所经历的路途不同。（　　）

五、简答题

1. 何谓氧化磷酸化作用？NADH 呼吸链中有几个氧化磷酸化偶联部位？

2. 氰化物为什么能引起细胞窒息死亡？其解救机理是什么？

3. 生物氧化的特点是什么？

4. 常见呼吸链电子传递抑制剂有哪些？其作用机制是什么？

5. 给大鼠注射 2,4-二硝基酚，大鼠的体温会升高，为什么？

第七章　糖代谢

糖是自然界分布广泛，数量最多的有机化合物。尤以植物中含量最多，为85%～95%。糖在生命活动中主要作用是提供能量和碳源，人体所需能量的50%～70%来自糖。食物中的糖类主要是淀粉，被机体消化成其基本组成单位葡萄糖后，以主动的方式被吸收入血。

本章重点知识

1. 了解糖的结构及生理功能；
2. 掌握糖分解代谢的三种途径；
3. 了解糖原的合成与分解；
4. 掌握糖异生代谢的途径和生理意义；
5. 了解胰岛素、肾上腺素对血糖水平的调节作用，能从糖代谢异常异常角度解释某些疾病。

第一节　概述

糖是机体重要组成成分之一，它广泛分布于动植物体中，所有生物的细胞质和细胞核都含有核糖，动物血液含有葡萄糖（Glucose，Glc），肝脏、肌肉中含有糖原（Glycogen，Gn）。植物体含糖最多，如根茎中的纤维素、种子及块茎中的淀粉，甘蔗及甜菜中的蔗糖，以及水果中的葡萄糖和果糖，平均含量约占植物体干重的80%。

糖是一类化学本质为多羟醛或多羟酮及其衍生物的有机化合物。在人体内糖的主要形式是葡萄糖和糖原。葡萄糖是糖在血液中的运输形式，在机体糖代谢中占据主要地位；糖原是葡萄糖的多聚体，包括肝糖原、肌糖原等，是糖在体内的储存形式。糖在体内常与蛋白质、脂类结合成复合糖存在。

一、糖的分类

糖类可分为单糖、低聚糖和多糖三大类。

（1）单糖。是构成各种糖分子的基本单位，不能再水解为更小分子的糖。重要的有丙糖（如甘油醛、二羟丙酮等）、戊糖（如核糖、脱氧核糖等）和己糖（如葡萄糖、果糖等）。

（2）低聚糖。通常由 2～3 个单糖分子组成，水解后可得原来的单糖。二糖为低聚糖中最普通的一类，重要的二糖有蔗糖、麦芽糖和乳糖。

（3）多糖。又可分为均一（或单一）多糖或杂多糖两类。均一多糖由若干相同的单糖分子缩合而成，如纤维素、淀粉和糖原，其完全水解后可产生若干相同的单糖分子；杂多糖则由若干个不同的单糖和糖的衍生物缩合而成，如粘多糖类完全水解后可产生若干不同的单糖和糖的衍生物。

二、糖的生理功能

糖在生命活动中的主要作用是提供能量和碳源。糖的主要生理功能有如下四点。

（一）氧化分解，供应能量

葡萄糖与糖原都能在体内氧化提供能量。人体所需能量的 50%～70%来自糖的氧化分解。1 mol 葡萄糖彻底氧化可释放2 840 kJ的能量。动物体中的某些组织或器官以糖为主要供能物质。当机体剧烈运动时，糖可以快速分解，为机体提供能量。

（二）储存能量，维持血糖

糖在体内可以糖原的形式进行储存，这是机体储存能量的重要方式。

（三）提供原料，合成其他物质

食物中的糖是机体中糖的主要来源，被人体摄入经消化成单糖吸收后，经血液运输到各组织细胞进行合成代谢和分解代谢。糖代谢的中间产物可以合成脂肪酸、氨基酸和核苷等，糖是人体重要的碳源。

（四）参与构成组织细胞

糖能够参与构成组织细胞。例如，糖脂是构成神经组织和生物膜的成分；蛋白多糖是结缔组织和细胞间质的基本成分；核糖及脱氧核糖是 RNA 及 DNA 的结构成分；糖蛋白是细胞膜的主要成分。

三、糖代谢概况

糖代谢主要是指葡萄糖在体内的一系列复杂的化学反应，包括合成代谢和分解代谢。糖的合成代谢包括糖原合成、糖异生作用和结构多糖的合成；糖的分解代谢主要包括无氧氧化（糖酵解）、有氧氧化、磷酸戊糖途径和糖原分解等。糖的分解代谢主要用以完成能量供应任务，而糖的合成代谢主要用以协调糖的储存、利用，以及完成糖的构造作用。

第二节　糖的分解代谢

生物体所需的能量，主要依赖于糖的分解所产生的能量。大多数生物都是需氧的，在有氧条件下，糖主要被氧化成二氧化碳和水，从而产生生物所需的能量。有些生物（如酵母菌）能在无氧的情况下缓慢地生长；有些生物的某些组织（如高等动物的肌肉）能在无氧或暂时缺氧的条件下活动。在无氧或缺氧的条件下，生物所需的能量是靠糖的无氧分解提供。人和动物体内糖的分解代谢主要有三条途径：第一，无氧氧化，在无氧情况下所进行的分解，其最终产物是乳酸；第二，有氧氧化，在氧参加下的氧化分解，其最终产物是二氧化碳和水；第三，磷酸戊糖途径，葡萄糖通过磷酸戊糖的氧化分解。

一、糖的无氧氧化

（一）定义

糖原或葡萄糖在无氧的条件下，经过许多中间步骤分解为乳酸并伴随少量 ATP 生成的过程称为糖的无氧氧化。这个分解过程与酵母生醇发酵大致相同，但产物是乳酸而不是乙醇，因此糖的无氧氧化又称为糖酵解（Glycolysis），用 EMP 表示。

糖酵解是一系列的酶促反应过程，参与糖酵解的酶均存在于细胞液中，所以糖酵解的全部反应过程都在细胞液中进行。

（二）糖酵解反应过程

糖酵解的全部反应过程可分成三个阶段：葡萄糖或糖原裂解为 2 分子磷酸丙糖；磷酸丙糖转变为丙酮酸；丙酮酸还原为乳酸。

1. 第一阶段

葡萄糖或糖原裂解为 2 分子磷酸丙糖，该阶段是糖酵解吸收能量的过程，以推动此反应。

（1）葡萄糖或糖原磷酸转化成 6-磷酸葡萄糖（6-P-G）。如果糖酵解从葡萄糖开始，葡萄糖首先进行磷酸化。经磷酸化的葡萄糖不能透过细胞膜，可防止葡萄糖渗出细胞膜，是糖的活化过程。催化此反应的酶是己糖激酶，是糖酵解反应的第一个关键酶。此过程消耗 1 分子 ATP。

$$\text{葡萄糖} \xrightarrow[\text{ATP} \rightarrow \text{ADP}]{\text{己糖激酶，}Mg^{2+}} \text{6-磷酸葡萄糖}$$

如果糖酵解从糖原开始，糖原先磷酸化裂解成 1-磷酸葡萄糖，再经磷酸葡萄糖变为酶的作用，转化成 6-磷酸葡萄糖。此过程没有能量消耗。

（2）6-磷酸葡萄糖转变成 6-磷酸果糖，由磷酸己糖异构酶催化。

$$6\text{-磷酸葡萄糖} \underset{Mg^{2+}}{\overset{\text{异构酶}}{\rightleftharpoons}} 6\text{-磷酸果糖}$$

（3）6-磷酸果糖转变成 1,6-二磷酸果糖。

$$6\text{-磷酸果糖} \xrightarrow[\text{ATP} \curvearrowright \text{ADP}]{6\text{-磷酸果糖激酶-1},\ Mg^{2+}} 1,6\text{-二磷酸果糖}$$

此反应是第二个磷酸化反应，由 6-磷酸果糖激酶-1 催化，是糖酵解过程中第二个关键酶。此过程消耗 1 分子 ATP。

（4）1,6-二磷酸果糖裂解成 2 分子磷酸丙糖，即磷酸二羟丙酮和 3-磷酸甘油醛，由醛缩酶催化。

$$1,6\text{-二磷酸果糖} \overset{\text{醛缩酶}}{\rightleftharpoons} \text{磷酸二羟丙酮} + 3\text{-磷酸甘油醛}$$

（5）磷酸丙糖的异构化。磷酸二羟丙酮和 3-磷酸甘油醛在异构酶的催化下，可以相互转变。磷酸二羟丙酮不能继续进入下一步反应，但它可以迅速经异构反应转变为 3-磷酸甘油醛，进入糖酵解的后续反应。所以 1 分子 1,6-二磷酸果糖相当于形成了 2 分子 3-磷酸甘油醛。

2. 第二阶段

磷酸丙糖转变为丙酮酸，该阶段是糖酵解释放能量的过程。

（1）3-磷酸甘油醛在 3-磷酸甘油酸脱氢酶催化下，以 NAD^+ 为受氢体进行脱氢氧化，同时被磷酸化生成含有高能磷酸键的 1,3-二磷酸甘油酸。这是糖酵解过程中唯一的氧化反应，NAD^+ 被还原为 $NADH+H^+$。

$$3\text{-磷酸甘油醛} + H_3PO_4 \underset{NAD^+ \curvearrowright NADH+H^+}{\overset{\text{磷酸甘油酸脱氢酶},Mg^{2+}}{\rightleftharpoons}} 1,3\text{-二磷酸甘油酸}$$

（2）1,3-二磷酸甘油酸由磷酸甘油酸激酶催化，将高能磷酸键转移给 ADP 生成 ATP，而转变成 3-磷酸甘油酸，这是糖酵解过程中第一次通过底物磷酸化生成 ATP。因为 1 分子葡萄糖生成 2 分子 3-磷酸甘油酸，因此共产生 2 分子 ATP。

$$1,3\text{-二磷酸甘油酸} \underset{\text{ADP} \curvearrowright \text{ATP}}{\overset{\text{磷酸甘油酸激酶},\ Mg^{2+}}{\rightleftharpoons}} 3\text{-磷酸甘油酸}$$

（3）3-磷酸甘油酸转变成 2-磷酸甘油酸，由变位酶催化。

$$3\text{-磷酸甘油酸} \underset{Mg^{2+}}{\overset{\text{变位酶}}{\rightleftharpoons}} 2\text{-磷酸甘油酸}$$

（4）2-磷酸甘油酸由烯醇化酶催化，进行脱水反应，同时引起分子内能量重新分配，转变成含有高能磷酸键的磷酸烯醇式丙酮酸。

$$2\text{-磷酸甘油酸} \underset{Mg^{2+}\text{或}Mn^{2+}}{\overset{\text{烯醇化酶}}{\rightleftharpoons}} \text{磷酸烯醇式丙酮酸}$$

(5) 磷酸烯醇式丙酮酸在丙酮酸激酶催化下，将高能磷酸键转移给 ADP 生成 ATP，转变成烯醇式丙酮酸，这是糖酵解过程中第二次通过底物磷酸化生成 ATP。此反应不可逆，丙酮酸激酶是糖酵解过程中第三个关键酶。烯醇式丙酮酸不稳定，可直接转变为丙酮酸。

$$\text{磷酸烯醇式丙酮酸} \xrightarrow[\text{ADP} \curvearrowright \text{ATP}]{\text{丙酮酸激酶 } Mg^{2+} \text{或} K^{+}} \text{丙酮酸}$$

葡萄糖酵解的总反应式为：

$$\text{葡萄糖} + 2Pi + 2ADP + 2NAD^{+} \rightarrow 2\ \text{丙酮酸} + 2ATP + 2NADH + 2H^{+} + 2H_2O$$

3. 第三阶段：丙酮酸的去路

在厌氧酵解或由于呼吸、循环系统机能障碍时，丙酮酸由乳酸脱氢酶催化还原为乳酸。此过程需要 2H，由 3-磷酸甘油醛脱氢反应生成的 $NADH + H^{+}$ 提供。在有氧条件下丙酮酸进入线粒体变成乙酰 CoA 参加三羧酸循环。微生物中则进一步形成乙醇。

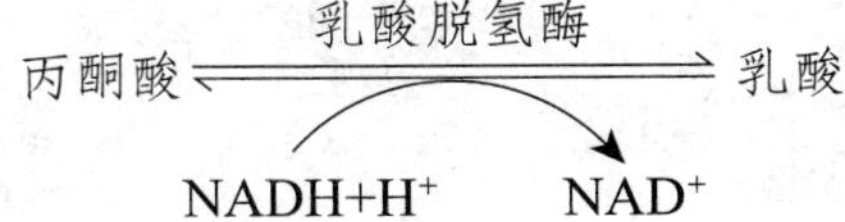

在动物和少数高等植物细胞液中含有乳酸脱氢酶，人和动物剧烈运动时，由于肌肉组织相对缺氧，进行无氧分解形成大量乳酸引起肌肉酸痛。如果动物缺氧时间过长，将大量积累乳酸，造成代谢性中毒，严重时会导致死亡。乳酸菌可进行乳酸发酵，如酸奶、泡菜、奶酪等都是利用乳酸发酵生产的。泡菜的腌制就是乳酸菌大量繁殖，产生的乳酸积累导致酸性增加，抑制了其他细菌的活动，因而使泡菜不致腐烂。

(三) 糖酵解反应特点

糖酵解的全过程归纳如图 7-1 所示，糖酵解反应特点有以下四点：

(1) 反应部位：细胞液。

(2) 糖酵解反应过程无氧参与，1 分子葡萄糖转变为 2 分子乳酸。

(3) 糖酵解释放能量较少。1 分子葡萄糖经无氧分解可生成 4 分子 ATP，反应过程消耗 2 分子 ATP，可净生成 2 分子 ATP；若从糖原开始进行无氧分解，也可生成 4 分子 ATP，但仅消耗 1 分子 ATP，所以净生成 3 分子 ATP。

(4) 己糖激酶（葡萄糖激酶）、磷酸果糖激酶-1 和丙酮酸激酶是糖酵解途径的关键酶，催化的是不可逆反应。

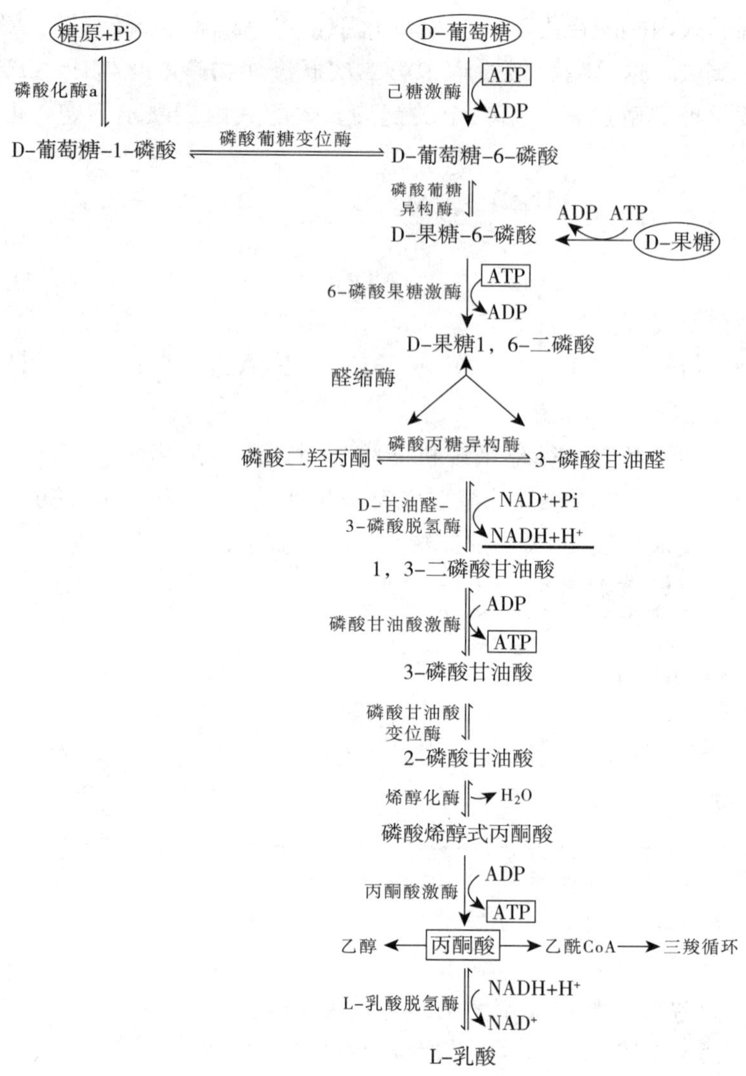

图 7-1　糖酵解反应过程

（四）糖酵解的生理意义

糖酵解的生理意义如下：

（1）糖酵解是机体在缺氧情况下迅速获得能量的重要方式。例如，剧烈运动时，能量需要增加，糖分解加快，此时即使增加呼吸和血循环，但仍不能满足需要，骨骼肌处于相对缺氧状态，则糖酵解过程加强，以补充运动所需能量。在某些病理情况下，如严重贫血、失血、休克、呼吸障碍、循环障碍等，因氧供应不足，组织细胞也可增强糖无氧分解，以获得少量能量。

（2）氧供应充足的条件下，某些组织细胞如红细胞、视网膜、睾丸、白细胞、肿瘤细胞等，其所需能量仍由糖酵解供应。红细胞缺少线粒体，不能进行有氧分解，维持红细胞结构和功能所需的能量全部依赖糖无氧分解获得。

（3）为体内其他物质的合成提供原料。例如，磷酸二羟丙酮可转变为磷酸甘油，用于脂肪的合成；丙酮酸可经氨基化转变为丙氨酸而参与蛋白质的合成。

从单细胞生物到高等动物、植物都存在糖酵解过程，都是为了获取能量，虽然产生的能量不多，但反映了生物的演化过程。选择酵解这种“古老”的代谢方式，反映了在大气中缺氧时期原始生物采取了这种获能方式。当光合作用逐渐盛行大气中出现了氧，生物才进行高效率的有氧氧化。

二、糖的有氧氧化

葡萄糖在有氧条件下彻底氧化分解生成 CO_2 和 H_2O 并释放能量的过程，称为糖的有氧氧化（Aerobic Oxidation）。

（一）有氧氧化的反应过程

糖的有氧氧化分 3 个阶段进行：1）葡萄糖或糖原转变为丙酮酸，与糖酵解过程相同；2）丙酮酸氧化脱羧生成乙酰 CoA，反应在线粒体中进行；3）乙酰 CoA 进入三羧酸循环，彻底氧化为 CO_2 和 H_2O 并释放能量，反应在线粒体中进行。如图 7－2 所示。有氧氧化与无氧氧化是在丙酮酸以后产生分歧的，无氧的情况下，丙酮酸被还原为乳酸，而在有氧的情况下，丙酮酸进入线粒体通过一系列的变化氧化成二氧化碳和水。

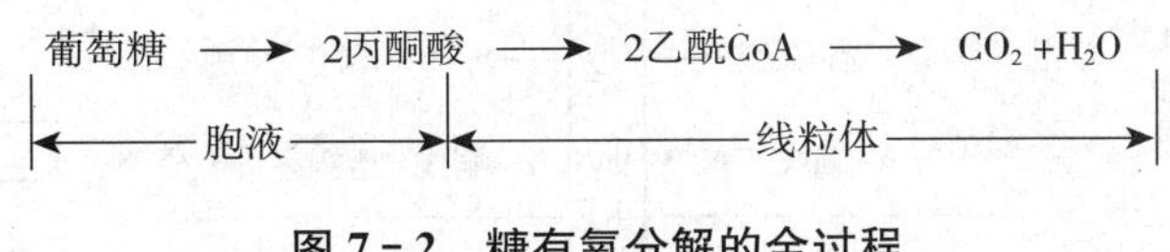

图 7－2　糖有氧分解的全过程

1. 葡萄糖到丙酮酸

1 分子葡萄糖生成 2 分子丙酮酸。这与糖酵解反应过程基本相同，在胞液中进行。所不同的是，3-磷酸甘油醛脱氢产生的 $NADH+H^+$ 的去向不同。在糖酵解反应中，$NADH+H^+$ 用于使丙酮酸加氢还原为乳酸；而在糖的有氧代谢中，$NADH+H^+$ 进入线粒体，把 2 个 H^+ 传递给氧，与氧结合生成水，同时产生 ATP。

线粒体外的 $NADH+H^+$ 可将其所带的 2 个 H^+ 转交给某种能透过线粒体内膜的化合物，进入线粒体后再氧化，即 $NADH+H^+$ 上的 2 个 H^+ 可通过一个所谓穿梭系统的间接途径进入电子传递链。能完成这种穿梭任务的化合物有磷酸甘油和苹果酸等。

在动物细胞内有两个穿梭系统：一个是磷酸甘油穿梭系统，主要存在于动物骨骼肌、脑和昆虫的飞翔肌等组织细胞中；二是苹果酸-天冬氨酸穿梭系统，主要存在于动物的肝、肾和心肌细胞中。这两种穿梭系统产生 ATP 的数量不同。

（1）磷酸甘油穿梭系统。

胞液中的 $NADH+H^+$ 在两种不同的磷酸甘油脱氢酶的催化下，以磷酸甘油为载体穿梭往返于胞液和线粒体之间，间接转变为线粒体内膜上的 $FADH_2$，1 分子 $FADH_2$ 进入呼吸链后可生成 2 分子 ATP，这种过程称为磷酸甘油穿梭（如图 7－3 所示）。

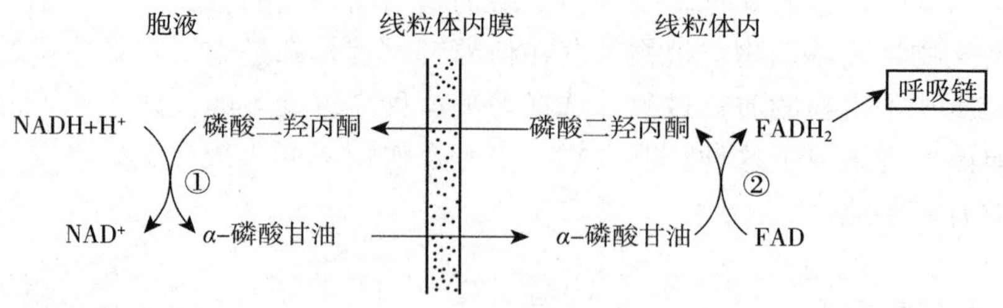

图 7-3　磷酸甘油穿梭系统

（2）苹果酸-天冬氨酸穿梭系统。

胞液中的 $NADH+H^+$ 通过苹果酸转运进入线粒体内，由线粒体内的苹果酸脱氢酶催化，生成 $NADH+H^+$ 和草酰乙酸，草酰乙酸转变为天冬氨酸后从线粒体回到胞液。1 分子 $NADH+H^+$ 经呼吸链传递可生成 3 分子 ATP，这种过程称为苹果酸-天冬氨酸穿梭（如图 7-4 所示）。

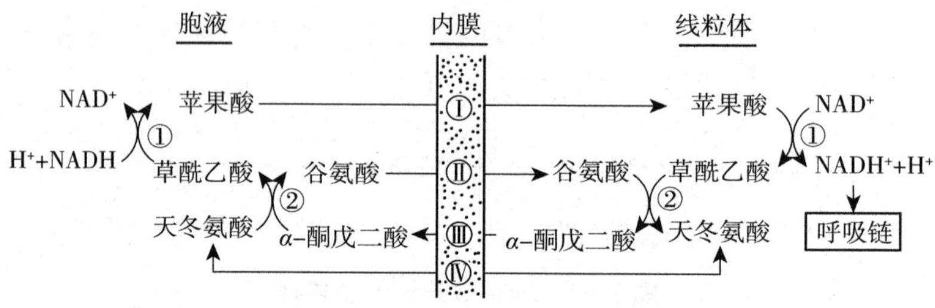

图 7-4　苹果酸-天冬氨酸穿梭

2. 丙酮酸氧化脱羧生成乙酰 CoA

丙酮酸进入线粒体后，由丙酮酸脱氢酶系催化生成乙酰 CoA，该反应既脱氢又脱羧，故称氧化脱羧。这是个不可逆反应。

$$\underset{\text{丙酮酸}}{\begin{array}{l} COOH \\ | \\ C=O \\ | \\ CH_3 \end{array}} + CoA\text{-}SH \xrightarrow[NAD^+ \;\curvearrowright\; NADH+H^+]{\text{丙酮酸脱氢酶系}} \underset{\text{乙酰CoA}}{\begin{array}{l} CH_3 \\ | \\ CO\sim SCoA \end{array}} + CO_2$$

反应生成的 $NADH+H^+$ 进入呼吸链生成 ATP，而乙酰 CoA 则进入三羧酸循环被彻底氧化。

3. 三羧酸循环

三羧酸循环是指乙酰 CoA 和草酰乙酸缩合生成柠檬酸，柠檬酸经一系列化学反应过程又生成草酰乙酸的循环过程，在此过程中乙酰 CoA 彻底分解成 CO_2 和 H_2O，并产生能量。由于此过程由柠檬酸开始，柠檬酸是一个含有 3 个羧基的酸，所以称为三羧酸循环，亦称柠檬酸循环或 Krebs 循环。此循环反应过程如下：

（1）柠檬酸的形成。

乙酰 CoA 与草酰乙酸缩合成柠檬酸，反应为单向不可逆反应，由柠檬酸合酶催化。

$$\text{乙酰 CoA}+\text{草酰乙酸} \xrightarrow{\text{柠檬酸合酶}} \text{柠檬酸}$$

（2）异柠檬酸的形成。

柠檬酸与异柠檬酸互变，由顺乌头酸酶催化。

$$\text{柠檬酸} \xrightarrow{\text{顺乌头酸酶}} \text{异柠檬酸}$$

（3）α-酮戊二酸的生成。

异柠檬酸氧化脱羧生成 α-酮戊二酸，反应由异柠檬酸脱氢酶催化。这是三羧酸循环第一次脱羧生成 CO_2，使六碳化合物转变为五碳化合物，脱下的 2 个 H^+ 由 NAD^+ 传递。

$$\text{异柠檬酸} \xrightarrow[NAD^+ \to NADH+H^+ \quad \searrow CO_2]{\text{异柠檬酸脱氢酶}} \alpha\text{-酮戊二酸}$$

（4）琥珀酰 CoA 的生成。

α-酮戊二酸氧化脱羧生成琥珀酰 CoA，反应由 α-酮戊二酸脱氢酶复合体催化。这是三羧酸循环第二次脱羧生成 CO_2，使五碳化合物转变为四碳化合物，脱下的 2 个 H^+ 由 NAD^+ 传递。

$$\alpha\text{-酮戊二酸} \xrightarrow[NAD^+ \to NADH+H^+ \quad \searrow CO_2]{\alpha\text{-酮戊二酸脱氢酶复合体}} \text{琥珀酰CoA}$$

（5）琥珀酸和 GTP 的生成。

此反应由琥珀酰 CoA 合成酶催化，在 H_3PO_4 和 GDP 存在下，琥珀酰 CoA 生成琥珀酸。琥珀酰 CoA 中高能硫酯键水解，能量转移给 GDP 生成 GTP。这是三羧酸循环中唯一进行底物磷酸化的反应。生成的 GTP 可直接利用，也可转化为 ATP。

$$\text{琥珀酰CoA} \xrightarrow[GDP+Pi \to GTP]{\text{琥珀酰CoA合成酶}} \text{琥珀酸}$$

（6）延胡索酸的生成。

琥珀酸脱氢生成延胡索酸，反应由琥珀酸脱氢酶催化。琥珀酸脱氢酶的辅基为 FAD，反应脱下的 2 个 H^+ 由 FAD 传递。

$$\text{琥珀酸} \xrightarrow[FAD \to FADH_2]{\text{琥珀酸脱氢酶}} \text{延胡索酸}$$

（7）苹果酸的生成。

延胡索酸加水生成苹果酸，反应由延胡索酸酶催化。

$$\text{延胡索酸} \xrightarrow{\text{延胡索酸酶}} \text{苹果酸}$$

（8）草酰乙酸再生。

苹果酸脱氢生成草酰乙酸，由苹果酸脱氢酶催化。反应脱下的 2 个 H^+ 由 NAD^+ 传递。

$$\text{苹果酸} \xrightarrow[NAD^+ \to NADH+H^+]{\text{苹果酸脱氢酶}} \text{草酰乙酸}$$

生成的草酰乙酸再与乙酰 CoA 反应，开始下一轮的三羧酸循环反应。

（二）三羧酸循环的特点

三羧酸循环的全过程归纳如下（见图 7－5）。

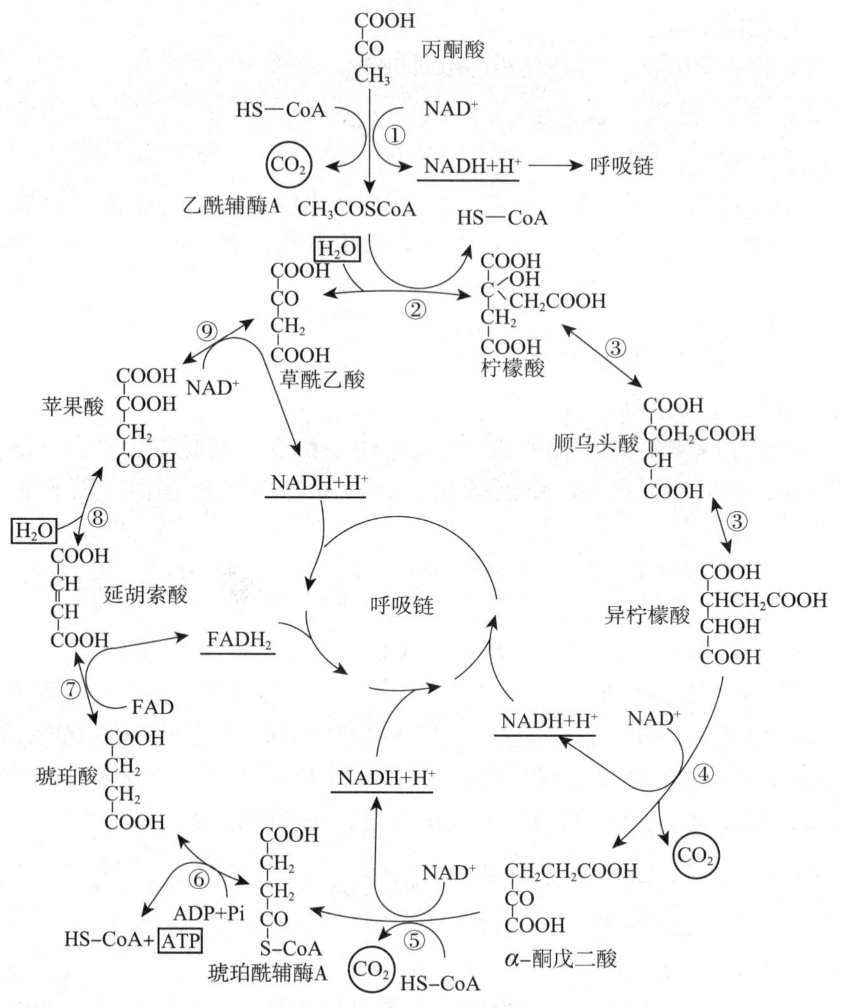

图 7-5　三羧酸循环的反应过程

（1）三羧酸循环必须在有氧条件下进行。当氧供给充足时，丙酮酸氧化脱羧生成乙酰CoA，进入三羧酸循环彻底氧化。

（2）三羧酸循环是机体主要的产能途径。三羧酸循环每进行一次使 1 分子乙酰 CoA 氧化分解，一次三羧酸循环有 2 次脱羧反应和 4 次脱氢反应，产生 2 分子 CO_2 及 3 分子 $NADH+H^+$、1 分子 $FADH_2$ 和 1 分子 GTP。$NADH+H^+$ 和 $FADH_2$ 所携带的 2 个 H^+ 经呼吸链传递，最终与氧结合生成水，并经氧化磷酸化作用产生 ATP，所以每一次三羧酸循环共生成 12 分子 ATP，即 $3\times3+1\times2+1=12$。

（3）三羧酸循环是单向反应体系。循环中的柠檬酸合酶、异柠檬酸脱氢酶、α-酮戊二酸脱氢酶系是该代谢途径的限速酶。

（三）有氧氧化的生理意义

1. 糖的有氧氧化是机体获得能量的主要方式

糖有氧氧化各个阶段中脱去的氢原子通过呼吸链传递和氧化合生成水的过程都偶联着

ADP 转变为 ATP 的磷酸化反应，即氧化所释放出的自由能以 ATP 的形式储存起来，以供生理活动的需要。

糖的有氧氧化产生 ATP 的数量为：

（1）第一阶段：葡萄糖到丙酮酸。

1）1 分子葡萄糖经无氧分解可生成 4 分子 ATP，反应过程消耗 2 分子 ATP，可净生成 2 分子 ATP；

2）1 分子葡萄糖分解可生成 2 分子 3-磷酸甘油醛，3-磷酸甘油醛脱氢产生的 2 分子 $NADH+H^+$ 经磷酸甘油穿梭系统或苹果酸–天冬氨酸穿梭系统进入线粒体，分别产生 $2\times3=6$ 或 $2\times2=4$ 分子 ATP；所以，第一阶段共产生 $2+6=8$ 或 $2+4=6$ 分子 ATP。

（2）第二阶段：丙酮酸氧化脱羧生成乙酰 CoA。

1 分子葡萄糖分解可生成 2 分子丙酮酸，进而脱羧生成 2 分子乙酰 CoA，反应生成的 2 分子 $NADH+H^+$ 进入呼吸链生成 $2\times3=6$ 分子 ATP。

（3）第三阶段：三羧酸循环。

2 分子乙酰 CoA 要彻底氧化分解要经过 2 次三羧酸循环，而每一次三羧酸循环共生成 12 分子 ATP，所以此阶段共生成 $2\times12=24$ 分子 ATP。

综上所述，1 分子葡萄糖经有氧氧化可生成 $8+6+24=38$（或 $6+6+24=36$）分子 ATP。

2. 三羧酸循环是体内营养物质彻底氧化分解的共同通路

糖、脂肪和蛋白质在体内的彻底氧化都要经过三羧酸循环。糖和脂肪酸可以转化为乙酰 CoA，经三羧酸循环彻底氧化成 CO_2 和 H_2O。蛋白质水解产物氨基酸可以转化为乙酰 CoA 或三羧酸循环的中间产物，进而经三羧酸循环氧化。因此，三大营养物质都经三羧酸循环彻底氧化生成 CO_2 和 H_2O，为机体提供能量。

3. 三羧酸循环是体内物质代谢相互联系的枢纽

糖有氧氧化与糖代谢其他途径联系密切，如糖酵解、磷酸戊糖途径、糖异生作用等。此外，脂肪的合成与分解，氨基酸的代谢都与有氧氧化的中间产物联结。所以，三羧酸循环是体内物质代谢相互联系的枢纽，体内许多物质及许多代谢反应均可通过三羧酸循环而相互转变及彼此联系。

（四）糖酵解和有氧氧化的比较

糖酵解和有氧氧化的比较如表 7-1 所示。

表 7-1 比较糖酵解和糖有氧氧化的主要特点

	糖酵解	糖的有氧氧化
反应部位	胞液	胞液、线粒体
需氧条件	无氧或缺氧	有氧
底物/产物	糖原、葡萄糖/乳酸	糖原、葡萄糖/H_2O+CO_2
产能	1 mol 葡萄糖净生成 2 mol ATP	1 mol 葡萄糖净生成 36 mol～38 mol ATP

续表

	糖酵解	糖的有氧氧化
关键酶	6-磷酸果糖激-1，己糖激酶，丙酮酸激酶	糖酵解关键酶以及丙酮酸丙酮酸脱氢酶复合体，柠檬酸合酶，异柠檬酸脱氢酶，α-酮戊二酸脱氢酶复合体
生理意义	迅速供能	机体产能的主要方式

三、磷酸戊糖途径

磷酸戊糖途径（Pentose Phosphate Pathway）是糖代谢的另一条重要途径。

糖酵解和有氧氧化是生物体内糖分解的主要途径，但非唯一途径。当用碘乙酸或氟化钠抑制糖酵解途径时，呼吸作用仍然能消耗葡萄糖，说明在生物体中还有一条葡萄糖分解的途径，这条途径的中间产物中有 5-磷酸核酮糖，所以称为磷酸戊糖途径。主要发生在肝、脂肪组织、哺乳期乳腺、肾上腺皮质、性腺、骨髓和红细胞等。

（一）反应过程

磷酸戊糖途径的反应部位在胞液，整个途径可分为氧化阶段和非氧化阶段。

氧化阶段 3 分子 6-磷酸葡萄糖在 6-磷酸葡萄糖脱氢酶和 6-磷酸葡萄糖酸脱氢酶等催化下，经 2 次脱氢、1 次脱羧生成 3 分子 5-磷酸核酮糖，并产生 6 分子 NADPH 和 3 分子 CO_2。

非氧化阶段包括异构化、转酮反应和转醛反应。首先 3 分子 5-磷酸核酮糖异构化为 1 分子 5-磷酸核糖和 2 分子 5-磷酸木酮糖；然后磷酸戊糖在转酮酶和转醛酶的催化下，经三碳、四碳、七碳等中间产物，生成 2 分子 6-磷酸果糖和 1 分子 3-磷酸甘油醛（如图 7－6 所示）；它们可转变为 6-磷酸葡萄糖继续进行磷酸戊糖途径，也可以进入糖有氧氧化或糖酵解途径（如图7－7所示）。

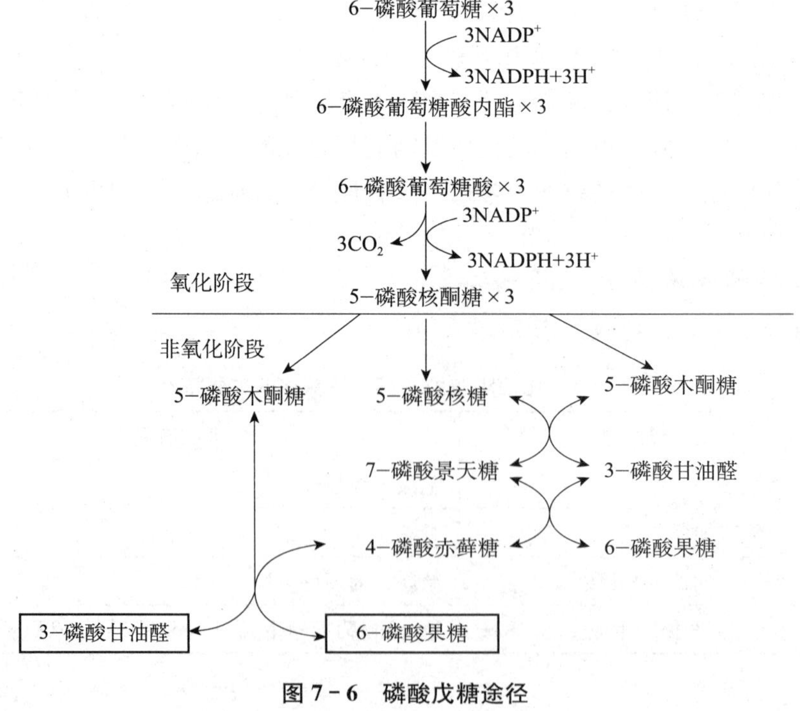

图 7－6　磷酸戊糖途径

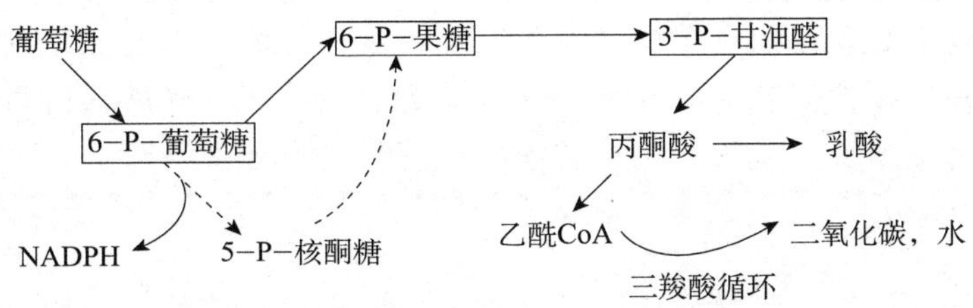

图 7–7　磷酸戊糖途径与有氧氧化、糖酵解的关系

此反应途径中的限速酶是 6-磷酸葡萄糖脱氢酶，此酶活性受 NADPH 浓度影响，NADPH 浓度升高抑制酶的活性，因此磷酸戊糖途径主要受体内 NADPH 的需求量调节。

磷酸戊糖途径的主要特点是葡萄糖直接脱氢、脱羧，不必经过糖酵解和三羧酸循环，脱氢酶的辅酶不是 NAD^+ 而是 $NADP^+$，产生的 NADPH 作为还原力以供生物合成用，不是传递给氧，无 ATP 生成与消耗。

（二）磷酸戊糖途径的生理意义

磷酸戊糖途径中没有 ATP 产生，所以它不是作为产能途径，但却是动植物的组织或器官中普遍存在的一种糖代谢方式，它的生理意义主要表现有如下两方面。

1. 生成 5-磷酸核糖

磷酸戊糖途径是葡萄糖在体内生成 5-磷酸核糖的唯一途径。5-磷酸核糖是合成核苷酸及其衍生物的重要原料，故损伤后修复、再生的组织（如梗死的心肌、部分切除后的肝脏），此代谢途径都比较活跃。

2. 生成 NADPH

NADPH 与 NADH 不同，它携带的氢不是通过呼吸链氧化磷酸化生成 ATP，而是作为供氢体参与许多代谢反应，具有多种不同的生理意义。

（1）作为供氢体，参与体内多种生物合成反应。如脂肪酸、胆固醇和类固醇激素的生物合成都需要大量的 NADPH，因此磷酸戊糖途径在合成脂肪及固醇类化合物的肝、肾上腺、性腺等组织中特别旺盛。

（2）NADPH 是谷胱甘肽还原酶的辅酶，对维持还原型谷胱甘肽（GSH）的正常含量有很重要的作用。GSH 能保护某些蛋白质中的巯基，如红细胞膜和血红蛋白上的巯基，对稳定红细胞膜，保持血红蛋白的还原状态有重要作用。因此缺乏 6-磷酸葡萄糖脱氢酶的人，因 NADPH 缺乏，GSH 含量过低，红细胞易于破坏而发生溶血性贫血。

（3）NADPH 参与肝脏生物转化反应，肝细胞内质网含有以 NADPH 为供氢体的加单氧酶体系，参与激素、药物、毒物的生物转化过程。

小链接

蚕豆病：一种遗传性 6-磷酸葡萄糖脱氢酶缺陷症，患者体内磷酸戊糖途径不能正常进行，无法产生 NADPH，不能保持细胞内 GSH 水平，膜结构破坏，造成溶血、贫血等，继而引起溶血性贫血及溶血性黄疸，特别在食用某些食物（如蚕豆）或药物（如抗疟药伯氨喹）后多见，所以称为蚕豆病。先天缺乏者在给药（磺胺、阿司匹林等氧化性药物）后表现为不耐受，数天后产生黄疸、尿变黑、血红素下降。

糖分解途径的多样性，是物质代谢所表现出的生物对环境的适应性。通常，磷酸戊糖途径在机体内可与三羧酸循环同时进行，但在不同生物及不同组织器官中所占比例不同，植物中可占50%以上，动物和微生物中约占30%。

第三节　糖原的合成与分解

糖原（Glycogen）是葡萄糖在动物体内的贮存形式，是由若干葡萄糖单位组成的具有多分支结构的大分子化合物。在糖原分子中，葡萄糖以 α-1,4-糖苷键相连构成直链；以 α-1,6-糖苷键相连构成支链。

肝脏和肌肉是糖原合成的主要部位。肝糖原是血糖的重要来源，尤其对红细胞、脑细胞等依靠葡萄糖为能量来源的组织，而肌糖原可供肌肉收缩需要。

参与糖原合成与分解代谢的酶类均存在于细胞液中，所以糖原合成与分解代谢在细胞液进行。

一、糖原合成

糖原合成（Glycogenesis）是由葡萄糖合成糖原的过程。

（一）反应过程

糖原合成过程是一个耗能的过程。

（1）葡萄糖生成6-磷酸葡萄糖（G-6-P）。此反应是由己糖激酶（葡糖激酶）催化的不可逆反应，由ATP供应能量。

$$\text{葡萄糖}\xrightarrow{\text{己糖激酶}}\text{6-磷酸葡萄糖}$$

（2）6-磷酸葡萄糖转变为1-磷酸葡萄糖（G-1-P）。此为可逆反应。

$$\text{6-磷酸葡萄糖}\xrightleftharpoons{\text{变位酶}}\text{1-磷酸葡萄糖}$$

（3）尿苷二磷酸葡萄糖（UDPG）的生成。在UDPG焦磷酸化酶作用下，1-磷酸葡萄糖与尿苷三磷酸（UTP）作用，生成尿苷二磷酸葡萄糖（UDPG）。

$$\text{UTP}+\text{G-1-P}\xrightarrow{\text{UDPG 焦磷酸化酶}}\text{UDPG}+\text{PPi}$$

（4）UDPG合成糖原。糖原合成时需要体内原有的小分子糖原参与，此小分子糖原称为“引物”。UDPG中葡萄糖单位在糖原合酶作用下，在糖原引物上增加一个葡萄糖单位，形成 α-1,4-糖苷键。每反应一次，糖原引物上即增加一个葡萄糖单位。

$$\mathrm{UDPG} + \mathrm{Gn} \xrightarrow{\text{糖原合梅}} \mathrm{Gn}_{+1} + \mathrm{UDP}$$

在糖原合酶的催化下，糖链只能延长，不能分支。当糖链长度达到 12～18 个葡萄糖基时，分支酶将一段约 6～7 个葡萄糖基的糖链转移到邻近的糖链上，以 α-1,6-糖苷键相接，从而形成分支。

（二）糖原合成反应的特点

糖原合成反应的特点如下：

（1）糖原合成需要糖原引物；

（2）糖原合酶是糖原合成过程的关键酶；

（3）糖原支链结构的形成需要分支酶的作用；

（4）糖原合成是消耗能量的过程。

二、糖原分解

糖原分解（Glycogenlysis）：肝糖原分解为葡萄糖的过程。反应过程如下：

（1）糖原分解为 1-磷酸葡萄糖。

$$\mathrm{Gn} \xrightarrow{\text{糖原磷酸化酶}} \mathrm{G}_{n-1} + \mathrm{G\text{-}1\text{-}P}$$

（2）1-磷酸葡萄糖转变为 6-磷酸葡萄糖。

$$\text{1-磷酸葡萄糖} \xrightleftharpoons{\text{变位酶}} \text{6-磷酸葡萄糖}$$

（3）6-磷酸葡萄糖水解为葡萄糖。

$$\text{6-磷酸葡萄糖} \xrightarrow{\text{葡萄糖-6-磷酸酶}} \text{葡萄糖}$$

糖原合成与分解的过程如图 7－8 所示。

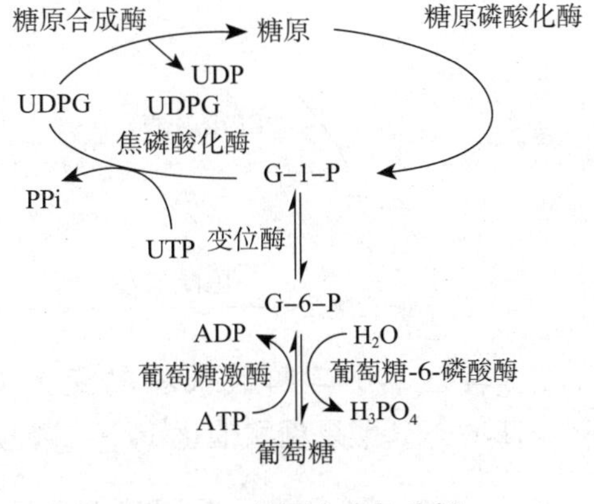

图 7－8　糖原合成与分解

三、糖原合成与分解的生理意义

糖原是葡萄糖的储存形式。当机体糖供应丰富、细胞中能量充足时，即合成糖原将能量进行储存。当糖的供应不足或能量需求增加时，储存的糖原即分解为葡萄糖，维持血糖浓度，提供能量。

第四节　糖异生作用

一、糖异生的概念

糖异生作用（Gluconeogenesis）是由非糖物质转变为葡萄糖或糖原的过程。能转变为糖的非糖物质主要是甘油、有机酸（乳酸、丙酮酸及三羧酸循环中的各种羧酸）和生糖氨基酸等。在生理条件下，肝脏是糖异生的主要器官。饥饿时，肾的糖异生作用可大大加强，其他组织和器官不能进行糖异生作用。

二、糖异生的途径

糖异生途径基本上是糖酵解途径的逆行过程。但是糖酵解途径中由己糖激酶、磷酸果糖激酶-1 及丙酮酸激酶催化的单向反应，构成所谓“能障”。所以，糖异生途径必须通过另外的酶催化，才能绕过“能障”逆行生成糖。

（一）丙酮酸羧化支路

丙酮酸不能直接逆转为磷酸烯醇式丙酮酸。但丙酮酸可以在丙酮酸羧化酶的催化下生成草酰乙酸，然后在磷酸烯醇式丙酮酸羧激酶催化下生成磷酸烯醇式丙酮酸，此过程称为丙酮酸羧化支路。

乳酸和三羧酸循环中的各种羧酸在转变为糖时，都需通过这条支路。

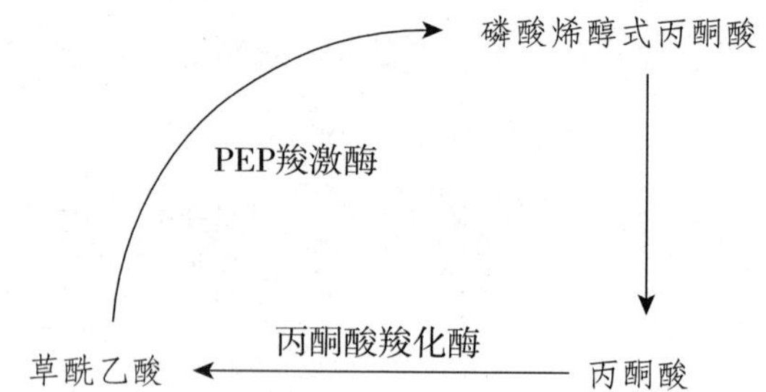

（二）1,6-二磷酸果糖转变为 6-磷酸果糖

1,6-二磷酸果糖酶催化 1,6-二磷酸果糖水解，生成 6-磷酸果糖。

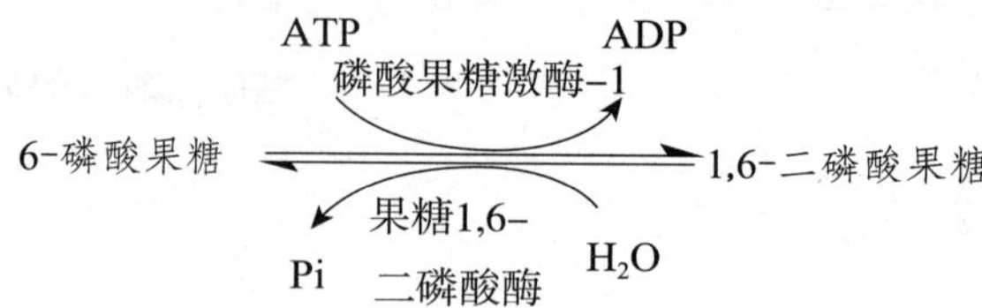

（三）6-磷酸葡萄糖水解生成葡萄糖

由葡萄糖-6-磷酸酶催化 6-磷酸葡萄糖水解，生成葡萄糖。葡萄糖-6-磷酸酶存在于肝、肾细胞，肌肉组织中不含此酶。

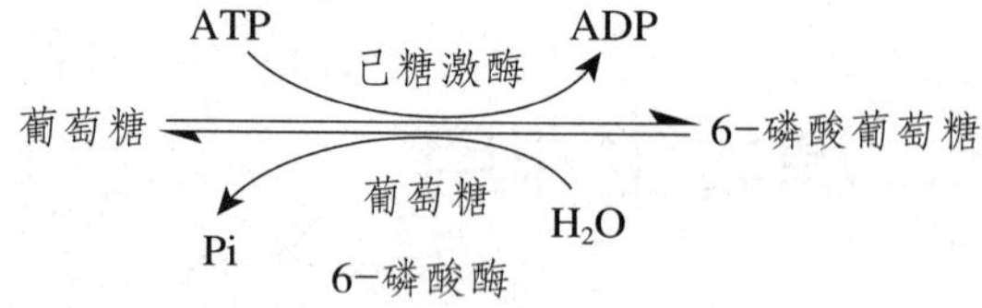

三、糖异生的生理意义

（一）维持血糖浓度

在禁食时，仅靠肝糖原分解维持血糖浓度，则只需 10h 左右糖原即可耗尽。此后

机体主要靠糖异生来维持血糖相对恒定，这对于保证脑细胞的葡萄糖供应是十分必要的。

（二）有利于乳酸的再利用

乳酸是糖酵解的主要产物。剧烈运动后，骨骼肌中产生的乳酸很容易通过细胞膜进入血液，通过血液循环进入肝脏，经糖异生作用转变为葡萄糖。肝脏糖异生作用生成的葡萄糖又输送入血液循环，再被肌肉摄取利用，这一过程称为乳酸循环。

糖异生作用对乳酸的再利用、肝糖原更新、补充糖的消耗以及防止乳酸中毒等方面都起作用。

（三）协助氨基酸代谢

氨基酸的大多数是生糖氨基酸，它们可以分别转变为丙酮酸、α-酮戊二酸、草酰乙酸等，参加糖异生作用。实验证明，进食蛋白质后，肝糖原的含量增加。禁食晚期，由于组织蛋白分解增强，血中氨基酸含量升高，糖异生作用十分活跃，是饥饿时维持血糖的主要原料来源。可见，氨基酸转变为糖是氨基酸代谢的重要途径之一。

第五节　血糖

血糖（Blood Sugar）主要是指血液中的葡萄糖。正常人空腹时血糖浓度是相当恒定的，一般在 4.5 mmol/L～5.5 mmol/L。进食后，由于大量葡萄糖吸收入血，血糖含量暂时升高。饭后 1h 左右血糖开始下降，饭后 2h 基本就能恢复正常。在短期间空腹，没有糖吸收到体内时，血糖也可维持在正常水平。这是因为血糖受到神经系统和激素的控制调节作用，使来源和去路保持相对平衡。

全身各组织都从血液中摄取葡萄糖以氧化供能，特别是脑、肾、红细胞、视网膜等组织合成糖原能力极低，几乎没有糖原储存，必须不断由血液供应葡萄糖。当血糖下降到一定程度时，就会严重妨碍脑等组织的能量代谢，从而影响它们的功能。所以维持血糖浓度的相对恒定有着重要的临床意义。

一、血糖的来源和去路

（一）血糖的来源

血糖主要有以下三个方面来源：

（1）食物中的糖。食物中的糖经消化成为单糖被吸收进入体内，自肠腔吸收的葡萄糖、果糖、半乳糖经门静脉入肝后，即经一系列变化合成糖原，吸收的葡萄糖也可不经任何转变进入血循环成为血糖。所以食物中的糖是血糖的主要来源。

（2）肝糖原分解。肝糖原分解生成的葡萄糖进入血循环成为血糖。

（3）糖异生作用。许多非糖物质，如甘油、乳酸和生糖氨基酸等可在肝脏中转变成肝糖原，再分解成葡萄糖进入血循环。同时这些非糖物质也可在糖异生过程中直接转变成葡萄糖进入血循环。

（二）血糖的去路

血糖的去路包括：

（1）氧化供应能量。血糖经常进入各器官组织被氧化分解成 CO_2 和 H_2O，并放出能量，满足各种生命活动需要，这是最主要的去路。

（2）合成糖原储存。血糖进入肝脏或肌肉后，合成肝糖原或肌糖原储存。

（3）转变为其他物质，如脂肪、氨基酸等。

（4）随尿排出。血糖随尿排出是一种不正常的去路，但在某些情况下，血糖含量过高，如超出于 8.89 mmol/L～10.0 mmol/L（肾糖阈）时，超过了肾小管的重吸收能力，则一部分糖从尿液中排出，出现糖尿。

血糖的来源与去路如图 7－9 所示。

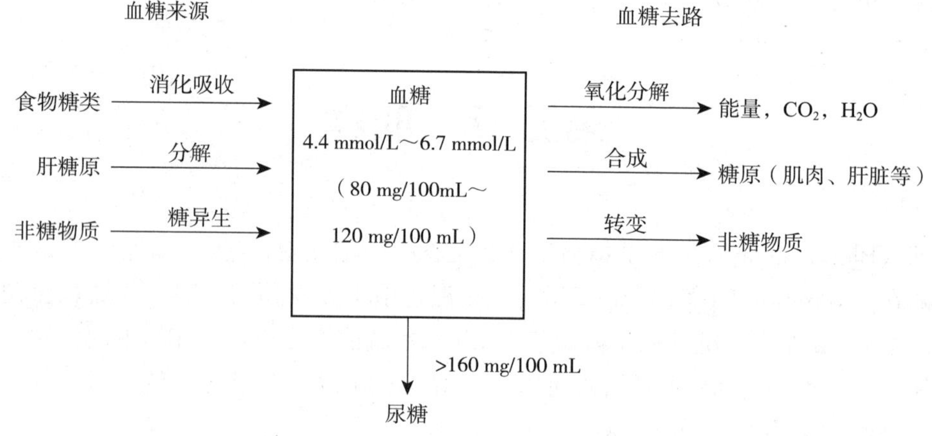

图 7－9　血糖的来源与去路

二、血糖的调节

（一）肝对血糖的调节

糖在肝脏中的代谢途径很多，而且有些是肝脏所特有的，如糖原分解成葡萄糖、糖异生作用等，肝脏通过这些代谢途径能调节血糖浓度。当血糖浓度高于正常时，肝糖原合成作用加强，糖异生作用减弱，从而使血糖浓度降低，趋于正常；当血糖浓度低于正常时，肝糖原分解作用及糖异生作用加强，从而使血糖浓度升高，趋于正常。

（二）激素对血糖的调节

调节糖代谢的激素主要有胰岛素、肾上腺素、胰高血糖素、肾上腺糖皮质激素和生长素等，其中除胰岛素可降低血糖外，其他都是升高血糖的，它们通过影响各器官的糖代谢来调节血糖浓度。激素对血糖的调节见表 7－2。

表 7-2　激素对血糖的调节

降低血糖的激素	功　　能	升高血糖的激素	功　　能
胰岛素	促进葡萄糖进入肌肉、脂肪等组织细胞	肾上腺素	促进肝糖原分解
	加速葡萄糖在肝、肌肉组织合成糖原		促进肌糖原酵解
	促进糖的有氧氧化		促进糖异生
	促进糖转变为脂肪	胰高血糖素	抑制肝糖原合成
	抑制糖异生		促进糖异生
	抑制肝糖原分解	糖皮质激素	促进糖异生
			促进肝外组织蛋白质分解，生成氨基酸

三、糖代谢异常

神经系统功能紊乱、内分泌失调及某些酶的先天性缺陷都可引起糖代谢紊乱。典型的糖代谢紊乱在临床上较为重要的是糖尿病和低血糖。

（一）高血糖及糖尿病

高血糖（Hyperglycemia）是指空腹血糖高于 7.28 mmol/L。持续高血糖就会发展为糖尿病。糖尿病是因血液中多余的葡萄糖进入尿中，然后排出体外而得名的。血糖正常时，血液中的葡萄糖会被肾脏的肾小管再吸收，但葡萄糖太多时，肾小管无法完全再吸收，未被吸收的葡萄糖就进入尿中。

糖尿病是一种以糖代谢为主要表现的慢性、复杂的代谢性疾病，系胰岛素相对或绝对不足，或利用缺陷而引起。该病是一种家族性疾病，其易感性有很大的遗传因素。糖尿病的临床特征是血糖浓度持续升高，甚至出现糖尿。重症病人常伴有脂类、蛋白质代谢紊乱和水、电解质、酸碱平衡紊乱，甚至出现一系列并发症，重者可致死亡。

糖尿病分为Ⅰ型（胰岛素依赖型糖尿病）和Ⅱ型（胰岛素非依赖型糖尿病）两种。Ⅰ型是由于自身免疫机能发生异常，胰岛细胞被破坏，胰岛素几乎无法分泌而产生的。Ⅱ型是因生活习惯和易患糖尿病的体质造成胰岛功能的低下和不足而产生的。95%的糖尿病是Ⅱ型糖尿病，Ⅰ型糖尿病只占少数。

糖尿病有“三多一少”（多食、多饮、多尿、体重减轻）的症状。因胰岛素相对或绝对不足，使糖的氧化利用发生障碍，而肝脏释放葡萄糖及糖异生作用增强，因而出现高血糖；由于糖氧化发生障碍，细胞内能量供应不足，患者易产生饥饿感而多食；多食进一步使血糖增多，当血糖含量超过肾糖阈值时，糖从肾脏大量排出而出现糖尿；随着糖的大量排出，必然带走大量水分而引起多尿；体内失水过多，血液浓缩，使血渗透压增加，刺激口渴中枢，引起口渴而多饮；由于糖氧化供能发生障碍，必导致体内蛋白质和脂肪分解增强，机体逐渐消瘦，体重减轻，抵抗力降低，容易引起感染等。

除糖尿病引起的高血糖和尿糖外，在某些生理情况下，也会出现暂时性高血糖和糖尿。例如，当人的情绪激动时，导致交感神经系统兴奋，促使肾上腺素等分泌增加，使血糖浓度升高，出现糖尿，称为情感性糖尿；或一次性食入大量葡萄糖，血糖急剧升高，出现糖尿，称为饮食性尿糖。上述两种暂时性高血糖及糖尿均为生理现象，情绪平静后或空腹时血糖可恢复到正常水平。由于肾脏机能先天性不全或肾脏疾病引起的肾糖阈值降低，也可引起糖尿，称为肾性糖尿。

小链接

胰岛素的发现

1889 年夏季的一天傍晚，德国斯特位堡医院里，年轻医生梅林（Merriry）正在院里散步，忽然他看见附近有两摊尿液，一摊上招惹了不少蚂蚁，而另一摊上却一只也没有，这个现象引起他极大的重视。经过一番打听，原来是生理学家敏柯斯基（Minkowski）饲养的狗所排的尿。梅林取了尿液进行检测，发现吸引蚂蚁的尿液中含有糖，而另一滩尿中却没有。梅林把这个结果告诉了敏柯斯基，他大吃一惊，因为他曾把一只狗的胰腺割去了，另一只却没有割去。如果没有这位德国年轻医生的细心和认真，这一科学发现尚需一些时日，人类饱受糖尿病折磨的历史要延期多长就不得而知了。

（二）低血糖与昏迷

低血糖时可出现饥饿感，四肢无力以及交感神经兴奋而发生的面色苍白、心慌、出冷汗等症状。脑组织主要以葡萄糖作为能源，对低血糖比较敏感，即使轻度低血糖就可以发生头昏、倦怠。低血糖影响脑的正常功能还可发现为肢体与口周麻木，记忆减退和运动不协调，严重时出现意识丧失，昏迷（血糖降至 40 mg/dL 以下可出现低血糖昏迷），如没有及时纠正可导致死亡。对于低血糖病人，若能及时静脉输注葡萄糖或口服补糖，以上症状可迅速纠正和缓解。

低血糖症的诊断通过测定血中葡萄糖浓度即可确定，但要根本性治疗则需要进一步找出低血糖的发病原因。

本章实验

实验一　发酵过程中无机磷的利用

一、实验目的

1. 验证糖无氧分解过程中无机磷的利用。

2. 学习分光光度法测定无机磷的方法。

二、实验原理

在适宜的酸碱度和温度条件下，酵母菌可以葡萄糖为底物进行发酵反应。在发酵过程中产生的能量，贮存于 ATP 中，同时消耗无机磷。通过发酵后无机磷含量的减少，可证明糖无氧分解过程中利用了无机磷。

三、试剂和器材

1. 试剂：

（1）酵母。取新鲜酵母悬浮于蒸馏水中，离心，弃去上清液。如此反复洗涤多次后，将沉淀放在低温冰箱中冷冻结冰。

（2）磷酸二氢钾（结晶）。

（3）磷酸氢二钾（结晶）。

（4）6 mol/L 氢氧化钾溶液。

（5）氯化镁、葡萄糖。

（6）AMP。

（7）2%三氯乙酸溶液。

（8）米吐尔试剂。称取米吐尔 2 g，亚硫酸氢钠 40 g，共同研磨后溶于 200 mL 蒸馏水中，过滤，滤液置于棕色瓶中备用。

（9）钼酸铵溶液。取钼酸铵 20.8 g，溶于 200 mL 蒸馏水中。

（10）过氯酸溶液。

2. 器材：

锥形瓶（250 mL），量筒（250 mL），吸量管（1 mL、10 mL），离心机，恒温水浴箱，721 型、722 型、733 型或 724 型分光光度计。

四、实验步骤

1. 测定发酵反应前后无机磷的含量并发酵：

（1）将 1 g 磷酸二氢钾及 5.8 g 磷酸氢二钾溶于 30 mL 蒸馏水中。另将 1 g100%AMP（按实际含量计算）溶于少量蒸馏水后，倒入上述磷酸钾溶液内，用 6 mol/L 氢氧化钾溶液调至 pH6.5，置于 37 ℃水浴中保温 2 h。

（2）取酵母 50 g，用 90 mL 蒸馏水稀释，置于 37 ℃水浴中 5 min，然后倒入上述溶液中，再加入氯化镁 0.16 g 及葡萄糖 5 g，加蒸馏水至 160 mL，混匀后取 1 mL，进行无机磷的测定（方法如下所述）。

（3）记录吸光度。此值代表发酵前发酵液中无机磷的含量，可与发酵后发酵液中无机磷含量进行对比。其余溶液放置在 37 ℃保温 2 h。

2. 发酵液的处理：

取发酵液 1 mL 置离心管内，立即加入 2%三氯乙酸溶液 4.6 mL，摇匀后在 3 000 r/min 条件下离心 10 min。

3. 无机磷的测定：

取离心所得上清液 0.3 mL 置于试管内，加过氯酸溶液 8.2 mL、钼酸铵溶液 0.4 mL，摇匀。再加米吐尔（强还原剂）0.8 mL，混匀。静置 10 min 后，在波长 650 nm 处测定吸光度，记录，并与发酵反应前所测得的数据进行比较。如吸收光下降，则说明在发酵过程中无机磷被利用了。

五、思考题

1. 无机磷在糖代谢中的作用是什么？

2. 简述无机磷的测定步骤。

实验二　糖酵解

一、实验目的

1. 了解糖酵解过程；

2. 掌握乳酸的测定方法。

二、实验原理

组织中的葡萄糖或糖原在缺氧条件下，受酶体系的催化分解成乳酸的过程称为糖酵解。糖酵解是机体供能的一种重要过程。在供氧充分的情况下，组织内糖酵解的产物能继续分解完全氧化成二氧化碳和水，因此在进行糖酵解实验时，反应体系必须与空气隔绝方可检出乳酸的生成。

在体外实验，可用淀粉代替价格昂贵的糖原。

糖酵解产生的乳酸，在除去反应体系中的蛋白质及糖后，与硫酸共热即生成乙醛，后者可与对苯基苯酚呈色，然后用光度法测得乳酸的生成量。

三、试剂与器材

1. 试剂：

（1）pH8.0 磷酸缓冲液：取 0.2 mol/L Na_2HPO_4 溶液 94.7 ml，加 0.2 mol/L NaH_2PO_4 溶液 5.3 ml，用蒸馏水稀释至 200 ml。

（2）0.5%淀粉溶液。

（3）液体石蜡。

（4）氢氧化钙。

（5）饱和硫酸铜。

（6）12%硫酸铜溶液。

（7）浓硫酸。

（8）乳酸标准溶液（10 μm/ml）：精确称取乳酸钙 1.211 g，溶于蒸馏水，并稀释至 1 000 ml，即为 1 mg/ml 乳酸液；临用前再将此溶液稀释 100 倍，即为 10 μm/ml 的乳酸标准溶液。浓溶液须置于冰箱内保存。

（9）1.5%对苯基苯酚溶液：取对苯基苯酚 1.5 g，加于 10 ml 5%NaOH 溶液中，用少量蒸馏水稀释并不断振摇使其溶解，如溶解不完全可用温水保温，待完全溶解后冷至室温，再稀释至 100 ml。用棕色瓶保存。

（10）肌匀浆：将动物处死后立即取下肌肉，用台秤称取重量，然后按每克肌肉加 3 ml 生理盐水的比例用匀浆器制成匀浆。

2. 器材：

电热恒温水浴锅、分光光度计、试管、滤纸、漏斗、烧杯。

四、实验步骤

1. 取干试管 2 支，标号（1 号管即对照管、2 号管即酵解管），各加磷酸缓冲液 2 ml。

2. 向 1 号管加蒸馏水 2 ml，向 2 号管加 0.5%淀粉溶液 2 ml。

3. 两管各加入肌肉匀浆 0.2 ml，混匀后再各加入一层液体石蜡（约 2～3 mm 厚），将

1号管立即放在沸水浴中煮沸5分钟，以破坏酶的活性。

4. 将两管均置于37℃水浴保温1.5小时，然后再移至沸水浴煮沸5分钟。

5. 向两管各加固体氢氧化钙0.5 g及饱和硫酸铜溶液2 ml（目的是除去反应体系中的糖类及其他干扰物质）。用玻璃棒充分搅拌，并放置30分钟（在放置期间亦应经常搅动均匀）。

6. 用滤纸过滤（滤纸和漏斗都应是干的），将滤液收集于两支相同编号的干试管中。

7. 自每管中各取滤液0.5 ml，分别置于两试管中，各加蒸馏水0.5 ml。另取一支试管，内加乳酸标准液1 ml，作为标准管。向三管中各加入12%硫酸铜溶液0.05 ml（1滴），并在冷水浴中冷却3分钟，然后向各管加浓硫酸6 ml，混匀。

8. 将三管置于60℃水浴中保温30分钟，此时乳酸已氧化成乙醛。

9. 保温后将试管在冷水浴中冷却3分钟，向三管各加对苯基苯酚溶液0.1 ml，充分混匀。注意加对苯基苯酚试剂时，必须在接近试管液面处加入，以防对苯基苯酚析出附着在管壁的上方。

10. 在室温静置20分钟后，于60℃～70℃水浴中保温3分钟，此时即出现紫色。选用520 nm的单色光，以蒸馏水调零，测定三管的吸光度，计算对照管及酵解管中的乳酸含量。

五、思考题

反应过程中，加液体石蜡的目的是什么？

复习思考题

一、名词解释

1. 糖酵解途径　　2. 糖有氧氧化

3. 三羧酸循环　　4. 糖异生作用

二、选择题

1. 糖的有氧氧化的最终产物是（　　）。

A. CO_2+H_2O+ATP　　B. 乳酸　　C. 丙酮酸　　D. 乙酰CoA

2. 不能经糖异生合成葡萄糖的物质是（　　）。

A. α-磷酸甘油　　B. 丙酮酸　　C. 乳酸

D. 乙酰CoA　　E. 生糖氨基酸

3. 1 mol葡萄糖经糖的有氧氧化过程可生成的乙酰CoA的物质的量是（　　）。

A. 1 mol　　B. 2 mol　　C. 3 mol

D. 4 mol　　E. 5 mol

4. 糖酵解过程中$NADH+H^+$的代谢去路（　　）。

A. 使丙酮酸还原为乳酸

B. 经α-磷酸甘油穿梭系统进入线粒体氧化

C. 经苹果酸穿梭系统进入线粒体氧化

D. 2-磷酸甘油酸还原为3-磷酸甘油醛

5. 底物磷酸化是（　　）。

A. ATP 水解为 ADP 和 Pi

B. 底物经重排后形成高能磷酸键，经磷酸基团转移使 ADP 磷酸化为 ATP 分子

C. 呼吸链上 H^+ 传递过程中释放能量使 ADP 磷酸化为 ATP 分子

D. 使底物分子加上 1 个磷酸根

E. 使底物分子水解掉 1 个 ATP 分子

6. 三羧酸循环的第一步反应产物是（　　）。

A. 柠檬酸　　B. 草酰乙酸　　C. 乙酰 CoA

D. CO_2　　E. $NADH+H^+$

7. 1 分子葡萄糖经磷酸戊糖途径代谢时可生成（　　）。

A. 1 分子 $NADH+H^+$　　B. 2 分子 $NADH+H^+$

C. 1 分子 $NADPH+H^+$　　D. 2 分子 $NADPH+H^+$

8. 下列关于三羧酸循环的叙述中，正确的是（　　）。

A. 循环一周可生成 4 分子 NADH

B. 琥珀酰 CoA 是 α-酮戊二酸氧化脱羧的产物

C. 循环一周可使 2 个 ADP 磷酸化成 ATP

D. 丙二酸可抑制延胡索酸转变成苹果酸

9. 1 分子乙酰 CoA 经氧化分解可生成 ATP 的数目是（　　）。

A. 6　　B. 8　　C. 12

D. 15　　E. 24

10. 磷酸戊糖途径的重要生理功能是生成（　　）。

A. 6-磷酸葡萄糖　　B. $NADH+H^+$　　C. $FADH_2$

D. $NADPH+H^+$　　E. 3-磷酸甘油醛

11. 下列与能量代谢有关的途径不在线粒体内进行的是（　　）。

A. 三羧酸循环　　B. 脂肪酸氧化　　C. 电子传递

D. 氧化磷酸化　　E. 糖酵解

12. 由氨基酸生成糖的过程称为（　　）。

A. 糖酵解　　B. 糖原分解作用　　C. 糖原生成作用

D. 糖异生作用　　E. 以上都不是

13. 糖类最主要的生理功能是（　　）。

A. 提供能量　　B. 细胞膜组分　　C. 软骨的基质

D. 信息传递作用　　E. 免疫作用

14. 糖异生作用最强的器官是（　　）。

A. 肾　　B. 小肠黏膜　　C. 心脏

D. 肝　　E. 肌肉

15. 关于 NADPH 生理作用的叙述不正确的是（　　）。

A. 为供氢体参与脂肪酸、胆固醇的合成

B. NADPH 参与体内羟化反应

C. 有利于肝脏的生物转化作用

D. NADPH 产生过少时易造成溶血性贫血
E. 使谷胱甘肽保持氧化状态
16. 长期饥饿时，血糖的主要来源是（　　）。
A. 食物的消化吸收　　B. 肝糖原的分解　　C. 肌糖原的分解
D. 甘油的异生　　E. 肌肉蛋白质的降解
17. 下列哪种物质是琥珀酸脱氢酶的辅基？（　　）
A. 生物素　　B. FAD　　C. $NADPH^+$　　D. NAD^+
18. 合成糖原时，葡萄糖供体是（　　）。
A. 1-磷酸葡萄糖　　B. 6-磷酸葡萄糖　　C. UDPG
D. 葡萄糖　　E. CDPG
19. 磷酸戊糖途径主要是（　　）。
A. 葡萄糖氢化供能的途径　　B. 为许多物质的合成提供 NADPH
C. 生成 NADH　　D. 释出葡萄糖补充血糖
E. 上述均不对
20. 磷酸戊糖途径进行的场所为（　　）。
A. 细胞外　　B. 胞液中　　C. 线粒体内
D. 氧化阶段在线粒体，非氢化阶段在细胞液
21. 不能为人体消化酶消化的物质是（　　）。
A. 糊精　　B. 纤维素　　C. 糖原
D. 淀粉　　E. 以上都不对
22. 血糖通常指血中所含的（　　）。
A. 葡萄糖　　B. 果糖　　C. 半乳糖
D. 甘露糖　　E. 麦芽糖
23. 三羧酸循环中，通过底物磷酸化直接生成的高能化合物是（　　）。
A. ATP　　B. GTP　　C. UTP
D. CTP　　E. TTP
24. 糖原分解的第一个产物是（　　）。
A. 6-磷酸葡萄糖　　B. 6-磷酸果糖　　C. 1-磷酸葡萄糖
D. 1-磷酸果糖　　E. 葡萄糖
25. 在无氧条件下，1 分子葡萄糖酵解生成丙酮酸的同时，可净产生（　　）。
A. $4ATP+2NADH+H^+$　　B. $2ATP+NADH+H^+$
C. $2ATP+2NADH+H^+$　　D. $3ATP+2NADH+2H^+$
E. $ATP+NADH+H^+$
26. 糖的无氧酵解是（　　）。
A. 其终产物是丙酮酸　　B. 其酶系存在于胞液中
C. 通过氧化磷酸化生成 ATP　　D. 不消耗 ATP
27. 为什么成熟红细胞的糖无氧酵解为供能途径（　　）。
A. 无氧可利用　　B. 无 TPP　　C. 无乙酰 CoA
D. 无线粒体　　E. 无微粒体

28. 不存在于线粒体的酶系是（　　）。

A. Krebs 循环所需酶系　　B. 脂肪酸 β-氧化所需的酶系

C. 与呼吸链相连的各种脱氢酶系　　D. 糖酵解所需的酶

E. 丙酮酸氧化脱羧酶系

29. 关于丙酮酸的氧化脱羧作用，下述哪项是错误的？（　　）

A. 在脱氢的同时伴有脱羧，并生成乙酰 CoA

B. 这一反应由丙酮酸脱氢酶系催化，是可逆的

C. 反应中需要有 TPP、FAD、硫辛酸、乙酰 CoA

D. 生成的乙酰 CoA 经三羧酸循环彻底氧化

三、填空题

1. 葡萄糖在体内的主要分解代谢途径有________、________和________。

2. 酵解反应是在________进行的，最终产物是________。

3. 糖异生的主要原料为________，________和________。

4. 1 分子葡萄糖经糖酵解生成________分子 ATP，净生成________分子 ATP。

5. 三羧酸循环是由________与________缩合成柠檬酸开始的，每循环一次有________次脱氢，________次脱羧和________次底物水平磷酸化，共生成________分子 ATP。

6. 丙糖、丁糖、戊糖、己糖和庚糖在体内需经过________途径才能实现相互转变。

7. 糖的有氧氧化反应是在________和________中进行的。1 分子葡萄糖氧化成二氧化碳和水净生成________或________分子 ATP。

8. 糖的运输形式是________，贮存形式是________。

9. 人体主要通过________途径，为核酸的生物合成提供________。

10. 葡萄糖进入细胞后首先的反应是________，才不能自由通过细胞膜而逸出细胞。

11. 糖异生主要器官是________，其次是________。

12. 在饥饿状态下，维持血糖浓度恒定的主要代谢途径是________。

13. 糖酵解途径唯一的脱氢反应是________脱下的氢由________递氢体接受。

四、是非题（在题后括号内打√或×）

1. 每分子葡萄糖经三羧酸循环产生的 ATP 分子数比糖酵解产生的多 1 倍。（　　）

2. 葡萄糖是生命活动的主要能源之一，糖酵解途径与三羧酸循环都是在线粒体中进行的。（　　）

五、简答题

1. 简述糖酵解的生理意义。

2. 简述三羧酸循环的特点及生理意义。

3. 简述磷酸戊糖途径的生理意义。

4. 比较糖酵解与糖有氧氧化在中间产物、最终产物、产能方面有何不同。

第八章　脂类代谢

候鸟可以连续不停地飞行，例如，红喉蜂鸟可以 40 km/h 的速度连续飞行 60 h，这样长时间持久飞行，只有以储存的脂肪作为燃料才能办得到。就是说，由于储存了大量的脂肪，在长距离飞行中，这些脂肪可以作为燃料提供能量，同时脂肪的氧化也提供了必要的水分。我们知道糖原是重要的能量来源，可以在短时间内（1 h 左右）提供能量，但持续的、剧烈的工作，如蝗虫的迁移、马拉松选手竞赛等运动能量的来源都要依赖于脂肪的代谢。

本章重点知识

1. 了解脂类的组成、结构和生理功能；

2. 掌握脂肪酸的氧化过程，会计算饱和脂肪酸经彻底氧化为 CO_2 和水所产生的能量；

4. 掌握酮体生成的部位、利用和生理意义；

5. 了解脂肪酸合成的过程以及与脂肪酸分解过程的主要差别；

6. 了解甘油磷脂以及胆固醇生物合成的基本途径。

第一节　脂类的化学

脂类是生物体内一大类重要的有机化合物，是动物和植物中的重要组成，是维持生命所必需的营养物和结构物质。脂类分为脂肪和类脂两大类，脂肪是脂肪酸与甘油形成的酯（即甘油三酯），类脂包括磷脂、糖脂和固醇类等。脂类不溶于水而易溶于脂溶剂（如氯仿、乙醚、丙酮等），都与脂肪酸有联系，它们或为脂肪酸的酯（如中性脂肪、磷脂、糖脂等），或能与脂肪酸形成酯的物质（如胆固醇）。

一、重要脂类的化学结构

（一）脂肪与脂肪酸的化学结构

1. 脂肪

脂肪又称真脂或中性脂肪。脂肪是甘油与 3 分子高级脂肪酸形成的酯，也叫甘油三酯。脂肪的结构如图 8－1 所示。

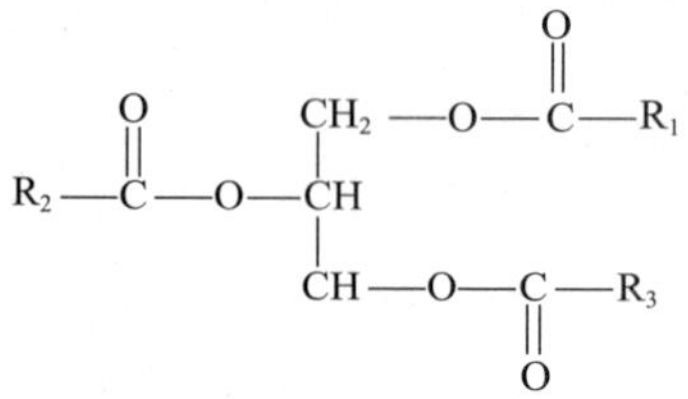

图 8－1　脂肪结构图

R_1、R_2 和 R_3 分别代表 3 个脂肪酸的主链，可相同也可不同。一般 R_1 和 R_3 为饱和的烃基，R_2 为不饱和的烃基。一般在室温下固态的脂肪称为脂，含饱和脂肪酸；液态的称为油，含不饱和脂肪酸，一般总称为油脂。

长时间暴露在空气中的天然油脂常产生异味，这种现象称为酸败。主要是油脂中的不饱和成分自动氧化，产生过氧化物，进而降解成具有挥发性的醛、酮、酸等物质所致。酸败的油脂或含油酸败的食品不宜食用，会产生中毒或诱发癌症。

2. 脂肪酸

天然脂肪中所含的脂肪酸种类很多，绝大多数含偶数碳原子。含量最多并且普遍存在的脂肪酸有：软脂酸、硬脂酸、亚油酸和油酸。前两种是饱和脂肪酸（碳氢链上没有双键），后者是不饱和脂肪酸（碳氢链中含有 1 个或多个双键）。在不饱和脂肪酸中比较重要的有亚油酸、亚麻酸和花生四烯酸。常见脂肪酸的化学结构如图 8－2 所示。

$CH_3-(CH_2)_{14}-COOH$

软脂酸（十六碳酸）

$CH_3-(CH_2)_{16}-COOH$

硬脂酸（十八碳酸）

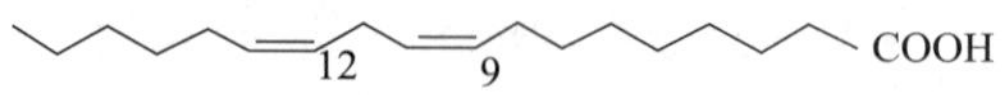

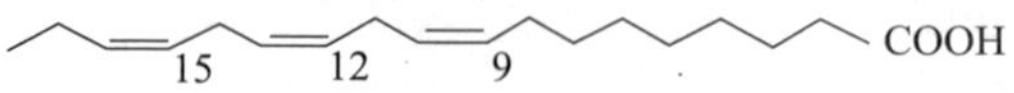

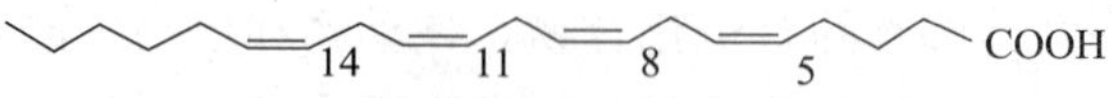

图 8－2　常见脂肪酸的化学结构图

人体中内能合成大多数脂肪酸，只有亚油酸、亚麻酸和花生四烯酸等多双键的不饱和脂肪酸不能在人体内合成，必须由食物供给，故称为必需脂肪酸。它们在人体内有特殊生理功能：花生四烯酸是合成前列腺素的前体；亚油酸和亚麻酸在体内可转化成具有重要生理作用的DHA（又名脑黄金），是婴儿脑部、视网膜发育所必需的营养素。亚油酸还能降低血中胆固醇，防止动脉粥样硬化，在临床上用于预防和治疗心血管疾病。

必需脂肪酸的主要来源是植物油和深海鱼油。深海鱼油是指富含二十碳五烯酸（EPA）和二十二碳六烯酸（DHA）的鱼体内的油脂。此类脂肪酸在一般鱼类中含量较少，而深海冷水鱼类中的含量较高，称为深海鱼油。目前市场上销售的深海鱼油除EPA和DHA外，还含有卵磷脂和维生素E，它们的主要作用是调节血脂、降低胆固醇和脂肪的含量，防止血管凝固，促进血液循环，预防脑出血、脑血栓和老年痴呆，减少动脉硬化和高血压，促进脑部和眼睛的发育。

人体如果缺乏必需脂肪酸会影响机体代谢，表现为上皮细胞功能异常、湿疹样皮炎、皮肤角化不全、创伤愈合不良、对疾病抵抗力减弱、心肌收缩力降低、血小板聚集能力加强、生长停滞等。

（二）类脂的化学结构

1. 磷脂

磷脂是一类含有磷酸的脂类，广泛存在于动物的肝、脑、神经组织、蛋黄和植物的种子中。磷脂按化学组成不同可分为甘油磷脂和鞘氨醇磷脂。

甘油磷脂主要包括脑磷脂、卵磷脂，其结构如图8－3所示。

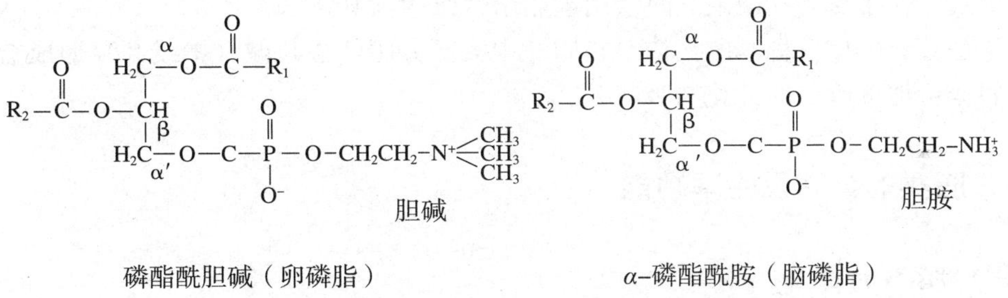

胆碱　　　　胆胺

磷酯酰胆碱（卵磷脂）　　α–磷酯酰胺（脑磷脂）

图8－3　甘油磷脂结构图

脑磷脂与卵磷脂均为甘油酯，与脂肪相似，唯甘油中仅两个羟基与脂肪酸相结合，而另一个羟基与磷酸及含氮碱相连。卵磷脂中为胆碱，脑磷脂中为胆胺。

卵磷脂在蛋黄和大豆中含量丰富，工业用卵磷脂主要从大豆精炼过程中的副产品获得，在食品工业中被广泛用作乳化剂。

磷脂分子都具有亲水基团（磷酸羟基、含氮氨基）和亲脂基团（脂肪酸链），即有1个亲水的头部2个亲脂的尾部，是两性脂类。磷脂可与蛋白质结合形成脂蛋白，并以这种形式构成细胞的各种膜，维持细胞和细胞器的正常形态和功能。

2. 糖脂

糖脂是分子中含糖基的脂类，分子结构中含有神经氨基醇、脂肪酸和糖，是细胞膜的重要成分，糖脂的非极性尾部可伸入细胞膜的双分子层中，极性头部突出在质膜表面，与细胞间的识别和免疫功能有关，还与血型有关。

3. 胆固醇和胆酸

胆固醇是固醇类化合物，胆酸是胆固醇的衍生物，从胆固醇演变而来。

（1）胆固醇。因常温下呈固态，也称为类固醇，其结构如图 8－4 所示，主要分布在脑和神经组织中。

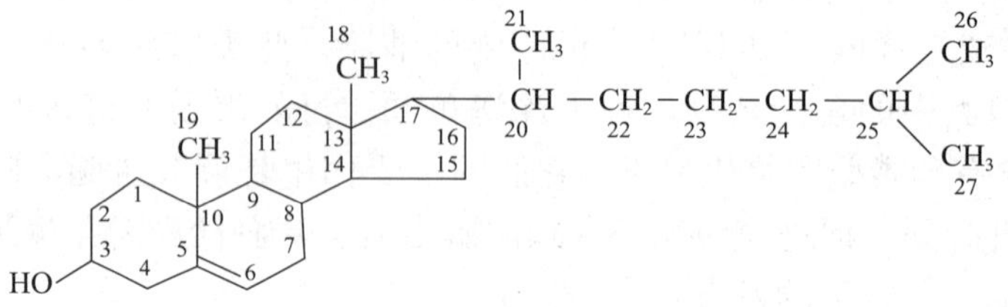

图 8－4　胆固醇的结构

大部分胆固醇与脂肪酸结合成为胆固醇酯的形式存在，是细胞的重要组成部分。胆固醇在 7、8 位上脱氢后的化合物是 7-脱氢胆固醇，它存在于皮肤和毛发，经阳光或紫外线照射后能转变为维生素 D_3。

（2）胆酸与胆汁酸。胆酸存在于胆汁中，由肝脏合成，随胆汁排入十二指肠内，作为消化液的组成部分，能促进脂类物质的消化吸收。

胆酸的结构与胆固醇相似。由于胆酸的羟基数目与位置不同，故有多种胆酸。各种胆酸均可与甘氨酸或牛磺酸以肽键结合，形成各种结合胆酸，称为胆汁酸。胆汁酸具有防止胆结石生成的作用。胆汁酸缺乏时会引起脂溶性维生素缺乏病。

胆汁是胆囊中棕色稠厚的液体，在胆汁中大部分胆汁酸与碱（钠或钾）形成盐，称为胆盐。胆盐可促进脂肪的消化与吸收。

二、脂类的分布及生理功能

（一）脂类的分布

脂肪主要储存于脂肪组织，分布在皮下、腹腔大网膜及肠系膜等处。一般可达体重的 10%～20%。当机体需要能量多而食物供应不足时，脂肪大量动员而运输到组织中进行氧化，所以脂肪的含量不恒定，随机体能量来源与消耗情况而变动，也叫储脂（可变脂）。

类脂是组成生物膜的原料。在各种器官与组织中的含量比较恒定，甚至在病理状态的肥胖时，各器官中类脂的含量不增多，饥饿时也不明显减少，也叫固定脂（基本脂）。

（二）脂类的生理功能

1. 脂肪的生理功能

（1）储能、供能：脂肪组织是体内专门用于贮存脂肪的组织，当机体需要时，脂肪氧化可释放大量能量以供机体利用。1 g 脂肪在体内完全氧化时可释放出 37.7 kJ 的能量，比糖类放出的能量（约 17.2 kJ/g）多 2 倍以上，能满足成人每日需要热量的20%～50%。

（2）提供必需脂肪酸：长时间以葡萄糖和氨基酸提供营养时，会发生必需脂肪酸的缺乏，如亚油酸、亚麻酸、花生四烯酸等，影响机体代谢，表现为上皮功能不正常，发生皮炎，对疾病的抵抗力减低及生长停滞。必需脂肪酸还能降低血中胆固醇，防止动脉粥样硬化。有的不饱和脂肪酸，临床上用于治疗心脑血管疾病，如动脉硬化。植物油中所含的必需脂肪酸比动物油多，营养价值高。

（3）协助脂溶性维生素的吸收：脂溶性维生素不溶于水，因此在肠道内不易吸收。但脂溶性维生素可溶于食物脂肪中并随脂肪的吸收而吸收，因此食物中脂肪的缺乏或消化吸收障碍（如肠梗阻），往往发生脂溶性维生素缺乏。

（4）保护脏器：脂肪组织较为柔软，存在于器官组织间，有缓和机械冲击的作用，减少器官间的摩擦，能保护内脏和固定内脏。臀部皮下脂肪很多，所以可以久坐而不觉局部劳累。足底也有较多的皮下脂肪，故而步行、站立而不致伤及筋骨。

（5）维持体温：脂肪不易传热，故能防止散热，维持体温恒定。海豹、海象、企鹅和热血的极地动物都被非常丰厚的脂肪所覆盖，冬眠的动物（如熊）在冬眠前要积累大量的脂肪，及时储能并可保温。

（6）其他：脂肪还可增进饱腹感和摄入食物的口感。脂肪在人体胃内停留时间较长，摄入含脂肪高的食物，可使人体有饱腹感，不易饥饿。另外，脂肪可以增加摄入食物的烹饪效果，增加食物的香味，使人感到可口。脂肪还能刺激消化液的分泌。

2. 类脂的生理功能

（1）类脂是构成生物膜的重要物质，几乎细胞所含有的磷脂都集中在生物膜中，是生物膜结构的基本组成成分。

（2）胆固醇在体内可转变成维生素 D、胆汁酸盐和类固醇激素等重要物质。

（3）可作为药物。卵磷脂、脑磷脂用于肝病、神经衰弱及动脉硬化的治疗；多不饱和脂肪酸有降血脂作用，亦可防治动脉粥样硬化；胆酸为利胆药，可治疗胆结石和胆囊炎；胆固醇可作为人工牛黄的原料。

第二节　脂肪的代谢

体内脂肪可来自食物，也可由糖与蛋白质合成。脂肪除氧化分解提供能量外，还可储存于脂肪组织，并且经常不断地进行储存与动员、分解与合成的动态平衡。

一、脂肪的分解代谢

脂肪的分解代谢是机体能量来源的重要手段。在脂肪分子中，氢原子所占的比例比糖高得多而氧原子相对较少，以硬脂酸为例来计算，则 C∶H∶O 为 10∶18∶1，而糖分子的 C∶H∶O 一般为 1∶2∶1，所以同样重量的脂肪和糖，在完全氧化成二氧化碳和水时，脂肪释放的能量也较多。

正因为脂肪含氧少，脂肪的氧化必须有充分的氧供应才能进行，这和糖可以在无氧条件下进行分解（糖酵解）是不同的。

（一）脂肪的水解

体内各组织细胞除成熟的红细胞外，几乎都具有水解脂肪并氧化分解其水解产物的能力。一般情况下，脂肪在 3 种脂肪酶作用下进行分步水解，生成甘油和脂肪酸才能被细胞吸收利用。这 3 种酶水解步骤如图 8－5 所示。

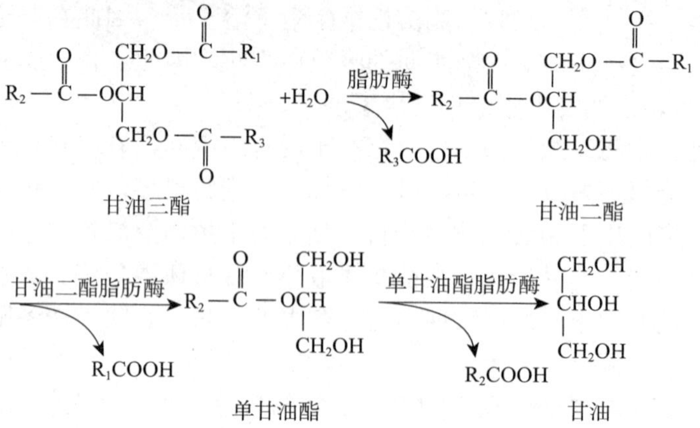

$$\underset{\text{甘油三酯}}{\begin{array}{l} CH_2O-\overset{O}{\overset{\|}{C}}-R_1 \\ | \\ R_2-\overset{O}{\overset{\|}{C}}-OCH \\ | \\ CH_2O-\underset{\underset{O}{\|}}{C}-R_3 \end{array}} + H_2O \xrightarrow[\searrow R_3COOH]{\text{脂肪酶}} \underset{\text{甘油二酯}}{\begin{array}{l} CH_2O-\overset{O}{\overset{\|}{C}}-R_1 \\ | \\ R_2-\overset{O}{\overset{\|}{C}}-OCH \\ | \\ CH_2OH \end{array}}$$

$$\xrightarrow[\searrow R_1COOH]{\text{甘油二酯脂肪酶}} \underset{\text{单甘油酯}}{\begin{array}{l} CH_2OH \\ | \\ R_2-\overset{O}{\overset{\|}{C}}-OCH \\ | \\ CH_2OH \end{array}} \xrightarrow[\searrow R_2COOH]{\text{单甘油酯脂肪酶}} \underset{\text{甘油}}{\begin{array}{l} CH_2OH \\ | \\ CHOH \\ | \\ CH_2OH \end{array}}$$

图 8－5　脂肪的逐级水解过程

甘油和脂肪酸在细胞内分别经过不同的代谢途径进一步代谢。

（二）甘油的氧化

在肝脏中甘油首先磷酸化生成磷酸甘油，然后被氧化生成磷酸二羟丙酮，再经异构化，生成 3-磷酸甘油醛。3-磷酸甘油醛可参与糖的代谢途径，随着供氧条件不同而进行不同的变化，在供氧不足时，可进行无氧分解生成乳酸及少量能量；在供氧充足时，可经三羧酸循环彻底氧化生成二氧化碳和水及大量能量；或经过糖异生途径合成糖。甘油的氧化过程如图 8－6 所示。

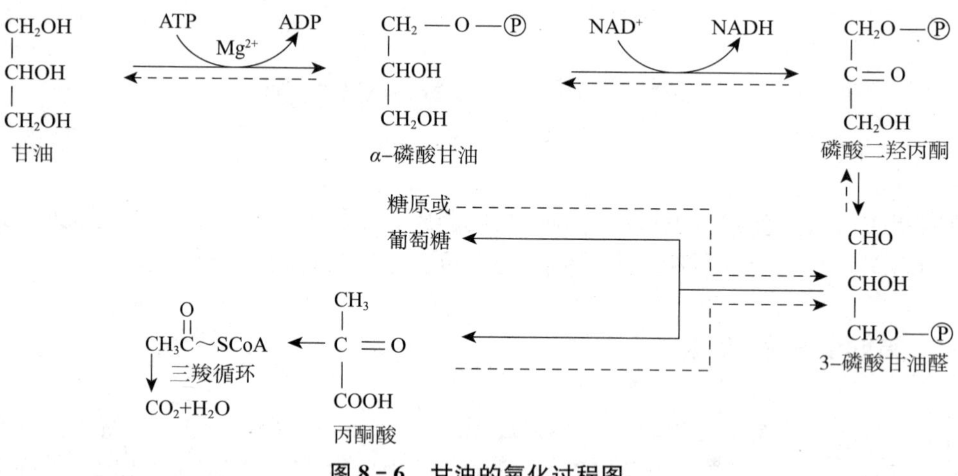

图 8－6　甘油的氧化过程图

由于甘油只占整个脂肪分子中很小一部分，所以脂肪供应的能量主要来自脂肪酸。

（三）脂肪酸的氧化

在氧供充足条件下，脂肪酸碳链逐步断裂分解为乙酰 CoA，再经三羧酸循环彻底氧化成 CO_2 和 H_2O 并释放出大量能量。大多数组织均能氧化脂肪酸，但脑组织例外，因为脂肪酸不能通过血脑屏障。

脂肪酸的氧化在细胞液和线粒体中进行。脂肪酸首先在细胞液中被活化，生成脂酰 CoA，然后转运至线粒体内，在一系列酶的催化下逐步氧化分解。这种氧化作用是从脂酰 CoA 的 β 位碳原子上开始，逐步氧化分解，每次分解生成 1 个二碳化合物乙酰 CoA，称为 β 氧化作用。

1. 脂肪酸的活化

脂肪酸在氧化分解之前必须先经活化，即转变为脂酰 CoA。脂肪酸活化后不仅含有高能硫酯键，而且增加了水溶性，从而大大提高了脂肪酸的代谢活性。脂肪酸的活化是耗能反应，需要 ATP 参加，反应中 ATP 迅速水解为 AMP 并释放 2 个高能磷酸键，因此，1 分子脂肪酸活化消耗 2 分子 ATP，如图 8－7 所示。

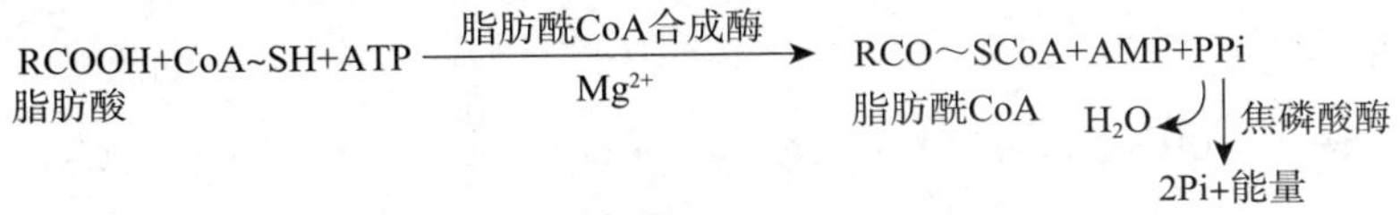

$$\underset{\text{脂肪酸}}{\text{RCOOH+CoA\~SH+ATP}} \xrightarrow[\text{Mg}^{2+}]{\text{脂肪酰CoA合成酶}} \underset{\text{脂肪酰CoA}}{\text{RCO\~SCoA}}\text{+AMP+PPi}$$

$$\text{PPi} \xrightarrow[\text{焦磷酸酶}]{\text{H}_2\text{O}} \text{2Pi+能量}$$

图 8－7　脂肪酸活化成脂肪酰 CoA

2. 脂酰 CoA 进入线粒体

β 氧化主要在线粒体中进行，因此，脂酰 CoA 只有进入了线粒体以后才能被氧化分解。而不能穿越线粒体内膜的脂酰 CoA 就必须借助于卡尼汀（Carnitine）的转运、以脂酰卡尼汀的形式才能进入线粒体。参与转运的酶有卡尼汀脂肪酰转移酶Ⅰ和卡尼汀脂肪酰转移酶Ⅱ。

3. β-氧化

脂酰 CoA 的 β 氧化是循环进行的，每次循环的结果是原脂酰 CoA 在其 β 碳原子间断开，产生 1 分子乙酰 CoA，而原脂酰 CoA 变为减去二碳片段的脂酰 CoA，偶数碳原子的脂肪酸 β 氧化，最终全部生成乙酰 CoA。乙酰 CoA 再经三羧酸循环完全氧化成 CO_2 和 H_2O 并释放出大量能量。

脂酰 CoA 的 β-氧化反应过程如下：

（1）脱氢：在脂酰 CoA 脱氢酶（FAD 为辅基）作用下 α、β 位生成双键，并生成 $FADH_2$，如图 8－8 所示。

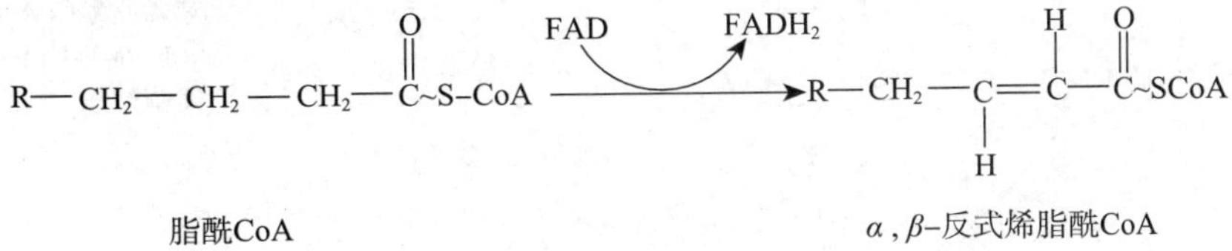

$$\underset{\text{脂酰CoA}}{\text{R—CH}_2\text{—CH}_2\text{—CH}_2\text{—}\overset{\text{O}}{\overset{\|}{\text{C}}}\text{\~S-CoA}} \xrightarrow{\text{FAD}\ \to\ \text{FADH}_2} \underset{\alpha,\beta\text{-反式烯脂酰CoA}}{\text{R—CH}_2\text{—}\underset{\text{H}}{\underset{|}{\text{C}}}\text{=}\overset{\text{H}}{\overset{|}{\text{C}}}\text{—}\overset{\text{O}}{\overset{\|}{\text{C}}}\text{\~SCoA}}$$

图 8－8　脱氢反应过程

（2）水化：由水化酶催化，加水生成 β-羟脂酰 CoA，如图 8－9 所示。

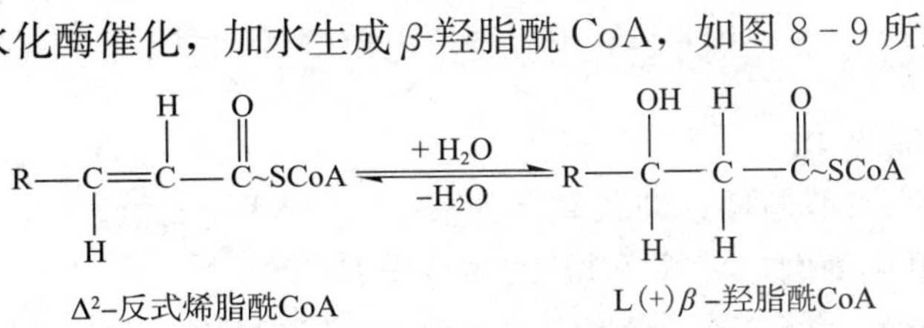

$$\underset{\Delta^2\text{-反式烯脂酰CoA}}{\text{R—}\underset{\text{H}}{\underset{|}{\text{C}}}\text{=}\overset{\text{H}}{\overset{|}{\text{C}}}\text{—}\overset{\text{O}}{\overset{\|}{\text{C}}}\text{\~SCoA}} \underset{-\text{H}_2\text{O}}{\overset{+\text{H}_2\text{O}}{\rightleftharpoons}} \underset{\text{L(+)}\beta\text{-羟脂酰CoA}}{\text{R—}\underset{\text{H}}{\underset{|}{\overset{\text{OH}}{\overset{|}{\text{C}}}}}\text{—}\underset{\text{H}}{\underset{|}{\overset{\text{H}}{\overset{|}{\text{C}}}}}\text{—}\overset{\text{O}}{\overset{\|}{\text{C}}}\text{\~SCoA}}$$

图 8－9　水化反应过程

（3）再脱氢：在 β-羟脂酰 CoA 脱氢酶（NAD 为辅酶）催化下，脱去 2 个氢，生成 β-

酮脂酰 CoA 和 NADH＋H^+，如图 8－10 所示。

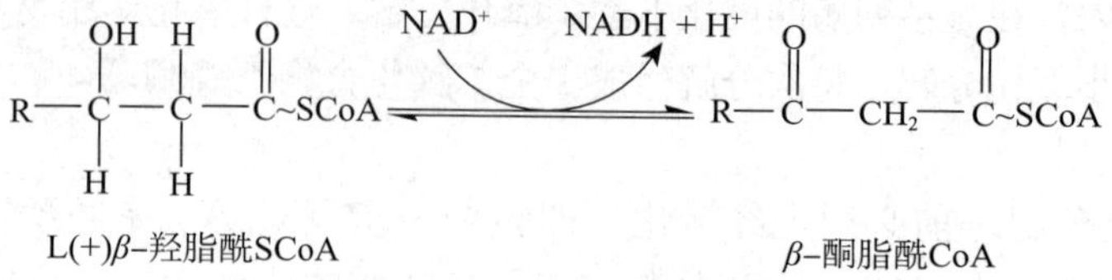

$$\underset{\text{L(+)}\beta\text{-羟脂酰SCoA}}{R-CH(OH)-CH_2-\overset{O}{\overset{\|}{C}}\sim SCoA} \xrightleftharpoons[]{NAD^+ \quad NADH+H^+} \underset{\beta\text{-酮脂酰CoA}}{R-\overset{O}{\overset{\|}{C}}-CH_2-\overset{O}{\overset{\|}{C}}\sim SCoA}$$

图 8－10　再脱氢反应过程

（4）硫解：由 β-酮脂酰 CoA 硫解酶催化，与 1 分子辅酶 A 结合，生成乙酰 CoA 和减少了 2 个碳原子的脂酰 CoA。此步放能较多，虽为可逆反应但不易逆转，如图 8－11 所示。

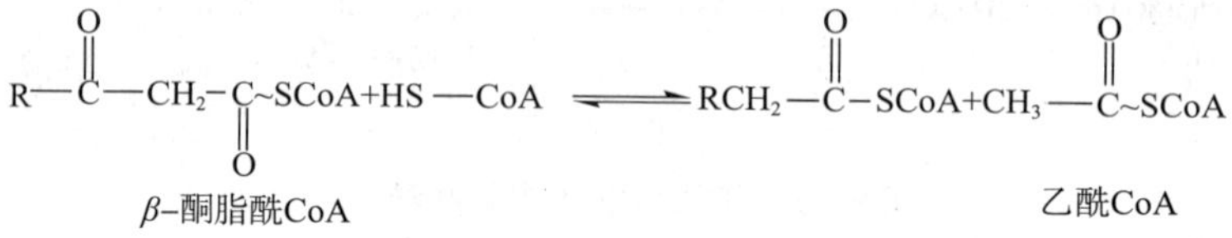

$$\underset{\beta\text{-酮脂酰CoA}}{R-\overset{O}{\overset{\|}{C}}-CH_2-\overset{O}{\overset{\|}{C}}\sim SCoA}+HS-CoA \rightleftharpoons RCH_2-\overset{O}{\overset{\|}{C}}-SCoA+\underset{\text{乙酰CoA}}{CH_3-\overset{O}{\overset{\|}{C}}\sim SCoA}$$

图 8－11　硫解反应过程

综上所述，1 分子脂酰 CoA 通过脱氢、水化、再脱氢、硫解四步反应（为一次 β-氧化循环）后，就生成 1 分子乙酰 CoA 和减少了 2 个碳原子的脂酰 CoA，新生成的脂酰 CoA 可继续重复上述四步反应，直到含偶数碳的脂肪酸最后完全分解为乙酰 CoA 为止。如图 8－12 所示为脂肪酸的 β-氧化循环过程。

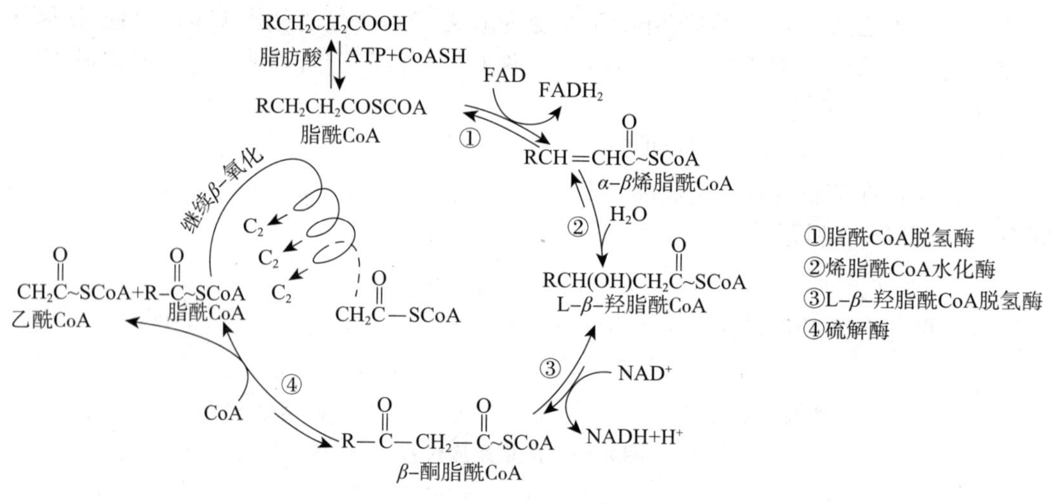

图 8－12　脂肪酸的 β-氧化循环过程

4. 乙酰 CoA 彻底氧化

乙酰 CoA 通过三羧酸循环，彻底氧化为 CO_2、H_2O 和能量。

以软脂酸彻底氧化为例，计算 ATP 的生成量：

1 分子软脂酸（C_{16}）经 7 次 β 氧化，生成 7 分子 NADH＋H^+、7 分子 $FADH_2$ 和 8 分子乙酰 CoA。每分子 NADH＋H^+ 进入呼吸链氧化生成 3 分子 ATP，每分子 $FADH_2$ 进入呼吸链氧化生成 2 分子 ATP，每分子乙酰 CoA 通过三羧酸循环氧化成 CO_2 和 H_2O 可生成 12 分子 ATP，共 7×（3＋2）＋8×12＝131 分子 ATP，再减去活化时消耗的 2 分子 ATP，所以 1 分子软脂酸彻底氧化净生成 129 分子 ATP。而 1 分子葡萄糖彻底氧化只生成 36（38）分子 ATP。可见，脂肪酸氧化提供的能量比葡萄糖大得多。

（四）酮体的生成和利用

1. 酮体的生成

脂肪酸在心肌、骨骼肌等组织中生成的乙酰 CoA 能彻底氧化成 CO_2 和 H_2O，而在肝脏中生成的乙酰 CoA 则不能彻底氧化，可产生乙酰乙酸、β-羟丁酸、丙酮等中间产物，这三者合称酮体。酮体是脂肪酸在肝脏中氧化分解的正常中间代谢物，因为肝脏有合成酮体的酶系。酮体在细胞和血液中均有少量存在。酮体的生成过程如图 8-13 所示。

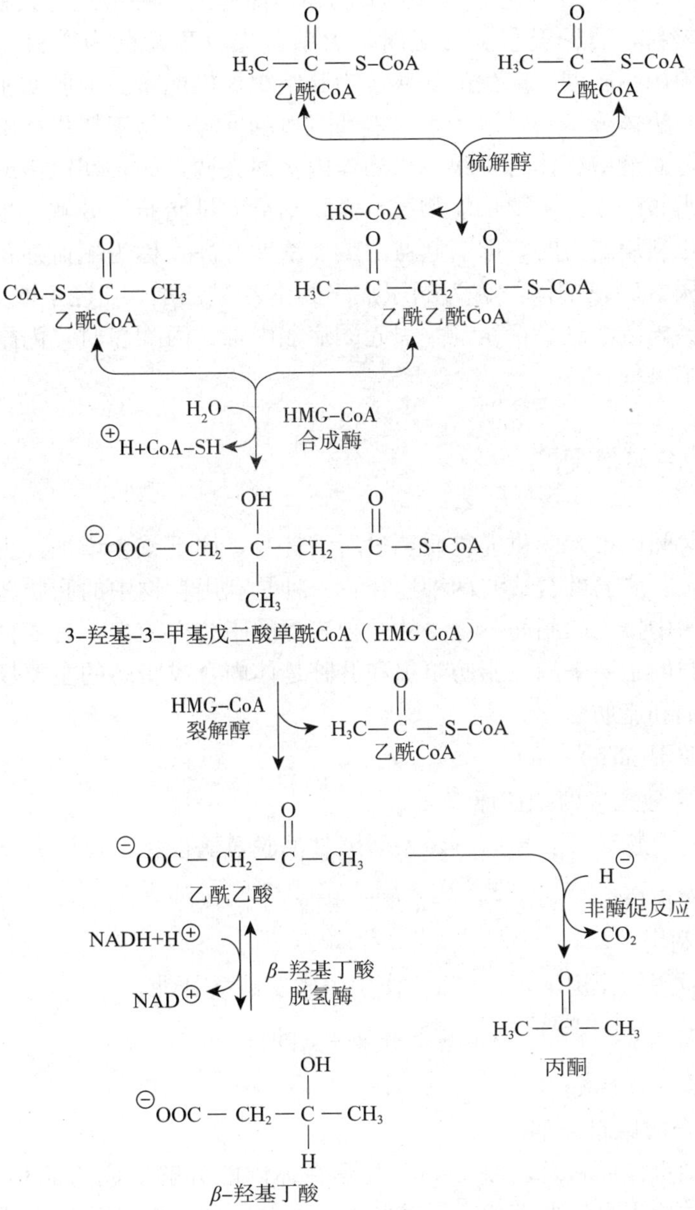

$H_3C-CO-S\text{-}CoA$（乙酰CoA）＋ $H_3C-CO-S\text{-}CoA$（乙酰CoA）→（硫解醇）→ $H_3C-CO-CH_2-CO-S\text{-}CoA$（乙酰乙酰CoA）＋ HS-CoA

$CoA\text{-}S-CO-CH_3$（乙酰CoA）＋ 乙酰乙酰CoA ＋ H_2O →（HMG-CoA 合成酶）→ $^{-}OOC-CH_2-C(OH)(CH_3)-CH_2-CO-S\text{-}CoA$（3-羟基-3-甲基戊二酸单酰CoA（HMG CoA））＋ H^{+}＋CoA-SH

HMG CoA →（HMG-CoA 裂解醇）→ $^{-}OOC-CH_2-CO-CH_3$（乙酰乙酸）＋ $H_3C-CO-S\text{-}CoA$（乙酰CoA）

乙酰乙酸 ＋ H^{+} →（非酶促反应）→ $H_3C-CO-CH_3$（丙酮）＋ CO_2

乙酰乙酸 ＋ NADH＋H^{+} ⇌（β-羟基丁酸脱氢酶）⇌ $^{-}OOC-CH_2-CH(OH)-CH_3$（β-羟基丁酸）＋ NAD^{+}

图 8-13　酮体的生成

2. 酮体的利用

肝脏有合成酮体的酶系，却缺乏氧化酮体的酶，因此不能利用酮体。肝外组织（心肌、骨骼肌、肾、脑组织等）中具有活性很强的氧化酮体的酶类，*β*-羟丁酸和乙酰乙酸可在这些酶的作用下转变为乙酰 CoA 而进入三羧酸循环被彻底氧化，丙酮可经肾、肺排出，或在酶的作用下转变为丙酮酸或乳酸，进而异生成糖。所以酮体的特点是“肝内生成、肝外利用”。

3. 酮体生成的生理意义

在人体脂肪氧化供能的过程中，酮体是联系肝脏与肝外组织（肾脏、肌肉）之间的一种特殊运输形式。肝脏将不易氧化的脂肪酸转变加工为酮体，目的是将肝中大量的乙酰 CoA 转移出去，是肝脏向肝外组织特别是大脑输出能源的一种形式。大脑活动不能直接以脂肪或脂肪酸为燃料，当糖类供应充足时，大脑首先以葡萄糖为燃料。当糖类供应不足时，肝脏能大量利用脂肪酸所产生的酮体，为脑组织提供能量。但脂肪不溶于水，在血液中运输有困难，而酮体分子小，溶于水，能通过血脑屏障，易于氧化利用。

正常情况下，血液中酮体含量很少。当体内代谢失调，如长期饥饿或严重的糖尿病等糖供应不足时，脂肪酸成为主要供能物质，需要动员大量脂肪，分解产生的酮体增多，当超过肝外组织氧化利用能力时，即引起血中酮体浓度升高，称为酮血症；当浓度高过肾脏回收能力时，则尿中出现酮体，称为酮尿症。其中乙酰乙酸、*β*-羟丁酸为较强的有机酸，在体内堆积过多会导致酸碱平衡紊乱，引起酮症酸中毒。丙酮多时，丙酮会随病人呼吸排出，可察觉有烂苹果气味。

二、脂肪的合成代谢

如果在一定时间内摄入的供能物质超过所消耗时，体重就会增加，主要是由于体内脂肪的合成增加所致。脂肪的合成有两种途径：一种是利用食物中的脂肪转化而成人体的脂肪，因为一般食物中摄入的脂肪不多，故此种来源的脂肪亦较少；另一种是将糖转化为脂肪，这是体内脂肪的主要来源。脂肪组织和肝脏是体内合成脂肪的主要场所。合成脂肪的原料是 *α*-磷酸甘油和脂肪酸。

（一）*α*-磷酸甘油的来源

1. 糖代谢中磷酸二羟丙酮还原

糖代谢的中间产物磷酸二羟丙酮经 *α*-磷酸甘油脱氢酶催化，还原生成 *α*-磷酸甘油。

$$\text{磷酸二羟丙酮} \xrightarrow{\alpha\text{-磷酸甘油脱氢酶}} \alpha\text{-磷酸甘油}$$

2. 甘油的再利用

甘油在甘油激酶的作用下，与 ATP 作用生成 *α*-磷酸甘油。

$$\text{甘油} + \text{ATP} \xrightarrow{\text{甘油磷酸激酶}} \alpha\text{-磷酸甘油} + \text{ADP}$$

（二）脂肪酸的合成

1. 脂肪酸的合成原料和部位

脂肪酸合成的直接原料是乙酰 CoA，凡是在体内能分解生成乙酰 CoA 的物质都能用于合成脂肪酸，主要来自葡萄糖代谢，某些氨基酸分解亦可提供部分乙酰 CoA。

乙酰 CoA 的生成是在线粒体内进行的，而合成脂肪酸的酶却存在于细胞液中，即脂肪酸的合成部位是在肝、肾、脑、乳腺和脂肪组织等的细胞液中（肝合成能力最强，约为脂肪组织的 8～9 倍）。因此乙酰 CoA 必须进入胞液才能用于合成脂肪酸，这主要通过柠檬酸-丙酮酸循环来完成。

2. 脂肪酸的合成

分两步进行：首先由乙酰 CoA 在乙酰 CoA 羧化酶的催化下生成丙二酰 CoA；然后在脂肪酸合成酶系的作用下，从乙酰 CoA 及丙二酰 CoA 开始，经过 7 次不断重复进行的缩合、加氢、脱水、再加氢四步反应。由磷酸戊糖途经生成的 NADPH 提供氢，每次延长一个二碳片段，最终生成十六碳的软脂酸。

软脂酸合成的总反应如下：

$$8\text{乙酰 CoA}+14NADPH+14H^{+}+7ATP \longrightarrow \text{软脂酸}+8HSCoA+14NADP^{+}+7ADP+7Pi+7H_2O$$

体内脂肪酸合成酶系只能合成到软脂酸。除亚油酸、亚麻酸等高度不饱和脂肪酸外，机体可以以软脂酸为母体合成其他饱和脂肪酸和部分不饱和脂肪酸。

（三）脂肪的合成

脂肪酸活化为脂酰 CoA，在脂肪合成酶系的催化下，与 α-磷酸甘油合成脂肪，其合成过程如图 8-14 所示。

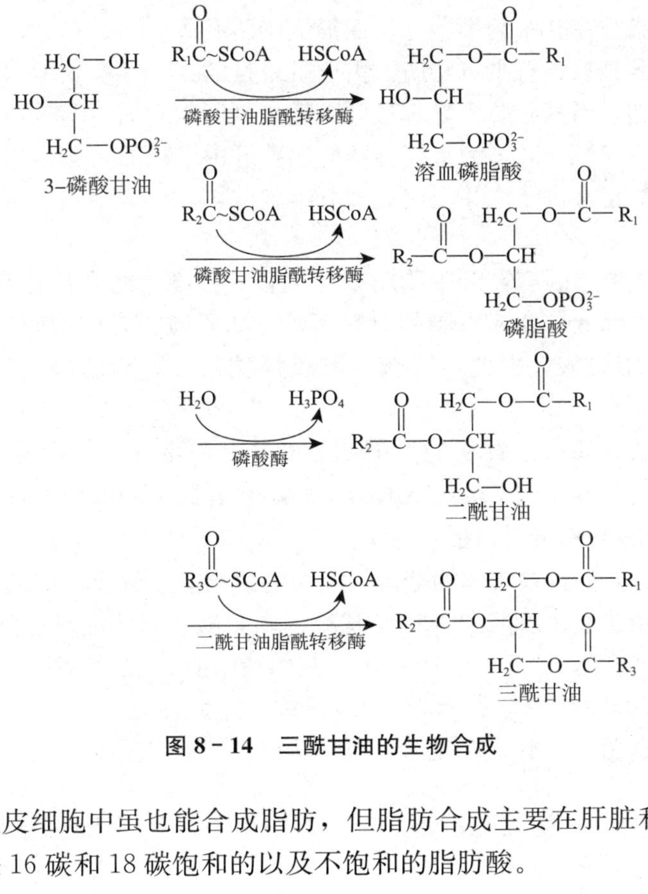

3-磷酸甘油 + $R_1C(=O)\sim SCoA$ —(磷酸甘油脂酰转移酶)→ 溶血磷脂酸 + HSCoA

溶血磷脂酸 + $R_2C(=O)\sim SCoA$ —(磷酸甘油脂酰转移酶)→ 磷脂酸 + HSCoA

磷脂酸 + H_2O —(磷酸酶)→ 二酰甘油 + H_3PO_4

二酰甘油 + $R_3C(=O)\sim SCoA$ —(二酰甘油脂酰转移酶)→ 三酰甘油 + HSCoA

图 8-14　三酰甘油的生物合成

在小肠黏膜上皮细胞中虽也能合成脂肪，但脂肪合成主要在肝脏和脂肪组织中进行。其中合成的主要是 16 碳和 18 碳饱和的以及不饱和的脂肪酸。

第三节　类脂的代谢

一、磷脂的代谢

体内磷脂的更新速度很快，各组织都在不断地进行着磷脂的合成和分解。

（一）甘油磷脂的合成代谢

1. 合成部位和原料

体内磷脂一部分是直接由食物中来，一部分是在各组织细胞中合成。全身各组织都能合成磷脂，其中肝、小肠和肾是磷脂代谢最为活跃的场所。合成磷脂的主要原料是磷酸、甘油、脂肪酸、胆碱和胆胺等。其中胆碱和胆胺可由食物提供，也可在体内合成。蛋白质分解产生的甘氨酸、丝氨酸及甲硫氨酸可作为原料。甘氨酸能在体内转变为丝氨酸，丝氨酸转变为胆胺，再由甲硫氨酸等供给甲基变成胆碱。

2. 磷脂合成与脂肪肝

磷脂是合成脂蛋白的必需材料，而肝脏中的脂类是以脂蛋白的形式转运出肝脏外的，若由于必需的脂肪酸或胆碱等原料的缺乏，使磷脂的合成发生障碍，则导致肝脏中脂肪不能顺利运出，引起脂肪在肝中的堆积，从而形成脂肪肝。

正常情况下，肝脏只含有少量脂肪，占肝脏重量的4%～7%。在某些异常情况下，肝脏内的脂肪含量增加，当其脂肪含量超过肝脏重量（湿重）的10%时即是脂肪肝。10%～25%为中度脂肪肝，25%～50%为重度脂肪肝。若肝内堆积的脂肪占据了肝细胞的很大空间，影响了肝细胞的正常机能，甚至使许多肝细胞破坏，结缔组织增生，则会诱发肝纤维化和肝硬化。

形成脂肪肝的主要原因有：肝中脂肪来源太多，如高脂肪和高糖膳食；肝功能不好，使合成脂蛋白的能力降低；合成磷脂的原料不足，如胆碱或合成的胆碱原料（甲硫氨酸）缺乏以及缺少必需脂肪酸。因此，胆碱、甲硫氨酸、必需脂肪酸等可作为抗脂肪肝的药物。

一般而言，脂肪肝属可逆性疾病。早期诊断并及时治疗，使紊乱的脂肪代谢恢复正常，使脂肪的合成与分解保持平衡，从而减少脂肪在肝脏中的堆积，改善肝功能。

（二）甘油磷脂的分解代谢

甘油磷脂分子有4处可被水解的酯键，不同的磷脂酶水解成不同的产物，但完全水解后的产物为甘油、脂肪酸、磷酸和各种氨基醇（如胆碱、胆胺和丝氨酸等）。参与甘油磷脂分解代谢的酶有磷脂酶A、B、C和D等，其中磷脂酶A又分为磷脂酶A_1和磷脂酶A_2两种，磷脂酶B分为磷脂酶B_1和磷脂酶B_2两种。它们在自然界中分布很广，存在于动物、植物、细菌、真菌中。它们都能专一地作用于磷脂相应的酯键，使其发生水解，如图8-15所示。

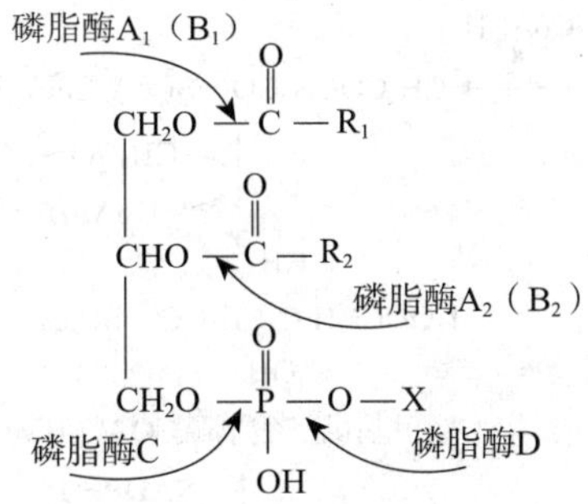

磷脂酶A_1（B_1）
$CH_2O—C(=O)—R_1$
$CHO—C(=O)—R_2$
磷脂酶A_2（B_2）
$CH_2O—P(=O)(OH)—O—X$
磷脂酶C
磷脂酶D

图 8－15　磷脂酶的水解部位

磷脂酶 A_1 与磷脂酶 A_2 作用后的这两种产物都具有溶血作用，因此称为溶血卵磷脂。蛇毒和蜂毒中磷脂酶 A_2 含量特别丰富，当毒蛇咬人或毒蜂蜇人后，进入人体内的毒液中磷脂酶 A_2，催化卵磷脂脱去一个脂肪酸分子而生成溶血卵磷脂，使红细胞膜破裂而发生溶血。不过被毒蛇咬伤后致命并不只是由于溶血，而主要是由于蛇毒中含有多种神经麻痹的蛇毒蛋白。

二、胆固醇的代谢

（一）胆固醇的合成

人体内的胆固醇一部分是由动物性食物中来，称外源性胆固醇；另一部分是由体内各组织细胞合成，称内源性胆固醇。

肝脏是合成胆固醇的主要场所，其次是小肠。合成原料来自食物中的糖及脂肪，糖及脂肪在代谢过程分解产生的乙酰 CoA 是体内合成胆固醇的原料，此外还需要 ATP 供给能量和 $NADPH+H^+$ 提供氢原子。胆固醇合成的基本过程如图 8－16 所示。因此，即使食物中无胆固醇，体内完全能自行合成而不致缺少。

（二）胆固醇的转化

胆固醇在体内不能被彻底氧化分解为 CO_2 和 H_2O，只能在其侧链发生氧化转变成其他的生理活性物质。

1. 转变成胆汁酸

体内 75%～80%的胆固醇可在肝脏中转变为胆酸，胆酸与甘氨酸或牛磺酸结合成胆汁酸。胆汁酸以钠盐或钾盐形式存在，称为胆汁酸盐。由肝细胞分泌入胆道系统，是促进脂类消化和吸收的重要因素。

2. 转变成类固醇激素

类固醇激素包括肾上腺皮质激素和性激素。胆固醇在肾上腺皮质内可转变成肾上腺皮质激素，在性腺内可转变成性激素。

3. 转变成维生素 D_3

胆固醇在肝脏及肠黏膜等处，可经脱氢反应生成 7-脱氢胆固醇，经血液循环到达皮肤，在皮下经紫外线照射进一步转化成维生素 D_3。维生素 D_3 能促进钙、磷的吸收，有利于骨骼的生成。

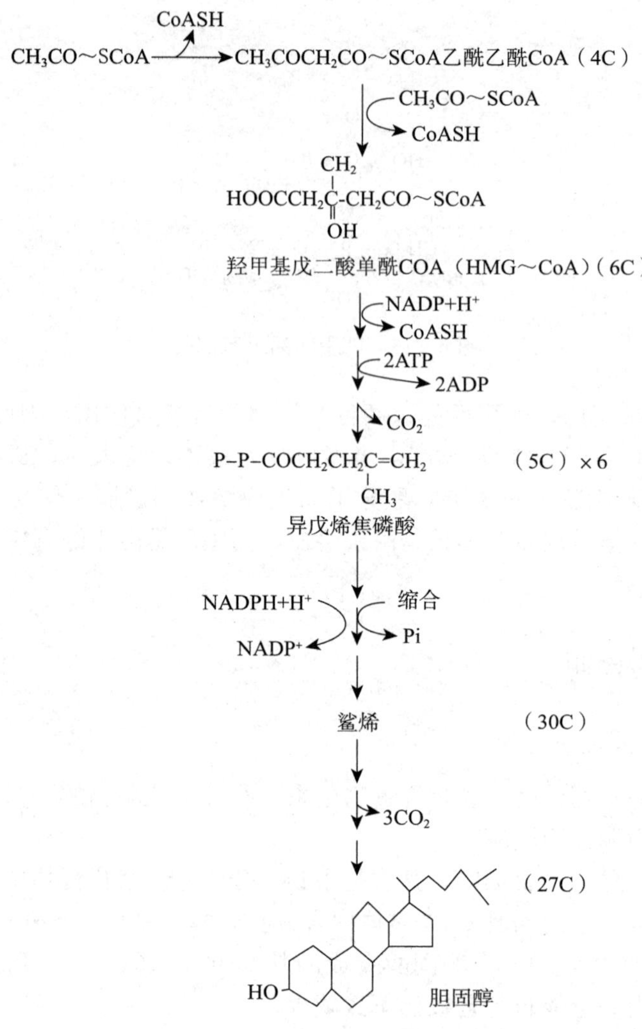

图 8－16　胆固醇的生物合成

（三）胆固醇的排泄

体内大部分胆固醇在肝脏内转变为胆汁酸，随胆汁排出；小部分可直接随胆汁或通过肠道黏膜进入肠道。进入肠道的胆固醇一部分可随胆汁酸被重吸收，一部分在肠道细菌作用下还原为类固醇，随粪便排出。因此，胆道阻塞的病人，血中胆固醇的含量就会升高。

第四节　血脂及脂类的转运

一、血脂

血浆中所含的脂类统称为血脂。主要包括脂肪、磷脂、胆固醇及其酯、游离脂肪酸等。血脂的来源有两种：一是外源性，从食物摄取的脂类经消化吸收进入血液；二是内源性，由肝、脂肪细胞以及其他组织合成后释放入血。因此，血脂水平可反映全身脂类代谢的状态。

由于血脂的不断降解和重新合成在正常地进行，并保持动态平衡，血脂含量的变动也就稳定在一定的范围内。但血脂含量不如血糖恒定，受年龄、性别、饮食等因素的影响，波动较大。食用高脂肪膳食后，血浆脂类含量大幅度上升，但只是暂时的，通常在 3h～6h 后逐渐趋于正常。一般空腹（饭后 12h～14h）测血脂，才能较为可靠地反映血脂水平的真实情况。由于血浆胆固醇和脂肪水平的升高与动脉粥样硬化的发生有关，因此这两项成为血脂测定时的重点项目。

二、脂类的转运

（一）脂类的转运形式——血浆脂蛋白

脂类在体内的运输都是通过血液循环进行的。由于脂肪和胆固醇都是疏水性物质，在水中呈乳浊液，而血浆中所含脂类虽多，却仍清澈透明，说明血脂在血液中不是以自由状态存在的，而是与血浆中的蛋白质结合成脂蛋白形式运输。

血浆脂蛋白一般呈球状，以小泡或微粒形式分散在血浆中。其基本结构相似，疏水基团构成脂蛋白的核心部分，如脂肪、胆固醇酯和磷脂的脂肪酸链等，其表面覆盖着极性分子或亲水基团，如蛋白质、极性磷脂和游离胆固醇的亲水基团，从而使脂蛋白分子能够稳定并溶于水相。脂蛋白结构如图 8－17 所示。

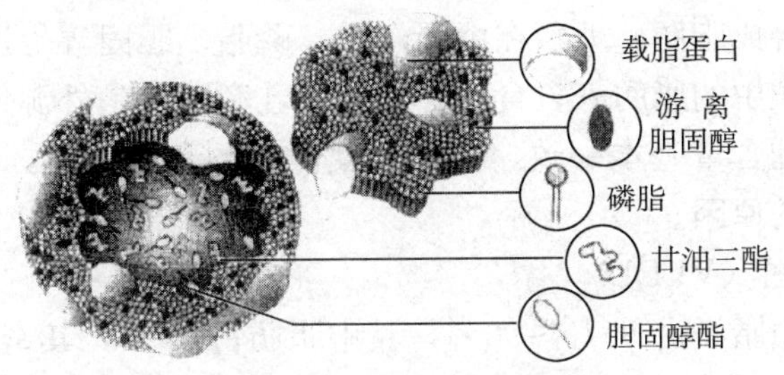

图 8－17　脂蛋白结构图

（二）血浆脂蛋白分类

虽然血浆脂蛋白都是由脂肪、蛋白质、磷脂、胆固醇及其酯组成的，但各种脂蛋白所含的各种脂类的蛋白质的量不尽相同，可采用适当方法将它们分离分类。

各类脂蛋白中脂类和蛋白质所占比例不同，因而密度各不相同，蛋白质含量越高，密度则越大。可根据超速离心法（密度分类法），将血浆脂蛋白分为 4 种（见表 8－1）：即乳糜微粒（Chylomicron，CM）、极低密度脂蛋白（Very Low Density Lipoprotein，VLDL）、低密度脂蛋白（Low Density Lipoprotein，LDL）、高密度脂蛋白（High Density Lipoprotein，HDL）。

表 8-1　血浆脂蛋白的分类、性质、组成及功能

分类	密度法	乳糜微粒	极低密度脂蛋白	低密度脂蛋白	高密度脂蛋白
性质	密度	<0.95	0.95～1.006	1.006～1.063	1.063～1.210
	颗粒直径（nm）	80～500	25～80	20～25	7.5～10
组成（%）	蛋白质	0.5～2	5～10	20～25	50
	甘油三酯	80～95	50～70	10	5
	磷脂	5～7	15	20	25
	胆固醇	1～4	15	45～50	20
正常人空腹时血浆中含量（%）		难于检出	很少	61～70	30～40
合成部位		小肠黏膜细胞	肝细胞	血浆	肝、肠、血浆
功能		转运外源性甘油三酯	转运内源性甘油三酯	转运胆固醇	转运磷脂和胆固醇

（三）血浆脂蛋白的代谢和功能

1. 乳糜微粒（CM）

乳糜微粒是在小肠上皮细胞合成的。其特点是含有大量脂肪（占 90%）而蛋白质含量很少，因此，密度极低，血浆静置即可漂浮。

肠黏膜上皮细胞能将食物中消化吸收的脂类（主要是脂肪酸、甘油一脂、胆固醇及溶血卵磷脂等）再重新合成脂肪，埋藏在由蛋白质、磷脂、胆固醇等所组成的外壳内部而形成乳糜微粒。乳糜微粒中的脂肪来自食物，因此，乳糜微粒是外源性脂肪的运输形式，其运输量与食物中脂肪的含量基本一致。由于乳糜微粒的颗粒很大，能使光散射而呈浑浊，这也是饭后血清浑浊的原因。

2. 极低密度脂蛋白（VLDL）

极低密度脂蛋白中脂类占 85%～90%，其中脂肪占 55%，其密度也很低。

极低密度脂蛋白主要由肝实质细胞合成，它的合成和分泌过程与乳糜微粒的合成过程基本相似。肝细胞合成极低密度脂蛋白的脂肪，可由糖转变而来，也可由脂库中脂肪动员出来的游离脂肪酸重新合成。所以，极低密度脂蛋白是转运内源性脂肪的主要运输形式。若食物摄取过量糖或体内脂肪动用过多，则导致血浆中极低密度脂蛋白含量增高。

当血液经过脂肪组织、肝、肌肉等组织毛细血管时，经管壁的脂蛋白脂肪酶作用，可使乳糜微粒和极低密度脂蛋白中的脂肪水解成脂肪酸和甘油，这些水解产物的大部分则进入细胞被利用或重新合成脂肪而贮存。此种作用进行得很快，所以正常人空腹血浆几乎不易检出乳糜微粒，而且极低密度脂蛋白也很少。

3. 低密度脂蛋白（LDL）

低密度脂蛋白是血液中极低密度脂蛋白在清除过程中水解掉部分脂肪和少量蛋白质的残余部分。由于其中脂肪已被水解掉一部分，所以低密度脂蛋白中脂肪含量少，而胆固醇与磷脂的含量则相对地增高。

低密度脂蛋白的主要功能是转运胆固醇，它将胆固醇从肝内运载到肝外组织。低密度脂蛋白可被氧化成氧化低密度脂蛋白，当氧化修饰的低密度脂蛋白过量时，其携带的胆固醇便积存在血管的动脉壁上，会造成动脉内膜粥样斑块形成，阻塞相应的血管，最后可以引起冠心病、脑卒中和外周动脉病等致死致残的严重性疾病。流行病学证据均显示，低密度脂蛋白升高与心肌梗死和血管疾病死亡风险的增加密切相关。所以有人称低密度脂蛋白胆固醇为坏胆固醇。

4. 高密度脂蛋白（HDL）

高密度脂蛋白是在肝中生成和分泌的，其组成中蛋白质含量最多，其次是磷脂，仅含有少量的胆固醇。

在肝脏或小肠内，乳糜微粒经脂蛋白脂酶的作用，将脂肪分解，水解产物及其表层的磷脂、游离胆固醇和蛋白质离开乳糜微粒而形成双层脂类组成的颗粒，这就是新生高密度脂蛋白。它能从周围组织转运胆固醇到肝脏进行代谢并排出体外。这样，能防止胆固醇沉积在血管壁上，甚至已经沉积的胆固醇，亦能由高密度脂蛋白予以转移，可以防止并有可能消除动脉粥样硬化的形成。

不是所有的胆固醇都会增加心血管疾病的危险，低密度脂蛋白携带的胆固醇升高可增加危险性；高密度脂蛋白携带的胆固醇很少有危险，常常是有益的。

第五节　脂代谢异常

脂类代谢异常除发生于脂类代谢的各个环节外，脂类的消化吸收、血液中的运输、脂类的合成与分解、遗传缺陷、激素和神经调节失常、饮食习惯及体力活动不适当等也能引起脂类代谢异常。

随着脂肪在人们膳食中所占比例逐渐增加，与脂肪有关的疾病亦逐年上升。

一、高脂血症与动脉粥样硬化

临床上将空腹血脂持续超出正常值上限称为高脂血症，如高胆固醇、高甘油三酯或两者兼高。

引起高脂血症的原因很多，如饮食习惯、多吃糖类、动物油、含胆固醇多的食物等都可引起高脂血症。但在同样高脂或高糖饮食的条件下，非体力劳动者的血浆胆固醇容易增高，而体力劳动者就比较不易升高。

控制饮食（少吃高胆固醇、高糖及动物油脂类食物）主要是减少外源性胆固醇，膳食中的胆固醇几乎全部来自动物源性食物，其中以禽卵、动物脑髓、内脏中胆固醇最丰富，而一些蔬菜如洋葱、竹笋，以及柚子、酸枣、刺梨、香蕉、柑橘、山楂等水果具有调整血脂代谢、延缓动脉硬化的保健作用，经常食用益处多多。也可用减少吸收或增加排泄的药物，以减少脂类在体内的积聚。

此外，还有一个产生高脂血症的原因，就是机体内在的因素。因为脂类的代谢受激素的调节，所以激素失调可引起脂类代谢的紊乱，从而产生高脂血症。

虽然形成动脉粥样硬化的因素是多方面的，但许多实验证明，高脂血症与动脉粥样硬化有密切关系。一般来讲，高脂血症常伴发动脉粥样硬化，其中以低密度脂蛋白增高对动脉粥样硬化的形成关系最为密切，这是因为血浆中大多数胆固醇由低密度脂蛋白转运。同位素示踪实验证明，动脉粥样硬化斑块中的胆固醇基本上直接来自血浆低密度脂蛋白。相反，高密度脂蛋白有使动脉粥样硬化病变消退的作用。流行病学调查表明，血浆高密度脂蛋白水平与冠心病发病率之间呈负相关，因为高密度脂蛋白能从外周组织运走过多的胆固醇至肝脏代谢、转化，使胆固醇不易沉积，从而抑制动脉粥样硬化的发生和发展。

对内源性胆固醇和脂肪过多还应服用药物，如一些抑制脂类合成或促进脂类转化的药物，亚油酸、氯贝丁酯及其铝盐、考来烯胺、烟酸、硫酸软骨素等。此外，一些中草药如何首乌、决明子、脉安冲剂（山楂与麦芽制成的冲剂）等有降低血浆胆固醇的作用，泽泻、茶树根、虎杖片等有降低血浆胆固醇和脂肪的作用。

二、胆结石

在胆囊或胆道形成的结石称为胆结石。胆结石的产生往往因血浆胆固醇浓度过高，胆汁浓而淤积或与发病部位感染有关，如炎症、寄生虫、书后等原因造成的。胆道中胆固醇浓度很高，在胆囊黏膜重吸收胆囊中的水分和胆汁盐时，由于吸收过程太过分（特别是当胆囊发炎时，吸收更快），使胆汁酸与胆固醇比值降低，则可使溶于含胆汁盐水溶液中的胆固醇过饱合而以结晶形式析出形成胆石。

这类胆结石主要由胆固醇、胆红素、胆酸及钙盐等组成。治疗上常采用利胆药——去氧胆酸来促进胆汁分泌，增加胆汁中水分及总量，使胆汁稀释，有利于排空胆汁；或用鹅去氧胆酸、熊去氧胆酸等改变胆汁中胆酸的成分，减少胆固醇合成和分泌，有利于胆结石的溶解。

本章实验

实验一　卵磷脂的提取和鉴定

一、实验目的

1. 掌握卵磷脂的提取和鉴定方法；
2. 掌握卵磷脂、脑磷脂、磷脂酰丝氨酸结构式；
3. 了解卵磷脂的生物学功能。

二、实验原理

卵磷脂又称磷脂酰胆碱，是甘油磷脂的一种，是细胞膜磷脂双分子层的重要成分。卵磷脂在动植物体内均有分布，在动物的脑、精液、肝、肾上腺和红细胞中含量较多，蛋黄中含量可达8%～10%。其结构式为：

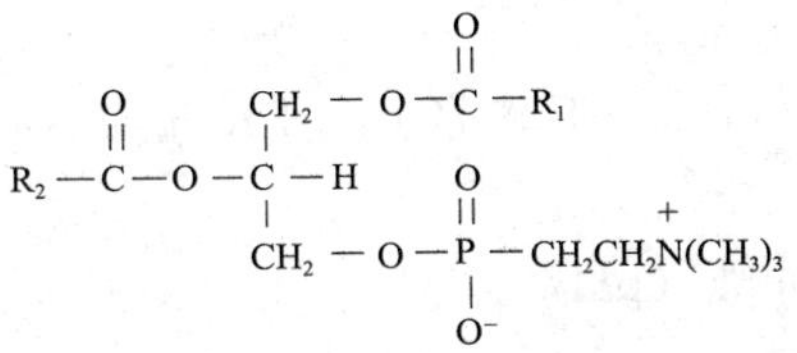

```
                          O
                          ‖
      O        CH2 — O — C — R1
      ‖         |
R2 — C — O — C — H    O
                |       ‖          +
               CH2 — O — P — CH2CH2N(CH3)3
                        |
                        O⁻
```

卵磷脂是两性分子，可溶于含少量水的非极性溶剂中（但不易溶于水和无水丙酮），所以可用含少量的水的非极性溶剂进行提取。

新提取的卵磷脂为白色蜡状物，与空气接触后，其不饱和脂肪酸链被氧化而呈黄褐色；卵磷脂中的胆碱，在碱性溶液中可分解为三甲胺而具有特异的鱼腥味，可用于鉴定。

卵磷脂生物学功能：

（1）卵磷脂是生物膜的骨架；

（2）卵磷脂是机体代谢所需能量的来源；

（3）卵磷脂控制机体脂肪代谢，防止形成脂肪肝；

（4）酶的激活剂：卵磷脂激活β-羟丁酸脱氢酶（三种酮体乙酰乙酸，β-羟丁酸和丙酮）。

三、材料、试剂和仪器

1. 材料：鸡蛋黄。

2. 试剂：95％乙醇、10％NaOH 溶液、丙酮。

3. 仪器：电炉、蒸发皿、漏斗一套、酒精灯。

四、实验步骤

1. 卵磷脂的提取：取蛋黄 2 g，置小烧杯内，加入 15 ml 热的 95％乙醇，边加边搅拌，冷却后过滤，如滤液不清，需要新过滤，直至透明，后将滤液置蒸发皿内蒸干，残留物即为卵磷脂。

2. 三甲胺试验：取制得的卵磷脂一半，置于试管中，加入 2 ml 10％NaOH，置于沸水浴上加热，注意是否产生鱼腥味。

3. 溶解度实验：取剩余的卵磷脂于一小烧杯中，加入 2 ml 丙酮，观察是否溶解。

实验二　肝的生酮作用

一、实验目的

加深对肝脏生成酮体的认识。

二、实验原理

以丁酸作为底物与肝组织匀浆（内含合成酮体的酶系）保温后，即有酮体生成，酮体与罗氏溶液和显色粉（硝普钠）反应产生紫红色物质；而经同样处理的肌肉匀浆则不产生酮体，故无显色反应。

三、试剂与器材

1. 试剂：

（1）生理盐水。

（2）罗氏溶液：NaCl 0.9 g、KCl 0.042 g、$CaCl_2$ 0.024 g、$NaHCO_3$ 0.02 g、葡萄糖

0.1 g，溶解后加蒸馏水至 100 ml。

（3）0.5 mol/L 丁酸：取 44.0 g 丁酸溶于 0.1 mol/L NaOH 溶液中，并用 0.1 mol/L NaOH 溶液稀释至 1 000 ml。

（4）1/15 mol/L 磷酸缓冲液（pH7.6）。

（5）15%三氯醋酸溶液。

（6）酮体溶液。

（7）显色粉：硝普钠 1 g、无水碳酸钠 30 g、硫酸铵 50 g，混合后研碎。

2. 器材：

研钵、试管、离心机。

四、实验步骤

1. 肝匀浆和肌匀浆的制备：取小鼠 1 支，断头处死，迅速剖腹取出全部肝脏和部分肌肉组织，称重后用剪刀剪碎，分别置入研钵中，加入生理盐水（重量/体积＝1∶3）和少许细砂，研磨成匀浆。

2. 取试管 2 支，编号，按表 8－2 操作：

表 8－2　具体步骤操作表

试剂（滴）＼管号	1	2
罗氏溶液	15	15
0.5 mol/L 丁酸溶液	30	30
1/15 mol/L 磷酸缓冲液	15	15
肝匀浆	20	
肌匀浆		20
置于 37 ℃水浴保温 50 分钟		
15%三氯醋酸	20	20

将 1 号和 2 号试管分别摇匀混合 5 分钟后，再离心（3 000 r/min）5 分钟，取上清液分别转移至相同编号的试管内备用。

3. 另取试管 4 支，编号，按表 8－3 操作：

表 8－3　具体步骤操作表

试剂（滴）＼管号	1	2	3	4
上清液（1）	20			
上清液（2）		20		
0.5 mol/L 丁酸溶液			20	
酮体溶液				20
颜色变化				

4. 各管加显色粉 1 小匙（绿豆粒大），观察各管颜色反应，并予以解释。

五、思考题

酮体包含哪些物质？酮体的产生有什么意义？

复习思考题

一、名词解释

1. 脂类　　2. 血浆脂蛋白　　3. 血脂

4. 必需脂肪酸　　5. 酮体　　6. 脂肪酸的β-氧化

二、选择题

1. 正常情况下机体储存的脂肪主要来自（　　）。

A. 脂肪酸　　B. 酮体　　C. 类脂　　D. 葡萄糖　　E. 生糖氨基

2. 下列生化反应过程，只在线粒体中进行的是（　　）。

A. 葡萄糖的有氧氧化　　B. 甘油的氧化分解

C. 软脂酰的β氧化　　D. 硬脂酸的氧化

3. 下列哪些辅助因子参与脂肪酸的β氧化？（　　）

A. ACP　　B. FMN　　C. 生物素　　D. NAD^+

4. β-氧化的酶促反应顺序为（　　）。

A. 脱氢、再脱氢、加水、硫解　　B. 脱氢、加水、再脱氢、硫解

C. 脱氢、脱水、再脱氢、硫解　　D. 加水、脱氢、硫解、再脱氢

5. 脂肪大量动员肝内生成的乙酰 CoA 主要转变为（　　）。

A. 葡萄糖　　B. 酮体　　C. 胆固醇　　D. 草酰乙酸

6. 脂肪酸合成需要的 $NADPH+H^+$ 主要来源于（　　）。

A. TCA　　B. EMP

C. 磷酸戊糖途径　　D. 以上都不是

7. 生成甘油的前体是（　　）。

A. 丙酮酸　　B. 乙醛

C. 磷酸二羟丙酮　　D. 乙酰 CoA

8. 胆固醇含量最高的脂蛋白是（　　）。

A. 乳糜微粒　　B. 极低密度脂蛋白

C. 低密度脂蛋白　　D. 高密度脂蛋白

9. 关于酮体的叙述，哪项是正确的？（　　）

A. 酮体是肝内脂肪酸大量分解产生的异常中间产物，可造成酮症酸中毒

B. 各组织细胞均可利用乙酰 CoA 合成酮体，但以肝内合成为主

C. 酮体只能在肝内生成，肝外氧化

D. 合成酮体的关键酶是 HMG CoA 还原酶

10. 酮体生成过多主要见于（　　）。

A. 摄入脂肪过多　　B. 糖供给不足或利用障碍

C. 脂肪运转障碍　　D. 肝功低下

11. 脂肪酸彻底氧化的产物是（　　）。
A. 乙酰 CoA　　B. 脂酰 CoA
C. 丙酰 CoA　　D. H_2O、CO_2 及释放出的能量
12. 甘油氧化分解及其异生成糖的共同中间产物是（　　）。
A. 丙酮酸　　B. 2-磷酸甘油酸
C. 3-磷酸甘油酸　　D. 磷酸二羟丙酮
13. 乙酰 CoA 不能由下列哪种物质生成？（　　）
A. 葡萄糖　　B. 脂肪酸　　C. 酮体　　D. 胆固醇
14. 酮体中含有（　　）。
A. 乙酰 CoA　　B. 乙酰乙酸　　C. 乙酰磷酸　　D. 乙酰丙酮
15. 脂肪酸分解产生的乙酰 CoA 的去路是（　　）。
A. 氧化供能　　B. 合成酮体　　C. 合成脂肪
D. 合成胆固醇　　E. 以上都可以
16. 下列有关类脂的叙述错误的是（　　）。
A. 类脂是磷脂、胆固醇和糖脂的总称
B. 类脂是生物膜的基本成分
C. 类脂的主要功能是维持正常生物膜的结构和功能
D. 分布于体内务组织中，以神经组织中含量最少
E. 因类脂含量变动很少，故又被称为固定脂
17. 具有将肝外胆固醇转运到肝脏进行代谢的血浆脂蛋白（　　）。
A. CM　　B. LDL　　C. HDL　　D. VLDL
18. 人体内的多不饱和脂肪酸指（　　）。
A. 油酸、软脂肪酸　　B. 油酸、亚油酸
C. 亚油酸、亚麻酸　　D. 软脂肪酸、亚油酸
E. 软脂肪酸、花生四烯酸
19. 在动物组织中，从葡萄糖合成脂肪酸的重要中间产物是（　　）。
A. 丙酮酸　　B. ATP　　C. 乙酰 CoA　　D. 乙酰乙酸
20. 由胆固醇转变而来的是（　　）。
A. 维生素 A　　B. 维生素 PP　　C. 维生素 C　　D. 维生素 D_3
21. HDL 中含量最多的物质是（　　）。
A. 磷脂酰胆碱　　B. 脂肪酸　　C. 蛋白质
D. 胆固醇　　E. 以上都无影响
22. 乳糜微粒中含量最少的是（　　）。
A. 磷脂酰胆碱　　B. 脂肪酸　　C. 蛋白质
D. 胆固醇　　E. 以上都是
23. 人体内不能合成的脂肪酸是（　　）。
A. 油酸　　B. 亚油酸　　C. 硬脂酸　　D. 软脂酸　　E. 月桂酸

三、填空题

1. ________是动物和许多植物主要的能源贮存形式，是由________与 3 分子________

酯化而成的。

2. 一个碳原子数为 16 的脂肪酸在 β-氧化中需经________次 β-氧化循环，生成________个乙酰 CoA，________个 $FADH_2$ 和________个 $NADH+H^+$。

3. 血脂的运输形式是________。

4. 乳糜微粒在________合成，它主要运输________________；极低密度脂蛋白在________合成，它主要运输________________；低密度脂蛋白在________生成，其主要功用为____________；高密度脂蛋白在________生成，主要功用为____________。

5. 酮体包括________、________、________。酮体主要在________合成，并在________________被氧化利用。

6. 血浆脂蛋白包括：________、________、________、________。

7. 一分子脂肪酸活化后需经________转运才能由胞液进入线粒体内氧化。

8. 植物油在常温下一般多为液态，这是因为它们含有大量的________缘故。

9. 在脂肪酸的分解代谢中长链脂酰 CoA 以________形式运转到线粒体内，经过________作用，生成________，参加三羧酸循环。

10. 游离脂肪酸不溶于水，需与________结合后由血液运至全身。

11. 每一分子脂肪酸被活化为脂酰 CoA 需消耗________个高能磷酸键。

12. 一分子脂酰 CoA 经一次 β-氧化可生成________和比原来少两个碳原子的脂酰 CoA。

四、是非题（在题后括号内打√或×）

1. 脂肪酸氧化降解主要始于分子的羧基端。（　　）

2. 脂肪酸彻底氧化产物为乙酰 CoA。（　　）

3. 脂肪的分解产物都是糖异生的前体。（　　）

4. 酮体是在肝内合成，肝外利用。（　　）

5. 血浆胆固醇含量与动脉硬化密切有关，如果能够一方面完全禁食胆固醇，另一方面完全抑制胆固醇的生物合成，将有助于健康长寿。（　　）

6. 脂肪酸活化为脂肪酰 CoA 时，需消耗 2 个高能磷酸键。（　　）

7. 脂肪酸的活化在细胞液进行，脂酰 CoA 的 β 氧化在线粒体内进行。（　　）

8. 脂肪酸合成过程中所需的 H^+ 全部由 NADPH 提供。（　　）

9. 脂肪酸的 β-氧化，氧化磷酸化不都是在线粒体中进行的。（　　）

五、问答题

1. 为什么摄入糖量过多容易长胖？

2. 乙酰 CoA 可进入哪些代谢途径？请列出。

3. 计算 1 mol 软脂酸氧化分解成 CO_2 和 H_2O 产生的 ATP 物质的量。

4. 脂肪酸的分解代谢要经历哪几个阶段？

第九章　蛋白质分解代谢

蛋白质是生命活动的基础。体内的大多数蛋白质均不断地进行分解与合成代谢。蛋白质代谢使各种蛋白质得到自我更新，这对于机体新组织细胞形成和机体生长发育有十分重要的意义。蛋白质的组成成分——氨基酸，是体内含氮物质的主要来源，不仅是合成蛋白质、核苷酸（并进而合成核酸）的重要原料，还可以转变为很多重要的含氮化合物，也可以在一定条件下彻底分解氧化，并释放能量供机体利用。因此，蛋白质代谢实质是氨基酸的代谢。

蛋白质在体内不能储存，人体每日需要从膳食中摄取足够的蛋白质，以补充体内的消耗，否则会影响机体的生长、发育，甚至危及生命。因此，首先叙述蛋白质的营养作用及蛋白质的消化吸收。

本章重点知识

1. 正确理解蛋白质的营养作用与需要量；
2. 了解蛋白质的消化吸收与腐败作用；
3. 掌握氨基酸的一般代谢，包括脱氨基作用与 α-酮酸的代谢；
4. 了解氨的来源与转运、氨的毒性和机体解氨毒的意义；
5. 掌握营养物质代谢的相互联系。

第一节　蛋白质的营养作用与消化吸收

一、蛋白质的营养作用

在生命活动过程中，组成组织和器官的蛋白质，经常不断地进行新陈代谢，因此机体必须经常从外界摄取蛋白质，作为体内新生蛋白质的原料，以维持蛋白质的平衡。

（一）氮平衡

人体每日总有一定量的组织蛋白质分解成氨基酸，然后再进一步分解成 H_2O、CO_2 和一些含氮最终产物而排出体外。与此同时人体还从食物中摄取一定量的蛋白质，在消化道中分解成氨基酸，吸收的氨基酸与体内的氨基酸一起合成组织蛋白质以补偿消耗的蛋白质。如果还有剩余的氨基酸，则分解成含氮的最终产物排出体外。

要了解体内蛋白质合成与分解代谢的总结果，可测定氮平衡。氮平衡是每日从食物摄入的氮量与排泄物中的氮量之间的关系。食物中的含氮物质主要是蛋白质，排泄物（包括尿、粪、汗等）中的氮主要来自体内蛋白质的分解，而蛋白质中氮的平均含量为16%。因此，测定人体每天从食物摄入的氮含量和每天排泄物中的氮含量，可评价蛋白质在体内的代谢情况。氮平衡有以下3种情况：

（1）氮总平衡：摄入氮＝排出氮，体内组织蛋白质合成与分解处于动态平衡。见于正常成人，因机体不再生长发育，摄入的蛋白质基本用于维持组织蛋白质的更新。

（2）氮正平衡：摄入氮＞排出氮，体内蛋白质的合成大于蛋白质的分解。见于儿童、孕妇及病后恢复期，即摄入的蛋白质除补充已消耗的组织蛋白质外，还合成了新的组织蛋白保留在机体内。

（3）氮负平衡：摄入氮＜排出氮，体内蛋白质的分解大于蛋白质的合成。常见于蛋白质摄入量不能满足需要时，如长期饥饿、消耗性疾病等。

（二）蛋白质的营养价值

1. 必需氨基酸与非必需氨基酸

组成蛋白质的氨基酸有20种，在营养上可以分为两类：必需氨基酸与非必需氨基酸。必需氨基酸（Essential Amino Acids）是指体内需要，但人体本身不能合成或合成量太少不能满足需要，必须由食物提供的氨基酸。人体共有8种：赖氨酸、色氨酸、苯丙氨酸、蛋（甲硫）氨酸、苏氨酸、亮氨酸、异亮氨酸、缬氨酸。非必需氨基酸（Non-Essential Amino Acids）是指体内需要，而人体本身可以合成，不必由食物供给的氨基酸，除上述8种必需氨基酸以外的其他组成蛋白质的氨基酸均为非必需氨基酸。

2. 蛋白质营养价值的决定因素

一般认为蛋白质的营养价值取决于所含氨基酸的种类、数量及其比例，尤其是取决于必需氨基酸的种类和含量。实际上评定食物蛋白质的营养价值包括食物蛋白质含量、蛋白质的消化率、蛋白质的利用率3个方面。某种食物蛋白质所含必需氨基酸的量和比例与人体需要愈接近，其被消化吸收后在体内被利用的程度就愈高，因而营养价值就愈高。通常，与植物蛋白质相比较，动物蛋白质所含的必需氨基酸在组成和比例上，与人体蛋白质更接近些，因此动物蛋白质营养价值更高些。另外，蛋白质的消化率直接影响利用率。有时用加工或烹调方法可以使蛋白质消化率提高，例如，大豆整粒进食时蛋白质消化率为60%，加工为豆腐时则为90%。

3. 蛋白质的需要量

健康成人每日蛋白质的安全摄入量为每千克体重1.2 g。儿童、妊娠和哺乳期妇女、重体力劳动者、恢复期患者以及手术后的病人，蛋白质的摄入量均要适当增加。婴幼儿蛋白质需要量，按体重计算应比成人高3倍。

4. 蛋白质的互补作用

各种不同来源的蛋白质含有不同成分与比例的必需氨基酸，把几种营养价值较低的蛋白质混合食用，使所含的必需氨基酸在组成上能相互补充，从而提高蛋白质营养价值的作用，称为蛋白质的互补作用。同时吃几种不同来源的蛋白质可取长补短，使营养价值不高的蛋白质，可以更合理地被利用。例如，谷类中赖氨酸含量低，而色氨酸较多，大豆则相反，二者单独食用的营养价值都不太高，若混合食用可相互补充所需氨基酸之不足，提高营养价值。

思考：生活中为什么提倡膳食搭配多样化、合理化？

小链接

氨基酸静脉营养与临床应用

1. 静脉营养

由静脉输入形式提供蛋白质营养所需的氨基酸制剂，氨基酸直接进入机体，供合成蛋白质。制剂既含必需氨基酸又含非必需氨基酸，若各氨基酸之间相互搭配不当，则将造成拮抗或毒性。

2. 常见制剂的种类

(1) 水解蛋白质注射液：由天然蛋白质水解获得的混合氨基酸溶液，可添加某些必需氨基酸、葡萄糖和电解质；

(2) 结晶氨基酸复方注射液：由人为按特定含量和比例以结晶氨基酸配制而成。例如，以人体血清蛋白组成为标准的配方，必需氨基酸与非必需氨基酸的比例为1∶1。有的还添加山梨醇、木糖醇、右旋糖酐、维生素、电解质或抗生素等。

3. 氨基酸制剂应用有临床针对性

(1) 营养型氨基酸制剂：以营养为目的，含血液中各种氨基酸成分；

(2) 特殊用途的氨基酸制剂：根据不同疾病，不同患者的代谢特点，配置针对性的氨基酸制剂，如肝病、肾病用氨基酸制剂，创伤感染应激性氨基酸制剂等。

4. 适应证

昏迷或体质虚弱处于消耗状态的患者；手术前后的危重病人；化疗期间胃肠反应严重的癌症病人；代谢亢进，摄入食物不能满足营养需要的患者；不能正常摄取食物的病人，均可以考虑给予氨基酸制剂。输入氨基酸时，适当补充糖、电解质、维生素等效果更好。

二、蛋白质的消化、吸收与腐败

各种生物体都有其特异的蛋白质组成成分与结构，因此，人和动物不能利用与体内分子结构不同的食物蛋白质来直接修补组织，而必须先在胃肠道内消化成为简单的氨基酸，吸收后再重新合成自身特有的蛋白质。

（一）蛋白质消化

蛋白质是高分子化合物，不仅难以通过细胞膜转运，而且具有很高的免疫抗原性。异体蛋白质进入人体会引起免疫学反应，因此蛋白质没有经过消化，不仅难以被肠道吸收而且偶尔有少量未消化的蛋白质通过肠黏膜被吸收，在体内产生特异性抗体，当下次再吸收同样的蛋白质时就会发生过敏反应或其他免疫现象，如强烈的喷嚏、皮疹、头疼、呕吐等，甚至休克而死亡。例如，某些海洋动物因含有特异性的蛋白质，过多摄入则可引起过敏反应。

唾液中不含有水解蛋白质的酶，故食物蛋白质的消化自胃中开始。食物蛋白质进入胃部后，刺激胃黏膜的细胞分泌胃蛋白酶原，胃蛋白酶原在相关因子的激活下转变成胃蛋白酶，在胃蛋白酶作用下蛋白质被水解为大小不一的肽片段和少量氨基酸。由于食物在胃中停留时间较短，蛋白质在胃中消化很不完全。在小肠中在胰液蛋白酶和其他多种酶的作用下最终完全被水解成氨基酸。

（二）氨基酸吸收

氨基酸的吸收主要在小肠中进行，是一个耗能的主动吸收过程。蛋白质消化的终产物为氨基酸和小肽（主要为二肽、三肽），可被小肠黏膜所吸收。然而，小肽吸收进入小肠黏膜细胞后，即被胞质中的肽酶（二肽酶、三肽酶）水解成游离氨基酸，然后离开细胞进入血液循环。

（三）蛋白质腐败

食物蛋白质95%以上在胃、小肠被消化吸收。未消化的食物残渣能为肠道细菌提供养料而加速其生长繁殖。肠道细菌对那些残余的蛋白质、多肽及未被吸收的氨基酸所起的分解作用，称为蛋白质的腐败作用（Protein Putrefaction）。腐败作用实际上是细菌本身的代谢活动，腐败作用的大多数产物对人体有害，但也产生少量脂肪酸及维生素（如维生素K、B_{12}、B_6、叶酸、生物素）被机体利用。

对人体有害的腐败产物有胺类、氨、酚类、吲哚、硫化氢和甲烷等。在生理情况下，这些有害物质大部分随粪便排出，只有少量被吸收，经肝的生物转化作用后可以解除毒性，故不会发生中毒现象。

机体有一定的解毒能力，但如果食物（特别是鱼肉）保存不好，受细菌作用而腐败后，食入人体内可发生中毒现象，这是由于有毒食物在小肠吸收过多，超过机体的解毒能力，而且细菌本身也会产生特殊毒素。

当发生肠梗阻时，由于患者肠道不畅，肠内容物在肠腔内停留时间过长，产生的腐败产物增加，过量的腐败产物被肠道吸收，肝解毒不完全，引起机体中毒。中毒后，病人会产生头痛、头晕甚至血压升高或降低等全身中毒症状。

思考：肠梗阻患者或长期便秘为什么会引起中毒？

第二节　氨基酸的一般代谢

一、氨基酸代谢概况

（一）氨基酸的来源

体内氨基酸的来源有3方面：

（1）肠道吸收的氨基酸。食物蛋白经过消化吸收后，以氨基酸的形式由门静脉入肝，通过血液循环运送到全身的各组织。这种来源的氨基酸称为外源性氨基酸。参与机体代谢的氨基酸有三分之一来自食物，特别是必需氨基酸都靠食物提供。

（2）组织蛋白质分解产生的氨基酸。机体各组织的蛋白质在各种蛋白酶的作用下，不断地分解成为氨基酸。

（3）组织细胞合成的氨基酸，机体还能合成部分氨基酸（非必需氨基酸）。

后两种来源的氨基酸称为内源性氨基酸。

（二）氨基酸的去路

体内氨基酸的去路大致有 3 方面：

（1）合成组织蛋白质。这是主要的代谢去路，正常成人体内 75% 的氨基酸用于合成组织蛋白质。

（2）转变成多种有特殊生理功能的其他含氮化合物，如嘌呤、嘧啶、肾上腺素、黑色素、血红素、肾上腺激素等。

（3）分解代谢。氨基酸都有共同的基团——氨基和羧基，故也有相似的代谢途径。氨基酸的主要分解途径是经脱氨基作用，生成 α-酮酸和氨。α-酮酸既可氧化成 CO_2 和 H_2O，并产生能量，又可转变成糖、脂肪或再经氨基化合生成非必需氨基酸。产生的氨大部分在肝中合成尿素，小部分可合成谷氨酰胺或其他化合物。有些氨基酸有其个别分解途径，如脱羧基产生 CO_2 和胺类，或产生一碳单位进行代谢等。

（三）氨基酸代谢池

食物蛋白质经消化吸收，以氨基酸形式进入血液循环及全身各组织，组织蛋白质又经常降解为氨基酸，这两种来源的氨基酸（外源性和内源性）混合在一起，存在于细胞内液、血液和其他体液中，总称为氨基酸代谢池，如图 9－1 所示。正常情况下，代谢池中氨基酸的来源与去路之间保持着动态平衡，因此氨基酸的含量也保持相对稳定。

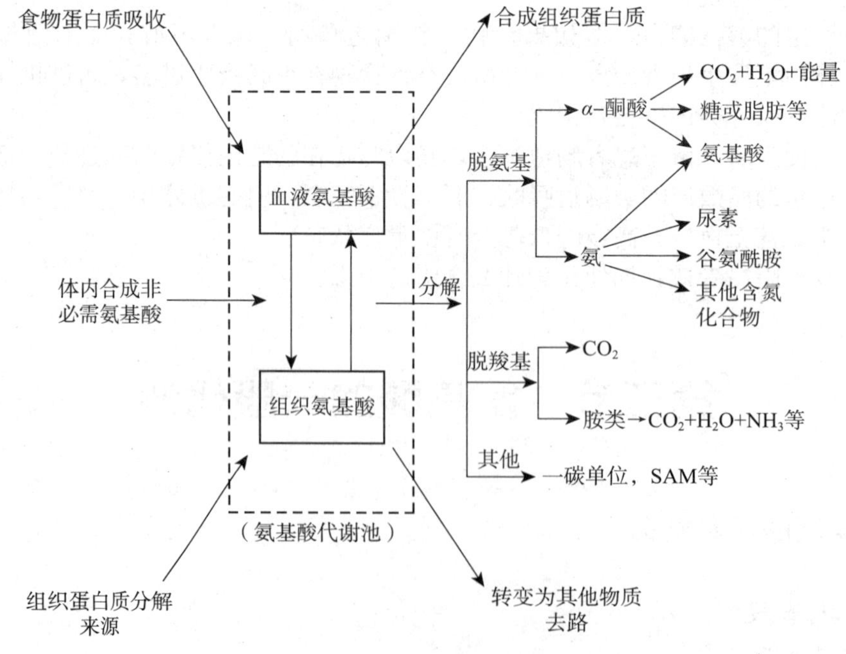

图 9－1　氨基酸代谢概况

二、氨基酸脱氨基作用

人和动物体内的氨基酸分解脱去氨基同时生成相应的α-酮酸和氨的过程称为脱氨基作用。这是氨基酸在体内分解的主要方式。参与人体蛋白质合成的氨基酸共有20种，它们的结构不同，脱氨基的方式也不同，主要有氧化脱氨基作用、转氨基作用、联合脱氨基作用等，其中以联合脱氨基作用最为重要。

（一）氧化脱氨基作用（Oxidative Deamination of L-glutamate）

有些氨基酸在脱去氨基的同时也有氧化的过程，称为氧化脱氨基作用。用动物的肝或肾切片做实验，曾发现多种氨基酸能在供氧的条件下分解成氨与α-酮酸。

L-谷氨酸脱氢酶催化的反应是体内重要的氧化脱氨基反应，该酶催化L-谷氨酸氧化脱氨生成α-酮戊二酸。该反应可逆，逆反应是体内α-酮酸生成非必需氨基酸的方式之一。

L-谷氨酸脱氢酶以 NAD^+ 或 $NADP^+$ 为辅酶，特异性强，分布广泛，在肝脏中含量最为丰富，其次是肾、脑，心、肺等，骨骼肌中最少。L-谷氨酸氧化脱氨基反应分两步进行，如图9-2所示。

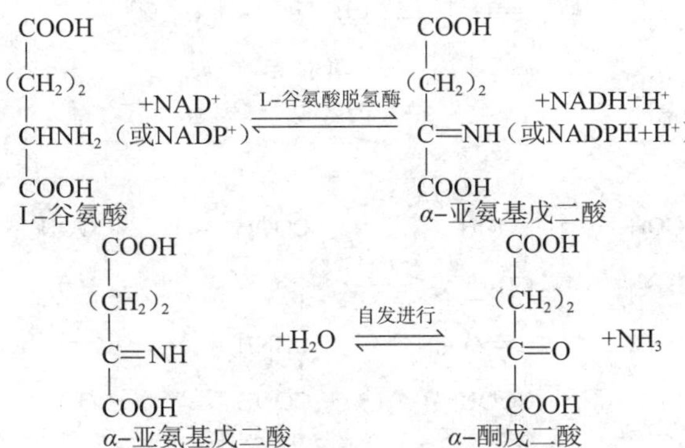

图9-2 谷氨酸的氧化脱氨基反应

整个过程实际上包括脱氢与水解两个化学反应。脱氢反应是酶促反应，它的产物是亚氨基酸，亚氨基酸在水溶液中极不稳定，易于分解，所以自发地分解为α-酮酸和氨。L-谷氨酸脱氢酶不但能催化谷氨酸的氧化脱氨基，生成α-酮戊二酸和氨，而且能催化其逆反应过程，使α-酮戊二酸和氨合成谷氨酸，反应平衡点偏向合成谷氨酸，是发酵工业生产味精的基本原理。

（二）转氨基作用（Transamination）

1. 转氨作用的概念

转氨基作用是在转氨酶的催化下，α-氨基酸的氨基与α-酮酸的酮基之间进行互换的可逆反应。α-酮酸生成相应的氨基酸，而原来的氨基酸则转变为相应的α-酮酸，此反应可逆，是体内合成非必需氨基酸的又一方式。在反应过程中没有游离的氨生成。如图9-3所示为转氨基的作用反应。

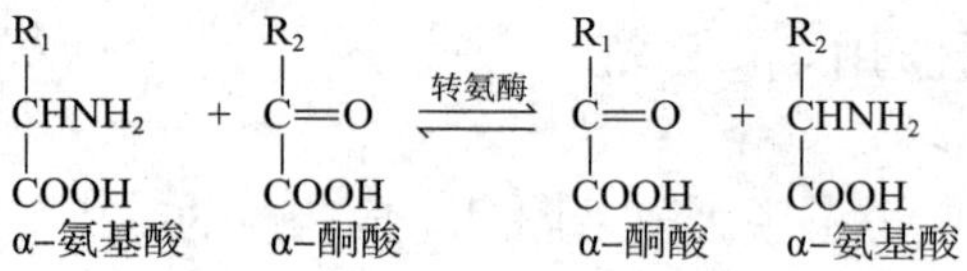

$$R_1CH(NH_2)COOH\ (\alpha\text{-氨基酸}) + R_2C(=O)COOH\ (\alpha\text{-酮酸}) \xrightleftharpoons{\text{转氨酶}} R_1C(=O)COOH\ (\alpha\text{-酮酸}) + R_2CH(NH_2)COOH\ (\alpha\text{-氨基酸})$$

图 9－3　转氨基的作用反应

2. 转氨酶

转氨酶亦称氨基转移酶，种类多、分布广，其中最重要的转氨酶是谷氨酸丙酮酸转氨酶（简称谷丙转氨酶，GPT）和谷氨酸草酰乙酸转氨酶（简称谷草转氨酶，GOT）。这两种转氨酶在人体内广泛进行，但各组织中含量不等。

3. 测定转氨酶的临床意义

转氨酶是一种结合酶，其辅酶是磷酸吡哆醛或磷酸吡哆胺（含维生素 B_6）。通过辅酶的相互转变，完成氨基的传递过程，如图 9－4 所示。

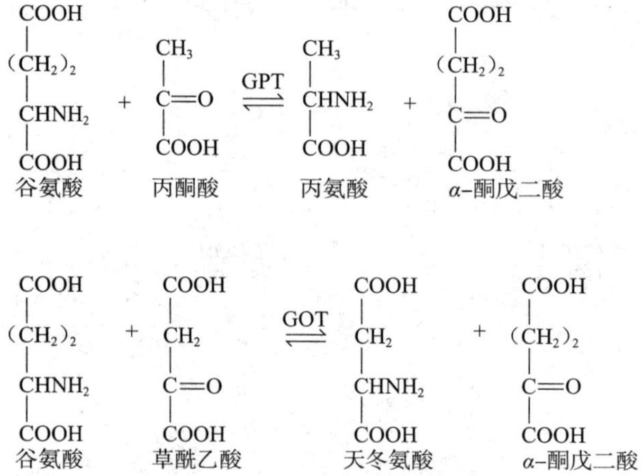

$$HOOC(CH_2)_2CH(NH_2)COOH\ (\text{谷氨酸}) + CH_3C(=O)COOH\ (\text{丙酮酸}) \xrightleftharpoons{GPT} CH_3CH(NH_2)COOH\ (\text{丙氨酸}) + HOOC(CH_2)_2C(=O)COOH\ (\alpha\text{-酮戊二酸})$$

$$HOOC(CH_2)_2CH(NH_2)COOH\ (\text{谷氨酸}) + HOOCCH_2C(=O)COOH\ (\text{草酰乙酸}) \xrightleftharpoons{GOT} HOOCCH_2CH(NH_2)COOH\ (\text{天冬氨酸}) + HOOC(CH_2)_2C(=O)COOH\ (\alpha\text{-酮戊二酸})$$

图 9－4　转氨酶反应图

转氨酶主要分布在细胞内，血清中活性较低。谷丙转氨酶在肝脏的活性最大，谷草转氨酶在心脏的活性最高。若肝脏发生病变引起肝细胞坏死或肝细胞膜通透性增加时，则谷丙转氨酶从细胞内释出，大量进入血液，造成血清中谷丙转氨酶活性明显升高，尤其是急性肝炎时增高特别明显。在心肌梗死时，血液中谷草转氨酶活性明显增高，但这都不是病变的唯一指标，在诊断时还应根据其他指标和临床症状来确诊。

新药研究中，有关治疗肝脏疾病的药物，或涉及在肝脏解毒的药物等，也常测定转氨酶的活性作为重要的观察指标。

（三）联合脱氨基作用（Combined Deamination）

通过转氨基作用并无游离的氨产生，仅仅是氨基酸与 α-酮酸互换基团而已。而氧化脱氨基作用仅限于 L-谷氨酸，其他氨基酸并不能直接经这一途径脱去氨基。事实上，体内绝大多数氨基酸的脱氨基作用，既经过转氨基作用，又通过氧化脱氨基作用，这种方式称为联合脱氨基作用。这样的联合方式主要有以下两种。

1. 与氧化脱氨基作用联合脱氨

如图 9－5 所示，通常氨基酸和 α-酮戊二酸先通过转氨基作用生成谷氨酸，后者再进行氧化脱氨而释放出氨，并生成 α-酮戊二酸，即转氨基作用与氧化脱氨基作用联合。这种联合脱氨基作用主要在肝、肾、脑等组织中进行。

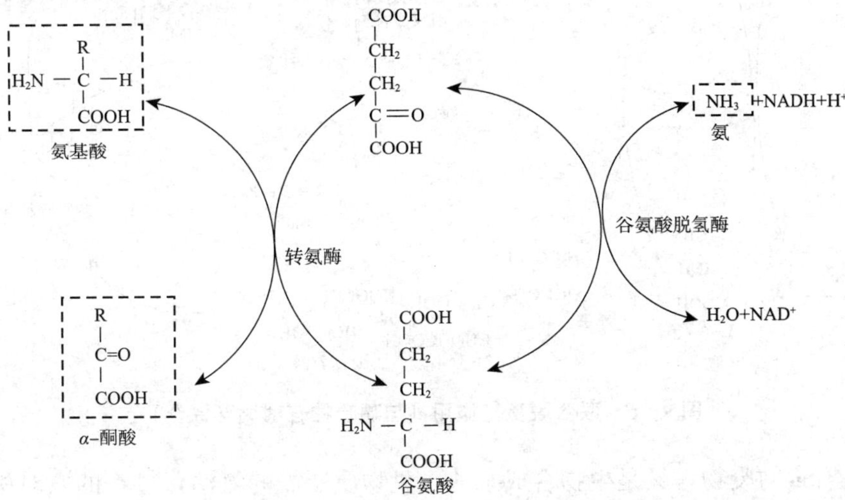

图 9－5　联合脱氨基作用（与氧化脱氨基作用联合）

谷草转氨酶参与催化联合脱氨基作用的酶在体内分布广、活性高，在体内容易进行，是体内主要的脱氨基方式，且反应可逆，也是体内合成非必需氨基酸的重要途径。

2. 与嘌呤核苷酸循环联合脱氨

骨骼肌中谷氨酸脱氢酶活性很低，氨基酸可通过嘌呤核苷酸循环而脱去氨基，这可能是骨骼肌中的氨基酸主要的脱氨基方式。

氨基酸首先经连续的转氨基作用，将氨基转移给草酰乙酸，生成天冬氨酸；天冬氨酸和次黄嘌呤核苷酸（IMP）反应生成腺苷酸代琥珀酸，后者裂解释放出延胡索酸，同时生成腺嘌呤核苷酸（AMP），AMP 又在腺苷酸脱氨酶催化下脱去氨基生成次黄嘌呤核苷酸，IMP 可以再参加循环。由此可见，嘌呤核苷酸循环实际上也可以看成是另一种形式的联合脱氨基作用，如图 9－6 所示。

嘌呤核苷酸循环在肌肉组织代谢中具有重要作用，因为此过程有一个非常重要的中间产物——草酰乙酸，可在肌肉活动增加时，增强三羧酸循环以供能，所以腺苷酸脱氨酶缺乏者，容易疲劳，运动后常出现痛性痉挛。这种形式的联合脱氨是不可逆的，因而不能通过其逆过程合成非必需氨基酸。这一代谢途径不仅把氨基酸代谢与糖代谢、脂代谢联系起来，而且也把氨基酸代谢与核苷酸代谢联系起来。

三、氨的代谢（Metabolism of Ammonia）

组织中经常含有极少量的氨，这些氨除少量来自氨基酸的脱氨基作用外，还有来自核酸与核苷酸中嘌呤或嘧啶分解产生的氨，总称为内源性氨；肝门静脉中氨的含量特别高，这是因为肠道中的细菌将氨基酸及其他含氮化合物分解而释放出的氨，称为外源性氨。

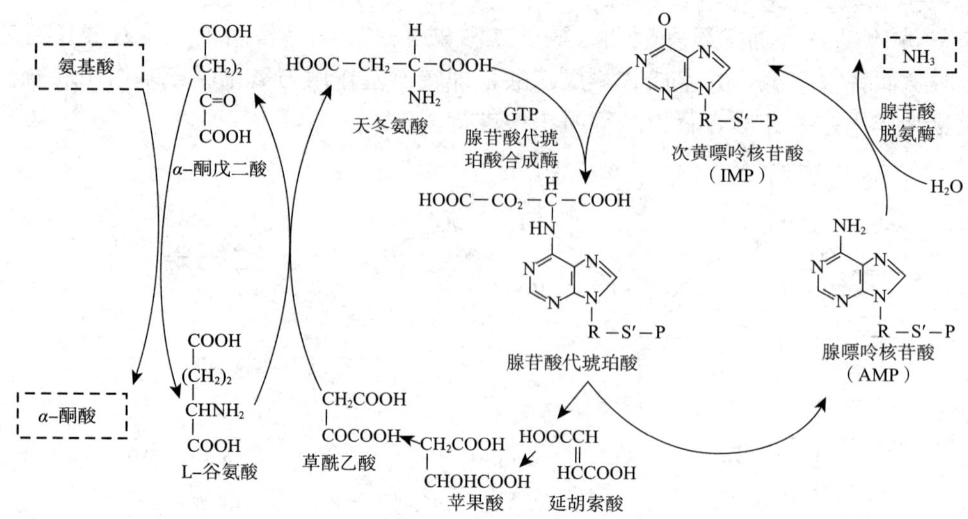

图9-6　联合脱氨基作用（与嘌呤核苷酸循环联合）

氨既是有毒的废物，又是生物合成某些含氮物质所需的氮源，过量的氨对机体是有毒的，在体内不能大量积存。特别是高等动物的脑对氨极为敏感，血液中1%的氨就可引起中枢神经系统中毒，氨中毒的症状表现为语言紊乱、视力模糊，机体发生一种特有的震颤，甚至昏迷或死亡。因此氨的排泄是生物机体维持正常的生命活动所必需的。

人体内有一套去除氨的代谢机构，即能将氨转变为无毒的化合物，其中最重要的是在肝脏将氨与二氧化碳形成尿素；其次是在肝、肾、脑等组织中与谷氨酸结合成谷氨酰胺；还有极小部分氨重新被用于合成氨基酸。

氨的来源与去路如图9-7所示。

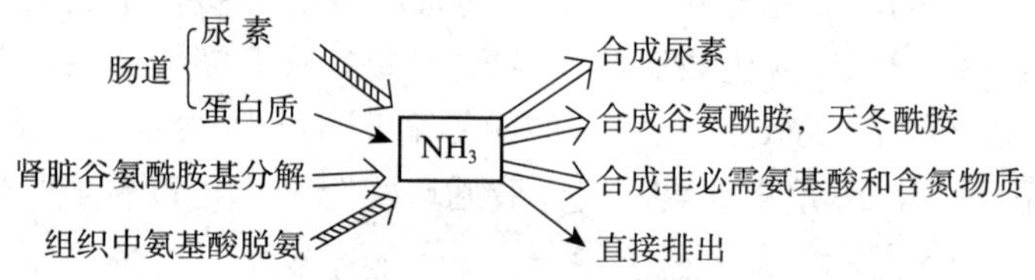

图9-7　氨的来源与去路

（一）尿素的合成（Formation of Urea）

体内的氨主要在肝脏合成尿素而排出体外，这是体内解氨毒的主要方式。

血与尿中尿素的含量是随蛋白质分解代谢的强度而增加的，所以尿素是蛋白质分解代谢的最终产物，尿素无毒性，水溶性强，可由肾脏经尿排出。尿中含氮废物以尿素为主，占尿中总氮量的80%～90%。所以，肾脏有病变时，含氮废物不能很顺利地排出体外，导致血中尿素增加。

尿素在肝脏内的合成是由一系列酶催化的，NH_3 和 CO_2 先与鸟氨酸结合成瓜氨酸，后者再与1分子氨结合成精氨酸，最后精氨酸在精氨酸酶催化下水解成尿素与鸟氨酸。鸟氨酸又可重复上述反应，所以尿素在肝脏内合成的全过程称为鸟氨酸循环。总的结果是：

$$2NH_3+CO_2 \longrightarrow CO(NH_2)_2+H_2O$$

主要反应过程如下：

（1）氨基甲酰磷酸的合成：在肝细胞的线粒体内，NH_3 与 CO_2 由氨基甲酰磷酸合成酶催化，在 ATP、Mg^{2+} 参与合成氨基甲酰磷酸，反应式如下：

$$CO_2+NH_3+2ATP+H_2O \longrightarrow \underset{\text{氨基甲酰磷酸}}{NH_2COO\text{Ⓟ}}+2ADP+Pi$$

（2）瓜氨酸的合成：氨基甲酰磷酸在线粒体内经鸟氨酸氨基甲酰转移酶的催化，将氨基甲酰转移至鸟氨酸而合成瓜氨酸，后者经膜载体运至胞液（见图 9－8）。

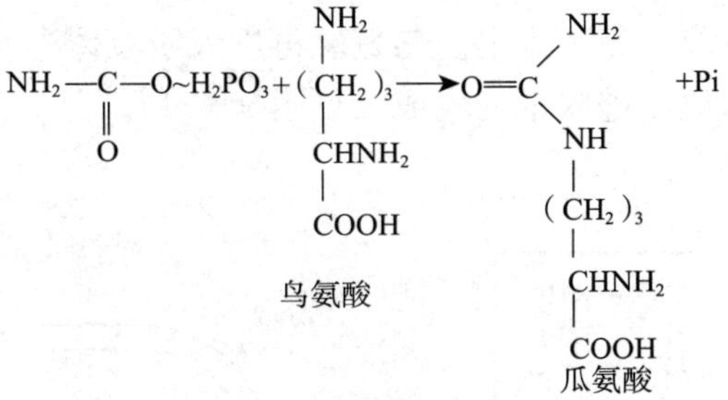

NH₂—C(=O)—O~H₂PO₃ + 鸟氨酸 [NH₂—(CH₂)₃—CHNH₂—COOH] ⟶ 瓜氨酸 [O=C(NH₂)—NH—(CH₂)₃—CHNH₂—COOH] + Pi

鸟氨酸　瓜氨酸

图 9－8　瓜氨酸的合成反应

（3）精氨酸的合成：在胞液中，瓜氨酸经精氨酸代琥珀酸合成酶的催化，与天冬氨酸反应生成精氨酸代琥珀酸，后者再受精氨酸代琥珀酸裂解酶的催化，裂解为精氨酸和延胡索酸。此过程消耗 ATP（见图 9－9）。

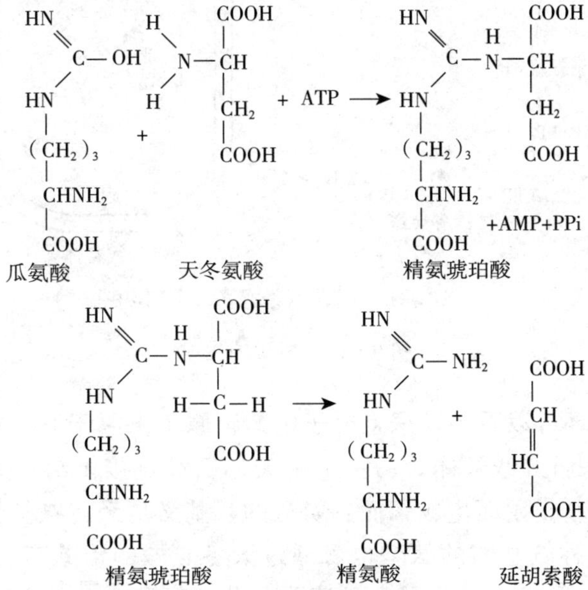

瓜氨酸 [HN=C(OH)—HN—(CH₂)₃—CHNH₂—COOH] + 天冬氨酸 [H₂N—CH(COOH)—CH₂—COOH] + ATP ⟶ 精氨琥珀酸 [HN=C(—NH—CH(COOH)—CH₂—COOH)—HN—(CH₂)₃—CHNH₂—COOH] + AMP + PPi

精氨琥珀酸 [HN=C(—NH—CH(COOH)—CH₂—COOH)—HN—(CH₂)₃—CHNH₂—COOH] ⟶ 精氨酸 [HN=C(NH₂)—HN—(CH₂)₃—CHNH₂—COOH] + 延胡索酸 [COOH—CH=CH—COOH]

瓜氨酸　天冬氨酸　精氨琥珀酸　精氨酸　延胡索酸

图 9－9　精氨酸的合成反应

（4）尿素的生成：在胞质中形成的精氨酸受精氨酸酶的催化生成尿素和鸟氨酸（见图 9－10）。

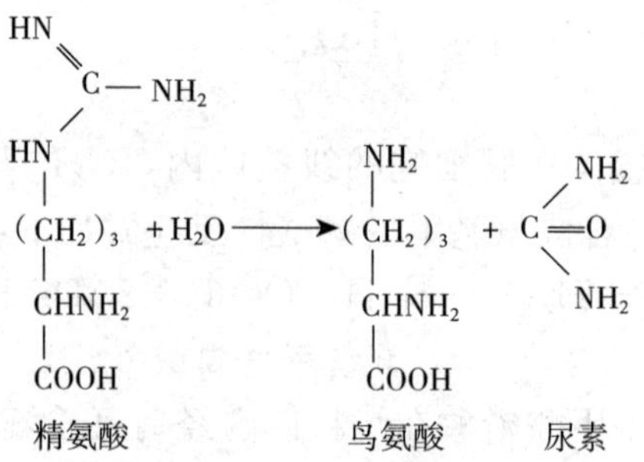

$$\underset{\text{精氨酸}}{HN{=}C(NH_2){-}NH{-}(CH_2)_3{-}CHNH_2{-}COOH} + H_2O \longrightarrow \underset{\text{鸟氨酸}}{NH_2{-}(CH_2)_3{-}CHNH_2{-}COOH} + \underset{\text{尿素}}{NH_2{-}C({=}O){-}NH_2}$$

图 9-10　尿素的生成反应

生成的尿素可进入血液，经肾排出。鸟氨酸再进入线粒体参与瓜氨酸的合成，通过鸟氨酸循环，如此周而复始地促进尿素的生成（见图 9-11）。

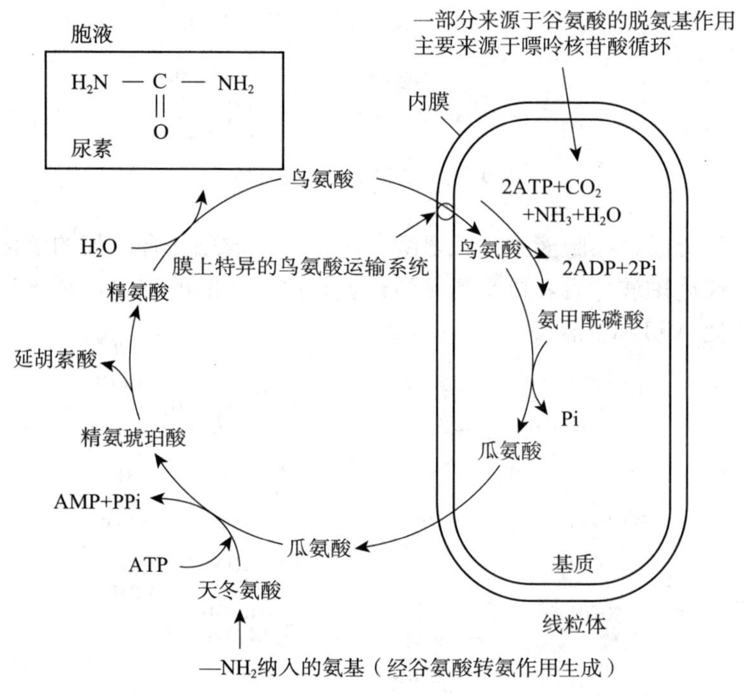

图 9-11　尿素的生成

从以上鸟氨酸循环可以看出，尿素分子中的碳原子来源于肝线粒体内的 CO_2，而在两个 NH_3 中，一个来自肝线粒体，另一个由天冬氨酸直接供给。天冬氨酸又可由草酰乙酸与谷氨酸经转氨基作用而生成，而谷氨酸的氨基又是经转氨基作用来自体内多种其他氨基酸。因此，多种氨基酸的氨基也可通过天冬氨酸的形式参与尿素的合成。尿素合成需要消耗 ATP。形成 1 分子尿素可清除 2 分子氨和 1 分子 CO_2。尿素属中性无毒物质，所以尿素的合成不仅可消除氨的毒性，还可减少 CO_2 溶于血液所产生的酸性。

尿素是人体蛋白质分解的终产物。在一般饮食条件下，食物蛋白质中 70%的氮以尿素的形式由尿排出。食物中蛋白质的含量愈高，从尿排出的尿素也愈多。当肾功能不全时，尿素排出量减少，血中尿素含量显著升高。因此，检查血中尿素氮的含量，是判断肾排泄功能的重要指标之一。

（二）合成谷氨酰胺

在脑、肝、肌肉等组织中，谷氨酰胺合成酶的活性较高，它催化氨与谷氨酸反应生成谷氨酰胺，反应需要消耗 ATP（见图 9－12）。谷氨酰胺由血液运送至肝或肾，再经谷氨酰胺酶催化，水解释放出氨。由谷氨酰胺分解生成的氨可在肝脏中合成尿素，或在肾脏中生成铵盐后随尿排出。

谷氨酰胺不仅参与蛋白质的合成，而且参与嘌呤核苷酸和嘧啶核苷酸的合成。由此可见，谷氨酰胺既是氨的解毒产物，又是氨的暂时储存和运输形式，故正常情况下，谷氨酰胺在血液中浓度远远高于其他氨基酸。在脑组织中，谷氨酰胺在固定氨和转运氨方面均起着重要作用。因此，临床上对氨中毒患者也可通过补充谷氨酸盐来降低氨浓度。

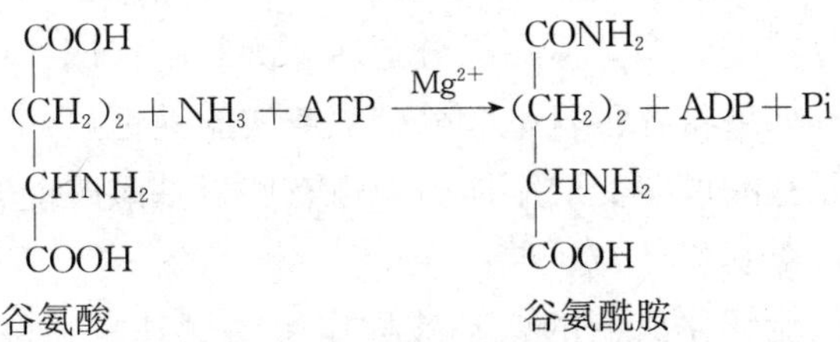

图 9－12　合成谷氨酰胺反应图

（三）重新利用

氨可使 α-酮酸氨基化生成某些非必需氨基酸。例如，丙酮酸氨基化生成丙氨酸，草酰乙酸氨基化生成天冬氨酸，α-酮戊二酸氨基化生成谷氨酸等。

氨还可参加嘌呤和嘧啶等化合物的合成。

（四）高氨血症和氨中毒

尿素循环是维持血氨低浓度的关键。当肝功能严重损伤时，尿素循环发生障碍，血氨浓度升高，称为高氨血症。一般认为，氨进入脑组织，可与 α-酮戊二酸结合成谷氨酸，谷氨酸又与氨进一步结合生成谷氨酰胺，从而使 α-酮戊二酸和谷氨酸减少，导致三羧酸循环减弱，从而使脑组织中 ATP 减少。谷氨酸本身为神经递质，且是另一种神经递质γ-氨基丁酸（GABA）的前体，其减少亦会影响大脑的正常生理功能，严重时可出现昏迷，这就是肝昏迷的氨中毒学说。

临床上常采用减低血氨的药物以治疗血氨增高的肝昏迷。常用的降血氨药物有谷氨酸、精氨酸和鸟氨酸等。谷氨酸能与血中过多的氨结合成无毒的谷氨酰胺，后者在肾脏经谷胺酰胺酶作用将氨解离，由尿排出；精氨酸与鸟氨酸的作用是促进尿素的形成。以上几种药物的作用在于增加氨的去路，与此同时应注意减少氨的来源，如限制患者摄入蛋白质或其他含氮物质，如果是由于肠道腐败作用加剧而致血氨大大增加时，则需用抗生素抑制细菌生长繁殖，以防止在肠道中的细菌使蛋白质继续腐败而产生氨。

另外，精氨酸和谷氨酸均为对人体有益的氨基酸，具有保肝护肝的作用，可恢复受损的肝功能，增强人体免疫能力。

思考：肝肾功能综合征患者为什么不宜高蛋白膳食？

四、α-酮酸的代谢

各种氨基酸的碳骨架差异很大，所生成的α-酮酸各不相同，其分解代谢途径也不相同，在体内，氨基酸经脱氨基后所生成的α-酮酸主要有下述3条去路。

（一）合成非必需氨基酸

循氨基酸脱氨基作用的逆向途径，α-酮酸经转氨基作用或还原加氨基化反应生成相应的氨基酸。这是机体合成营养非必需氨基酸的重要途径。

（二）转变成糖或酮体

患糖尿病的动物或人摄入蛋白质后，发现其尿中葡萄糖和酮体含量显著升高。由此推测，蛋白质在体内一部分转变为糖，另一部分则转变为脂肪代谢的中间产物，从而造成糖尿病患者体内酮体堆积。如果将各种氨基酸分别喂养实验性糖尿病动物，就能区别哪些氨基酸可转变成糖，哪些氨基酸可转变成酮体。但也有些氨基酸既能转变成糖，又能转变成酮体。根据上述情况，将氨基酸分为3类：

（1）生糖氨基酸。只能转化成糖的氨基酸称作生糖氨基酸。包括：甘氨酸、丝氨酸、缬氨酸、组氨酸、精氨酸、半胱氨酸、脯氨酸、丙氨酸、谷氨酸、谷氨酰胺、天冬氨酸、天冬酰胺和蛋氨酸。

（2）生酮氨基酸。只能转化成酮体的氨基酸称作生酮氨基酸。亮氨酸是生酮氨基酸。

（3）生糖兼生酮氨基酸。既可转化成糖又能转化成酮体的氨基酸称作生糖兼生酮氨基酸，有异亮氨酸、苏氨酸、色氨酸、赖氨酸、酪氨酸和苯丙氨酸。

（三）氧化供能

α-酮酸可通过一定的途径转变成丙酮酸、乙酰CoA或三羧酸循环的其他中间产物，进而彻底氧化分解生成CO_2和H_2O，并释放出能量供机体利用。这是α-酮酸代谢的主要去路。

第三节　个别氨基酸代谢

氨基酸由于化学结构上的共性表现出共同的代谢规律，但是氨基酸R基各异，几乎每种氨基酸又各有其代谢特点。因此在了解氨基酸一般代谢的基础上，研究特殊代谢有助于较全面认识氨基酸在体内的功能。下面介绍一些重要氨基酸的代谢途径。

一、氨基酸的脱羧基作用（Decarboxylation）

氨基酸除脱去氨基的分解代谢途径外，也可以脱去羧基产生相应的伯胺和CO_2。催化此反应的酶是氨基酸脱羧酶类（Amino Acid Decarboxylases），其辅酶为磷酸吡哆醛，含

维生素 B_6。反应通式为：

$$R—\underset{\underset{NH_2}{|}}{CH}—COOH \xrightarrow{\text{氨基酸脱羧酶}} R-CH_2NH_2+CO_2$$

氨基酸脱羧后形成的胺类化合物，有些是生物体的重要物质，如谷氨酸的脱羧基产物 γ-氨基丁酸；色氨酸经羟化及脱羧基后的产物 5-羟色胺；丝氨酸分解后生成胆碱，是构成磷脂的重要成分。然而有些胺类是有害的，如鸟氨酸分解生成腐胺，赖氨酸分解生成尸胺具有恶臭气味，对人体有毒性。

（一）γ-氨基丁酸（γ-aminobutyricacid，GABA）

脑组织中的谷氨酸脱羧酶活性很高，谷氨酸在此酶作用下可脱羧生成 γ-氨基丁酸。γ-氨基丁酸在大脑中含量较高，对中枢神经系统有抑制作用。老年人脑内 γ-氨基丁酸明显减少，使脑内噪声增加，神经信号减弱，导致老年人耳聋、眼花。γ-氨基丁酸可改善老年人感觉功能，使人耳聪目明，缺乏时导致癫痫等症状（见图 9－13）。

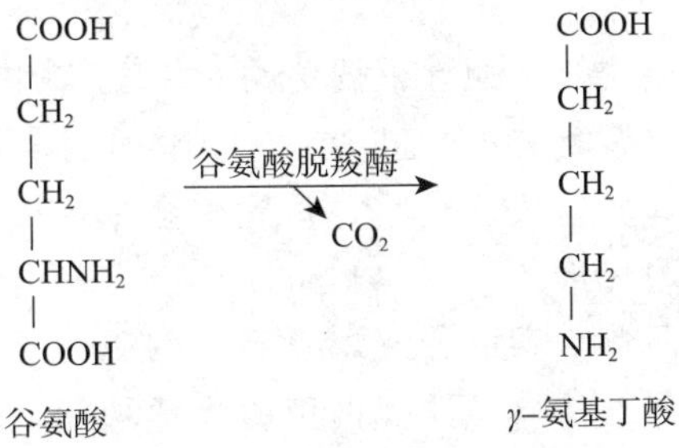

$$\underset{\text{谷氨酸}}{COOH-CH_2-CH_2-CHNH_2-COOH} \xrightarrow[\searrow CO_2]{\text{谷氨酸脱羧酶}} \underset{\gamma\text{-氨基丁酸}}{COOH-CH_2-CH_2-CH_2-NH_2}$$

图 9－13　γ-氨基丁酸合成图

（二）5-羟色胺（5-hydroxytryptamine）

色氨酸经羟化和脱羧生成 5-羟色胺。5-羟色胺也是一种神经递质，在大脑皮质和神经突触内含量很高，具有抑制作用，与神经传导、睡眠、镇痛、体温调节等有关。在外周组织，5-羟色胺是一种强血管收缩剂，但对骨骼肌血管主要呈扩张作用。它还能兴奋胃肠道平滑肌（见图 9－14）。

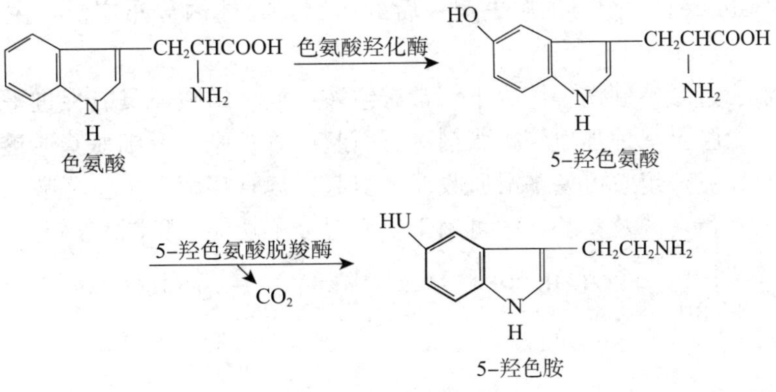

色氨酸（吲哚环-$CH_2CHCOOH$，NH_2）$\xrightarrow{\text{色氨酸羟化酶}}$ 5-羟色氨酸（HO-吲哚环-$CH_2CHCOOH$，NH_2）

$\xrightarrow[\searrow CO_2]{\text{5-羟色氨酸脱羧酶}}$ 5-羟色胺（HU-吲哚环-$CH_2CH_2NH_2$）

图 9－14　5-羟色胺生成图

（三）牛磺酸

牛磺酸（Taurine）是结合胆汁酸的组成成分，由半胱氨酸经氧化、脱羧后生成（见图 9－15）。

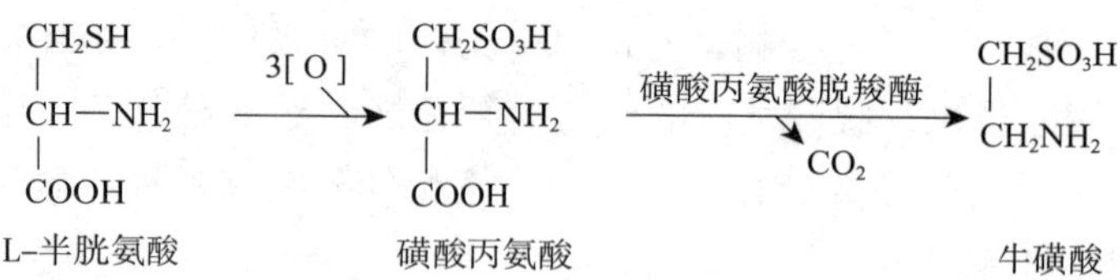

图 9－15　牛磺酸生成图

牛磺酸——补充母乳的关键

牛磺酸早在100多年前首先在牛胆汁中被发现。在畜、禽肉类，以及动物内脏、鱼类、墨鱼、章鱼、蛤、牡蛎、乳类等食物中含量丰富，对人体特别是婴幼儿具有十分重要的功能：

（1）促进脂肪、钙等营养物质的吸收，母乳中含牛磺酸量高，因此，母乳喂养的婴儿，很少出现消化不良的现象。

（2）增进大脑功能，调节激素的释放，提高脑细胞的活性，增强记忆力。

（3）维持视网膜功能，维持婴幼儿视网膜的生理功能，缺乏会出现视网膜功能障碍，导致视力下降。

（4）能提高机体免疫力，增加白细胞数量，增加吞噬细胞对病菌的杀伤力，对肠道造成酸性环境，有助于双歧杆菌的繁殖，减少肠道疾病的发生。

（5）保护心血管，具有明显的抗氧化作用，改善心脏的功能。

（四）组胺

组胺（Histamine）为组氨酸脱去羧基后的产物，在体内分布广泛，主要存在于胃黏膜、肝脏和肌肉等组织中。

在机体炎症、过敏及创伤等情况下，常有组胺释放。组胺还具有促进平滑肌收缩及分泌胃酸的作用。组胺是一种强血管扩张剂，可引起血管扩张，毛细血管通透性增加，造成血压下降，甚至休克。组胺可使平滑肌收缩，引起支气管痉挛而发生哮喘。组胺还能促进胃黏膜细胞分泌胃蛋白酶及胃酸，故可用于研究胃分泌功能（见图 9－16）。

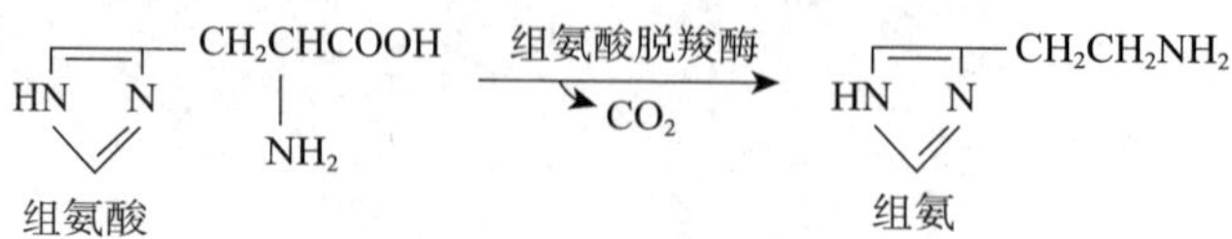

图 9－16　组胺生成图

（五）多胺

多胺（Polyamines）是指一类具有3个或3个以上氨基的化合物，主要有精脒（Spermidine）和精胺（Spermine）。鸟氨酸与蛋氨酸是合成多胺的前体（见图9-17）。

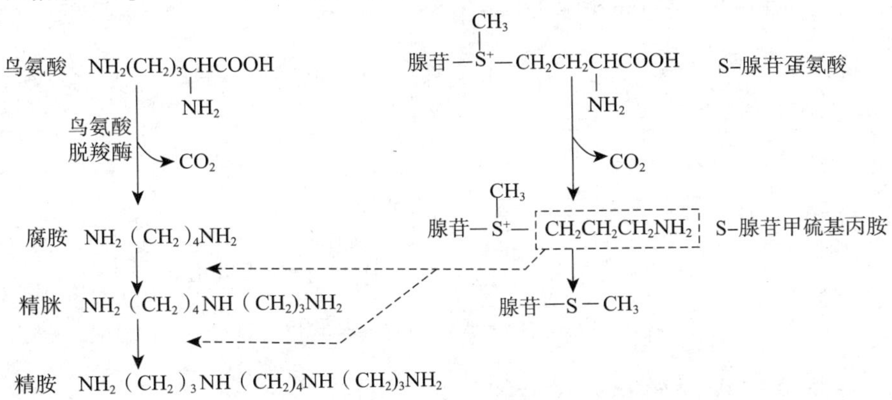

图9-17 多胺生成图

精脒和精胺能促进核酸和蛋白质的生物合成，与细胞增殖及生长相关，这是因为多胺带有多个正电荷，能吸引DNA和RNA之类的多聚阴离子，从而刺激DNA和RNA合成。已有的研究表明：在一些生长旺盛的组织和肿瘤组织中，与多胺合成有关的鸟氨酸脱羧酶活性很高，多胺含量也很高。目前临床上利用测定肿瘤病人血、尿中的多胺含量，来作为辅助诊断和观察病情的指标。

二、一碳单位代谢

（一）一碳单位的概念

某些氨基酸在分解代谢中，可产生含有一个碳原子的有机基团，称为一碳单位（One Carbon Group）或一碳基团。体内由氨基酸分解代谢产生的一碳单位主要有：甲基（$-CH_3$，Methyl）、亚甲基（$-CH_2-$，Methylene）、甲烯基（$-CH=$，Methemyl）、甲酰基（$-CHO$，Formyl）和亚氨甲基（$-CH=NH$，Forminino）。在体内它们可用于合成某些活性物质，如胆碱、肌酸、肾上腺素、嘌呤、嘧啶等。

凡是涉及一碳单位生成、转变、运输和参与物质合成的反应，统称为一碳单位代谢。一碳单位不能以游离形式存在，常与四氢叶酸（Tetrahydrofolic Acid，FH_4）结合在一起转运，参与代谢。因此，FH_4是一碳单位的载体，也可以看作一碳单位代谢的辅酶。一碳单位与FH_4结合后成为活性一碳单位而参与代谢，尤其在核酸的生物合成中占重要地位。一碳单位与FH_4结合的位点在FH_4的N^5和N^{10}上。

（二）一碳单位的来源与互变

一碳单位来自丝氨酸、甘氨酸、甲硫氨酸、色氨酸和组氨酸的分解代谢。一碳单位的来源、互变和利用如图9-18所示。

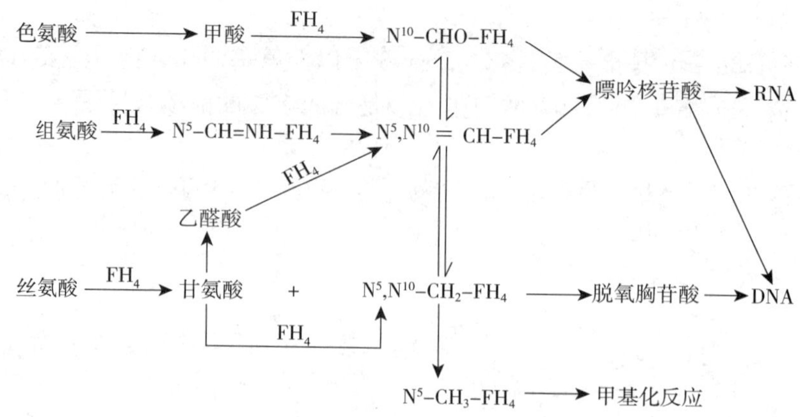

图 9－18　一碳单位的来源、互变和利用

（三）一碳单位代谢的生物学意义

一碳单位是合成嘌呤核苷酸和嘧啶核苷酸的原料，在核酸生物合成中占有重要地位，故一碳单位代谢与细胞增殖、组织生长等过程密切相关。正如乙酰 CoA 在联系糖、脂和蛋白质代谢中所起的枢纽作用一样，一碳单位在氨基酸和核酸代谢方面起重要的连接作用。另外，一碳单位还参与体内许多甲基化反应过程，如卵磷脂的合成。

（四）一碳单位代谢与新药设计

一碳单位代谢主要以 FH_4 为辅酶，若能影响叶酸的合成或影响叶酸转变为 FH_4，则可导致一碳单位代谢紊乱，影响正常的生命活动。根据这一生化原理，现已阐明了磺胺类药物抗菌作用机制，并发展了一类“抗叶酸代谢”的药物。

叶酸分子中含有对氨基苯甲酸（PABA）。叶酸是合成核酸和蛋白质的必需物质，也是细菌生长繁殖的必要条件之一。许多细菌须利用 PABA 来合成自身所需的叶酸，后者再还原为 FH_4。磺胺类药物的分子结构和官能团性质与 PABA 相似，可竞争性抑制叶酸合成酶的作用，而阻止叶酸的合成；甲氧苄啶（TMP）能强烈抑制细菌二氢叶酸还原酶的活性，阻止 FH_4 的生成。所以 TMP 与磺胺药合用时，可增强抗菌作用并减少药物用量，故称 TMP 为磺胺药增效剂。叶酸还原分解如图 9－19 所示。

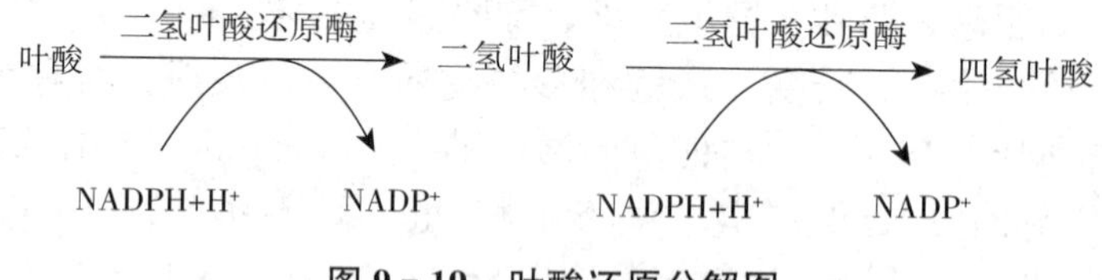

图 9－19　叶酸还原分解图

人体不能合成叶酸，需从外界食物供给；TMP 对人的二氢叶酸还原酶的抑制作用较弱。故磺胺药对人体 FH_4 的生成影响不大，即毒性较小。

抗叶酸代谢药如氨甲蝶呤等，其结构与叶酸相似，可竞争性抑制二氢叶酸还原酶的作用，从而阻止 FH_4 的合成，导致细菌和癌细胞的增殖被抑制。临床作为抗癌药物。但是，由于这类药物作用不仅对癌细胞有影响，对正常细胞也有影响，因而具有较大的毒性。

三、含硫氨基酸的代谢

体内含硫氨基酸有 3 种，即蛋氨酸、半胱氨酸和胱氨酸。这 3 种氨基酸的代谢是相互联系的，蛋氨酸可以转变为半胱氨酸和胱氨酸，半胱氨酸和胱氨酸也可以互变，但后二者不能变为蛋氨酸，因此蛋氨酸是必需氨基酸。

（一）蛋氨酸和转甲基作用

蛋氨酸分子中含有 S-甲基，当它与 ATP 反应时生成 S-腺苷蛋氨酸（SAM）。后者是一个极为活泼的甲基供体，能为核苷酸、肾上腺素、肌酸、胆碱等物质的合成提供甲基。如图 9－20 所示的是蛋氨酸反应图。

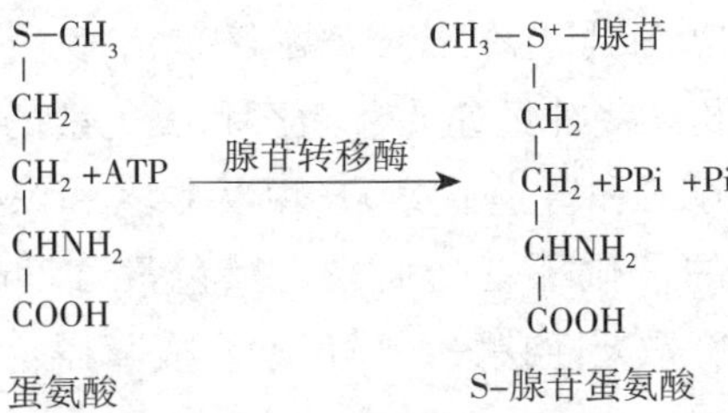

图 9－20　蛋氨酸反应图

（二）半胱氨酸及胱氨酸的代谢

半胱氨酸与胱氨酸的互变，半胱氨酸含巯基（—SH），胱氨酸含二硫键（—S—S—），二者可通过氧化还原而互变。

胱氨酸不参与蛋白质的合成，蛋白质中的胱氨酸由半胱氨酸残基氧化脱氢而来。两个半胱氨酸分子间所形成的二硫键在维持蛋白质构象中起着很重要的作用。体内许多重要的酶，如乳酸脱氢酶、琥珀酸脱氢酶的活性都与巯基有关。当巯基被氧化成二硫键或被某些毒物结合时，酶的活性丧失。某些毒物，如重金属离子 Pb^{2+}、Hg^{2+} 等均能与酶分子上的巯基结合而抑制酶活性，从而发挥其毒性作用。二硫基丙醇可使已被毒物结合的巯基恢复原状，具有解毒功能。

半胱氨酸可经氧化、脱羧生成牛磺酸，后者是结合胆汁酸的组成成分。

谷胱甘肽（Glutathione，GSH）是由谷氨酸分子中的 γ-羧基与半胱氨酸和甘氨酸在体内合成的三肽，它的活性基团是半胱氨酸残基上的巯基。GSH 有还原型和氧化型两种形式可以互变。

GSH 在维持细胞内巯基酶的活性和使某些物质处于还原状态（如使高铁血红蛋白还原成血红蛋白）时本身被氧化成 GS—SG，后者可由细胞内存在的谷胱甘肽还原酶使之再还原成 GSH，NADPH 为其辅酶。

此外，红细胞中的 GSH 还和维持红细胞膜结构的完整性有关，若 GSH 显著降低则红细胞易破裂。在细胞内，GSH 与 GS—SG 的比例一般维持在 100∶1 左右。

四、芳香族氨基酸的代谢

芳香族氨基酸包括苯丙氨酸、酪氨酸和色氨酸。

（一）苯丙氨酸及酪氨酸的代谢

苯丙氨酸和酪氨酸的结构相似。苯丙氨酸在体内经苯丙氨酸羟化酶（Phenylalanine Hydroxylase）催化生成酪氨酸，然后再生成一系列代谢产物。若苯丙氨酸羟化酶先天性缺失，则苯丙氨酸羟化生成酪氨酸这一主要代谢途径受阻，于是大量的苯丙氨酸走次要代谢途径，即转氨生成苯丙酮酸，导致血中苯丙酮酸含量增高，并从尿中大量排出，这即是苯丙酮酸尿症（Phenylketonuria，PKU）。苯丙酮酸的堆积对中枢神经系统有毒性，使患儿智力发育受障碍，这是氨基酸代谢中最常见的一种遗传疾病，其发病率为0.8/10 000～1/10 000，患儿应及早用低苯丙氨酸膳食治疗。

酪氨酸的进一步代谢涉及某些神经递质、激素和黑色素的合成。例如，酪氨酸是合成儿茶酚胺类激素（去甲肾上腺素和肾上腺素）、甲状腺素和黑色素的原料。在体内，黑色素主要由酪氨酸在酪氨酸酶的催化下转变而来。黑色素含量越多，则皮肤与毛发颜色越深。若合成过程中的酪氨酸酶先天性缺失，黑色素合成障碍，皮肤、毛发等发白，称为白化病（Albnism）。

白化病是一种遗传性皮肤病，为常染色体隐性遗传，是一种色素缺乏病，可分全身性白化病和局部性白化病两种，以前者最为常见。其发病机理是先天性酪氨酸酶功能缺陷，不能使酪氨酸转变成黑色素，从而导致皮肤、黏膜、毛发、眼等白化。出生后全身皮肤、毛发缺乏黑色素而呈白色。皮肤对阳光非常敏感，很容易发生晒伤，易患皮肤癌。眼睛受阳光照晒会发生畏光、流泪、早年发生白内障。患者要做好预防，加强保护。

紫外线能促进黑色素的分泌及在皮肤上的沉着，因此，室外经常暴露于日光下者，皮肤比较黑，而且容易长斑。

酪氨酸脱羧生成的酪胺具有升血压作用。正常时，酪胺、肾上腺素等一些胺类物质在肝被单胺氧化酶氧化分解而失活。当用单胺氧化酶抑制剂（如异烟肼类药物）治疗某些疾病时，应禁食含酪胺量多的食物，如干酪、酸牛奶、酒类等，否则可引起严重高血压。可见，在使用某些药物时，适当禁食一些物质是必要的。

（二）色氨酸的代谢

色氨酸是必需氨基酸，大多数蛋白质中含量均较少，机体对其摄取少、分解亦少。除参加蛋白质合成外，还可经氧化脱羧生成5-羟色胺（5-HT），并可降解产生生糖、生酮成分，还可产生烟酸，这是合成维生素的特例。

褪黑激素由松果体产生，系5-HT的衍生物，具有促进、诱导自然睡眠，提高睡眠质量的作用，无依赖性，不成瘾，是传统安眠药的理想替代品。此外，尚有维持和恢复性功能的作用。

第四节 糖、脂肪、氨基酸代谢之间的联系

生物体内的新陈代谢是一个完整而统一的过程，这些代谢过程是密切地相互促进和相互制约的。糖、脂类和蛋白质代谢的密切联系，主要表现于三者的各个代谢的中间产物可以互相转变。蛋白质和脂肪代谢进行的程度取决于糖代谢进行的程度。当糖和脂肪不足时蛋白质的分解就增强，当糖多时又可减少脂肪的消耗。由于糖、脂类和蛋白质之间有着密切的相互关系，对机体的正常生理活动起着重要的保证作用，同时体内存在有一系列的代谢调节，因而使各个代谢反应成为完整而统一的过程。

在合成代谢方面，它们在一定条件下可以相互转变。这种转变是通过它们在代谢过程中所产生的中间产物，如丙酮酸、乙酰 CoA、草酰乙酸和 α-酮戊二酸等来实现的，如图 9 - 21 所示。糖、脂类可以转变成蛋白质分子中的某些非必需氨基酸，但不能转变成必需氨基酸。反之，蛋白质的分解产物 α-酮酸可以转变成糖或脂类。糖和脂类之间也可以互变，来自食物的糖除合成糖原储存外，经常有一部分转变为脂肪储存起来。反过来，脂肪的分解产物甘油也可以转变为糖。

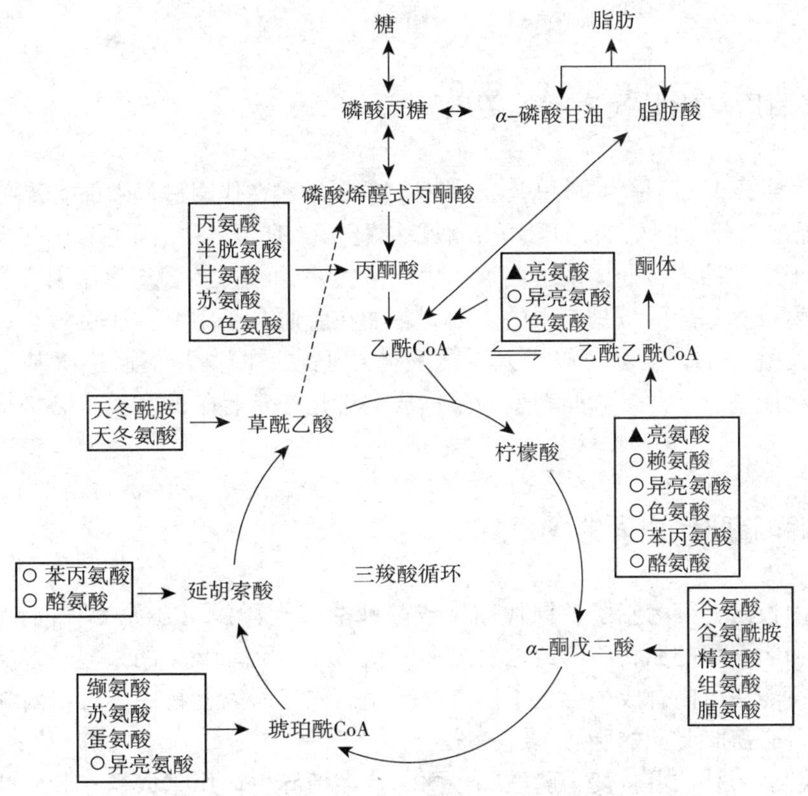

图 9 - 21 氨基酸、糖及脂肪代谢的联系

注：▲ 生酮氨基酸 ○ 生糖兼生酮氨基酸 未标记的为生糖氨基酸

在分解代谢方面，它们虽然都能氧化成 CO_2 和 H_2O，并释放能量，但由于各自的生理功效不同，因此在氧化供能上以糖和脂肪为主，其中特别是糖氧化分解释放的能量为体内能量的主要来源。这样不仅节约了蛋白质的消耗，还有利于蛋白质的合成和氨的解毒。

下面分别讨论各个物质代谢间的相互关系。

一、蛋白质与糖代谢的关系

许多氨基酸是生糖氨基酸，即这些氨基酸脱氨基后生成的 α-酮酸可转变为糖，如丙酮酸、半胱氨酸、甘氨酸及丝氨酸等均可生成丙酮酸。谷氨酸、组氨酸及精氨酸等可转变成 α-酮戊二酸。天冬氨酸可生成草酰乙酸。上述中间产物都能经糖异生途径生成糖，因此，蛋白质在体内是可以转变成糖的。

组成蛋白质的 20 种氨基酸，大多数是非必需氨基酸，这些氨基酸有的可以互相转变，其碳链部分还可以依靠糖来合成。例如，糖代谢的中间产物丙酮酸、α-酮戊二酸、草酰乙酸经氨基化后分别生成丙氨酸、天冬氨酸和谷氨酸。然而，必需氨基酸在体内无法合成，这是因为机体不能合成与它们对应的 α-酮酸。因为依靠糖来合成整个蛋白质分子中各种氨基酸的碳链在机体内是不可能的，所以，不能完全用糖来代替食物中蛋白质的供应。相反，蛋白质在一定程度上可以代替糖。

二、蛋白质与脂肪代谢间的关系

无论是生糖氨基酸还是生酮氨基酸，其对应的 α-酮酸在代谢过程中都能转变为乙酰 CoA，进而合成脂肪酸再合成脂肪，甘油可由生糖氨基酸合成。所以，蛋白质可以转变为脂肪。

脂肪分子中甘油可转变为磷酸丙糖，生成某些 α-酮酸再经氨基化作用合成非必需氨基酸。但甘油生成氨基酸的量是有限的，因为甘油在脂肪分子中所占比例较少；脂肪酸经 β-氧化生成的乙酰 CoA，虽然可以进入三羧酸循环生成 α-酮酸，再通过氨基化转变为氨基酸，但需消耗能量。因此，脂肪转变为蛋白质的量是非常有限的，而且必需氨基酸不能从脂类合成。

三、糖和脂肪代谢间的关系

糖在体内极易转变为脂肪，糖代谢生成的磷酸二羟丙酮可还原为甘油，乙酰 CoA 是合成脂肪酸和胆固醇的原料。因此进食过多的糖，体力活动又少的人容易发胖。但是，必需脂肪酸是不能在体内合成的，也不能由糖转变而成，所以食物中不可绝对缺少脂肪的供给，尤其是含必需脂肪酸的脂肪供应。

脂肪分解后，甘油可转变为磷酸二羟丙酮，经糖异生作用生成糖；脂肪酸氧化生成乙酰 CoA，不能逆行转变为丙酮酸再生成糖，所以脂肪酸很难直接转变为糖。所以，脂肪大量合成糖是很困难的。

本章实验

转氨基作用

一、实验目的

1. 验证体内的转氨基作用。

2. 熟悉转氨基的过程及测定谷丙转氨酶（GPT）的临床意义。

二、实验原理

丙氨酸与α-酮戊二酸在 pH 7.4 时，经谷丙转氨酶（GPT）催化进行转氨基作用，生成丙酮酸和谷氨酸。丙酮酸与 2,4-二硝基苯肼作用，生成丙酮酸 2,4-二硝基苯腙。后者在碱性条件下，呈棕红色。本实验以肝和肌组织进行比较，用颜色的深浅表示酶活力的大小。

丙氨酸＋α-酮戊二酸→丙酮酸＋谷氨酸

丙酮酸＋2,4-二硝基苯肼→丙酮酸 2,4-二硝基苯腙（棕红色）

三、器材和试剂

1. 器材：研钵、试管及试管架、滴管、漏斗、剪刀、恒温水浴箱、脱脂棉等。

2. 试剂：

（1）0.1 mol/L pH 7.4 磷酸缓冲液。称取磷酸氢二钠（Na_2HPO_4）11.928 g，磷酸二氢钾（KH_2PO_4）2.176 g，溶于 1 000 mL 蒸馏水中。

（2）谷丙转氨酶基质液。称取 DL-丙氨酸 1.79 g（如用 L-丙氨酸，则只取 0.9 g），α-酮戊二酸 29.2 mg 于烧瓶中，加 0.1 mol/L pH 7.4 磷酸缓冲液 80 mL，煮沸溶解后冷却。用 1 mol/L NaOH 调节 pH 至 7.4（约加 0.5 mL NaOH），再用 0.1 mol/L 磷酸缓冲液在容量瓶内稀释至 100 mL，混匀后加氯仿数滴置冰箱保存。

（3）2,4-二硝基苯肼。称取 2,4-二硝基苯肼 19.8 mg，用 10 mol/L HCl 10 mL 溶解后，加蒸馏水至 100 mL，置棕色瓶中保存。

（4）0.4 mol/L NaOH 称取 16 g NaOH 溶于适量蒸馏水中，然后定容至 1 000 mL。

（5）冰生理盐水。

四、实验步骤

1. 将家兔或豚鼠处死后，立即取出肝和肌组织，分别以冰生理盐水洗去血液。各取 10 g 组织，分别剪碎，加 pH 7.4 缓冲液 10 mL，添加少量细砂于研钵中研成匀浆液，再加 pH 7.4 缓冲液 20 mL 并混匀，用棉花过滤，分别制成肝浸液和肌组织浸液。

2. 取 3 支试管，编号，按表 9－1 操作。

表 9－1　调剂提取表

试剂＼管号	1	2	3
基质液（mL）	1	1	1
肝浸液（滴）	3	—	—
肌浸液（滴）	—	3	—

续表

试剂 \ 管号	1	2	3
生理盐水（滴）	—	—	3
混匀，置 37 ℃水浴中保温 20 min			
2,4-二硝基苯肼（滴）	10	10	10
混匀，置 37 ℃水浴中保温 20 min			
0.4 mol/L NaOH（mL）	5	5	5

五、思考题

混匀后，比较 3 支试管中液体的颜色，确定是否发生了转氨基作用及哪种组织 GPT 活力高？为什么？

复习思考题

一、名词解释

1. 必需氨基酸　　2. 蛋白质营养互补作用

3. 一碳单位　　4. 蛋白质腐败作用

二、选择题

1. 肌肉中氨基酸脱氨的主要方式是（　　）。

A. 联合脱氨作用　　B. 谷氨酸氧化脱氨作用

C. 转氨作用　　D. 鸟氨酸循环　　E. 嘌呤核苷酸循环

2. 体内转运一碳单位的载体是（　　）。

A. 叶酸　　B. 维生素 B_{12}　　C. 四氢叶酸

D. S-腺苷蛋氨酸　　E. 生物素

3. 下列哪一种物质是体内氨的储存和运输形式？（　　）

A. 谷氨酸　　B. 酪氨酸　　C. 谷氨酰胺

D. 谷胱甘肽　　E. 天冬酰胺

4. 白化病是由于先天缺乏（　　）。

A. 色氨酸羟化酶　　B. 酪氨酸酶

C. 苯丙氨酸羟化酶　　D. 脯氨酸羟化酶

5. 代谢库（池）中游离氨基酸的主要去路为（　　）。

A. 参与许多必要的含氮物质合成　　B. 合成蛋白质

C. 脱去氨基，生成相应的 α-酮酸　　D. 转变成糖或脂肪

E. 分解产生能量

6. 人体内黑色素由哪个氨基酸转变生成？（　　）

A. 苯丙氨酸　　B. 酪氨酸　　C. 色氨酸

D. 组氨酸　　E. 谷氨酸

7. 芳香族氨基酸是指（　　）。

A. 丙氨酸、丝氨酸　　B. 酪氨酸、苯丙氨酸

C. 蛋氨酸、组氨酸　　D. 缬氨酸、亮氨酸

8. 必需氨基酸中含硫的是（　　）。
A. 缬氨酸　　B. 赖氨酸　　C. 亮氨酸
D. 蛋氨酸　　E. 色氨酸
9. 下列哪一个不是必需氨基酸?（　　）
A. 色氨酸　　B. 赖氨酸　　C. 酪氨酸
D. 亮氨酸　　E. 蛋氨酸
10. 哺乳类动物体内氨的主要代谢去路（　　）。
A. 渗入肠道　　B. 再合成氨基酸
C. 肝脏合成尿素　　D. 生成谷氨酰胺
11. 谷胱甘肽的主要功能是（　　）。
A. 参与氧化反应　　B. 脱羧基反应　　C. 参与氧化-还原反应
D. 参与甲基化反应　　E. 参与转巯基反应
12. 体内蛋白质和许多重要酶的巯基均直接来自哪个氨基酸?（　　）
A. 半胱氨酸　　B. 胱氨酸　　C. 蛋氨酸
D. 谷胱甘肽　　E. 肌酸
13. 氨中毒引起肝昏迷的机理可能是（　　）。
A. 氨对肝脏功能的损害　　B. 氨对肾功能的损害
C. 氨对心肌功能的损害　　D. 氨对脑组织功能的损害
E. 氨对骨髓功能的损害
14. 苯丙酮酸尿症的发生是由于（　　）。
A. 苯丙酮酸氧化障碍　　B. 酪氨酸羟化酶的缺陷
C. 苯丙氨酸转氨酶缺陷　　D. 酪氨酸脱羧酶缺陷
E. 苯丙氨酸羟化酶缺陷
15. 生物体内氨基酸脱氨的主要方式为（　　）。
A. 氧化脱氨　　B. 还原脱氨　　C. 直接脱氨
D. 转氨　　E. 联合脱氨
16. 参与尿素合成的氨基酸是（　　）。
A. 组氨酸　　B. 鸟氨酸　　C. 蛋氨酸　　D. 赖氨酸
17. 组氨酸经过下列哪种作用生成组胺?（　　）
A. 还原作用　　B. 羟化作用
C. 转氨基作用　　D. 脱羧基作用
18. 氨基酸脱羧的产物是（　　）。
A. 胺和二氧化碳　　B. 氨和二氧化碳　　C. α-酮酸和胺
D. α-酮酸和氨　　E. 草酰乙酸和氨

三、简答题

1. 从蛋白质、氨基酸代谢角度分析严重肝功能障碍时肝昏迷的成因。
2. 简述体内氨基酸代谢状况。
3. 简述蛋白质的生理功能。
4. 简述一碳单位的生理功能。
5. 简述糖、脂类和蛋白质代谢之间的相互联系。

第十章 生化药物

新陈代谢是生命的基本特征之一。生物体是有组织的统一整体，生物体的组成物质及体内进行的一连串代谢过程都是互相联系、互相制约的。所谓疾病主要是机体受到内外环境的改变而发生代谢失常，使起调节控制作用的酶、激素以及核酸、蛋白质等生物活性物质自身或环境发生故障：例如酶催化作用的失控、产物过多的积累而造成中毒，或底物大量消耗而得不到补偿，或激素分泌紊乱，或免疫机能下降，或基因表达调控失灵等。机体在生命活动中所以能战胜疾病，保持健康状态，就在于生物体内部具有调节、控制和战胜各种疾病的生理功能和物质基础。

生化药物来自生物体内起重要生理作用的各种生命基本物质，因此在机体需要时（如生病时），应用生化药物来补充、调整、增强、抑制、替换或纠正人体的代谢失调，应该是比较合理的。所以生化药物在医疗上具有针对性强、毒性低、副作用小、疗效好及营养价值高等特点，其研究已成为国际药物研究最活跃、最受重视的领域，被称作 21 世纪人类健康事业的生力军。

本章重点知识

1. 掌握生化药物的概念及特点；
2. 了解生化药物的来源；
3. 了解生化药物常用的提取方法和提取过程中需要注意的问题；
4. 了解生化药物分离纯化的原理和常用方法；
5. 了解基因工程、细胞工程、酶工程和单克隆抗体技术原理。

第一节 生化药物概述

一、生化药物的概念

生物化学药物（Biochemical Medicine）简称生化药物，是指运用生物化学理论、方法和技术从生物资源制取的用于预防、诊断和治疗疾病的生物活性物质。广义的生化药物包括从动物、植物、微生物等生物体中提取分离的天然物质，亦可用生物-化学半合成或用现代生物技术制得的生命基本物质。通常所说的生化药物是专指在生物体内具重要生理作用的生命基本物质，如氨基酸、多肽和蛋白质、核酸及其降解物、酶与辅酶、维生素、激素、糖与脂类等一大类药物。将上述这些已知药物加以结构改造或者人工合成制造出的自然界没有的新药物，也称为生化药物。

生化药物既是有机体的重要组成成分，又具有重要的生理功能。当生物体因受内外环境影响而发生代谢紊乱，功能失调，产生疾病时，他们便能通过直接参与代谢的调控，纠正代谢异常，达到预防和治疗疾病的目的。

生化药物来自生物体，是生物体中的基本生化成分，来源复杂，有些化学结构不明确，化学合成比较困难，有些生物材料也不能用其他材料代替。生化药物除氨基酸、核苷酸、辅酶及甾体激素等所属化学结构明确的小分子化合物外，大部分为大分子的物质（如蛋白质、多肽、核酸、多糖类等），其分子量一般几千至几十万。对大分子的生化药物而言，即使组分相同，往往由于分子量不同而产生不同的生理活性。例如肝素是由D-硫酸氨基葡萄糖和葡萄糖醛酸组成的酸性黏多糖，能明显延长血凝时间，有抗凝血作用；而低分子量肝素，其抗凝活性低于肝素。所以，生化药物常需进行分子量的测定，此外，由于生化药物的性质特殊，生产工艺复杂，还需做安全性检查、生物活性检查和效价测定等。

生化药物易被机体吸收，针对性强，药理活性高，毒副作用小，营养价值高，具有极其广阔的应用发展前景。

二、生化药物的来源

生化药物原料以天然的生物材料为主，包括植物、动物、微生物、海洋生物及化学合成等，随着生物技术的发展，现代生物技术产品的品种越来越丰富。

（一）植物来源

我国中草药资源极为丰富。近年来，随着分离纯化技术的发展，越来越多的中药活性成分被提取出来，如用黄芪、人参、刺五加、黄精、红花等中药可制取促进免疫功能、抗肿瘤、抗辐射等的活性多糖及各种蛋白酶抑制剂；从紫杉提取的紫杉醇，具有抗肿瘤作用；从月见草提取 γ-亚麻酸；用凤梨制备菠萝蛋白酶；用木瓜制备蛋白抑制剂；用香菇提取多糖；从麦芽根中提取复合磷酸酯酶；从蓖麻籽中提取抗癌毒蛋白；从苦瓜提取胰岛素以及从豆类中提取植物血凝素等。

（二）动物来源

许多生化药物来源于动物的组织、器官、腺体、胎盘、骨、毛发和蹄甲等。动物组织器官的主要来源是猪，其次是牛、羊、家禽和海洋生物。如脑组织富含脂质，可作为制备脑磷脂、卵磷脂、神经磷脂、脑苷脂以及多种神经肽、神经递质的原料。胰脏是富含多种生化药物的器官，如激素、酶、多肽、核酸、多糖、脂类和氨基酸等。胃黏膜和胃液中可提取多种蛋白酶、胃泌素、胶原酶等，羔羊和猪的胃黏膜可制备胃伏乐和双歧因子。肝脏是机体内最大的实质性器官，是机体的“生化反应器”，素有“化工厂”之称，可提取细胞生长因子、SOD、抑肽酶、RNA 等。另外还可以从动物的血液、胆汁、肾、胸腺、肾上腺、松果体、扁桃体、甲状腺、睾丸、胎盘、牛羊角、蛋壳提取有效成分。

（三）微生物来源

应用微生物发酵法生产药物是一个重要途径。微生物及其代谢物资源丰富，且易培养，繁殖快、产量高、成本低，便于大规模工业生产，不受原料运输、保存和生产季节、货源供应的影响，可开发的潜力很大。

微生物中的细菌、放线菌、真菌都能用于生化制药。利用细菌可以获得水溶性维生素和酶类，如淀粉酶、蛋白酶、脂肪酶、几丁质酶等。放线菌是抗生素的重要产生菌，其代谢产物也是重要的生化药物原料，如氨基酸、核酸类、水溶性维生素和酶类，这些物质在临床上都有重要的治疗和诊断作用。

微生物产品可能含有热原质或毒素，会产生严重副作用，故在生产注射用微生物生化产品制剂时必须特别纯化。如从产气荚膜杆菌中提取胶原酶，要经反复精制，完全去除毒性后才可用于临床，否则对人体有严重危害。来自微生物的一些高分子生化产品往往具有较强抗原性，使用时也应加以注意。

（四）海洋生物

海洋生物是开发生化制剂的重要生物材料。从海藻类植物中可提取抗肿瘤、防治心血管疾病、治疗慢性气管炎的生物活性物质；从鱼类中可提取细胞色素 C、卵磷脂、脑磷脂；从河豚的肝中可制取“新生油”，治疗鼻咽癌、食道癌、胃癌和结肠癌；从海星中提取男性避孕药等。目前已从鱼类中分离出多种激素，如血管紧张素、黄体酮、雌二醇、雌三醇、雌酮和睾酮等。此外，像海蛇、海龟、鲸和海豚等均可作为制备多种生化药物的原料。“海洋药物学”已经形成一门学科。

（五）血液及其他分泌物

血液，包括人血和各种动物血都含有丰富的生物活性物质。凡以血为原料生产的生化制品称为血制品。血液中可提取白蛋白、免疫球蛋白、干扰素、SOD 及白细胞介素-2 等，还可以提取凝血酶、血红蛋白及血红素等。

胆汁可制备胆酸、胆红素；尿液可提取尿激酶、人绒毛膜促性腺激素、绝经期尿促性腺激素、集落刺激因子、表皮生长因子；蛇毒可制备纤溶酶，如蝮蛇抗酸酶。

（六）化学合成

许多小分子生物药物已能用化学合成或半合成法进行生产，如氨基酸、多肽、核酸降解物及其衍生物、维生素和某些激素，并且通过结构改造已达到高效、长效和高专一性。有些大分子生物药物（如酶）也可通过化学修饰来提高其稳定性和降低抗原性。

（七）现代生物技术产品

随着各种生物技术的发展，应用基因工程技术建立“工程菌”“工程酵母”“工程细胞”等，使所需的基因在宿主细胞内表达，制造各种有生物活性的物质，这是生化制药工业今后的发展方向。目前国内外已成功开展了用“工程菌”生产生化药物的工作，如用大肠杆菌生产干扰素、白细胞介素-2、集落刺激因子、肿瘤坏死因子和各种疫苗等。

生化药物按其来源不同虽可按上述分类，但许多产品是由几种来源相结合产生的。例如，基因工程产品既有动植物来源，也有微生物来源；甾体激素可视为植物、微生物和化学合成相结合的产物；某些氨基酸和维生素 C 也是化学合成和微生物发酵相结合的。

第二节　生化药物的种类

生化药物按结构可分为以下几类：氨基酸、多肽及蛋白质类药物、酶和辅酶类药物、核酸及其降解物和衍生物类药物、多糖类药物、脂类药物、维生素类药物以及组织制剂。

一、氨基酸、多肽及蛋白质类药物

（一）氨基酸类药物

氨基酸是构成蛋白质的基本组成单位，生物体内众多蛋白质的生物功能无不与氨基酸的种类、数量和排列顺序及空间构象有密切的关系，因此氨基酸在维持生物体正常生命活动中起着重要作用。从 20 世纪 60 年代开始，氨基酸类药物生产有了迅速发展，在医药、保健方面的应用愈加广泛。

1. 复合氨基酸制剂

主要用于营养补充，某些疾病导致营养性缺乏而需补充氨基酸。临床上常用的复合氨基酸制剂有 3 种：

（1）水解蛋白注射液。含多种氨基酸和少量小分子多肽，可添加某些必需氨基酸、葡萄糖和电解质，该注射液不宜大量和长期使用，因易引起不良反应。

（2）配方氨基酸注射液。将各种结晶的必需氨基酸按一定组成配制而成，用于输液。如有 11、13、15、18 和 20 种配方，无论哪种配方均须含有 8 种营养必需氨基酸，该注射液质量高、稳定性好，可根据临床需要进行配置。

（3）要素膳。由纯氨基酸配合多种营养成分如糖、脂、维生素、微量元素及电解质等组成的口服或鼻饲制剂。

2. 个别氨基酸及其衍生物

根据某种氨基酸具有的独特医疗作用而应用于临床。例如，谷氨酸、精氨酸、鸟氨酸可降低血氨，用于治疗肝硬化、肝昏迷；赖氨酸可促进生长发育，为儿童、产妇、恢复期病人的优良营养剂；甘氨酸用于肌无力症与缺铁性贫血的治疗；甲硫氨酸用于脂肪肝、肝炎、肝硬化的防治；天冬氨酸可保护心肌；L-胱氨酸用于抗过敏、脱发症、肝炎、白细胞减少症；半胱氨酸用于抗辐射和解毒；精氨酸-阿司匹林有镇痛和消炎作用。氨基酸的衍生物如 N-乙酰半胱氨酸用于化痰，L-多巴（L-二羟苯丙氨酸）可治疗帕金森病等。

3. 作为合成多肽类药物的原料

天然多肽可由氨基酸用人工合成法生产，如谷胱甘肽（三肽）、胃泌素（五肽）、加压素（九肽）、胰岛素（五十一肽）等均可用人工合成，但工艺复杂，成本高，现在不少已改用生物工程技术进行生产。

4. 其他应用饲料添加剂

其他应用饲料添加剂（如蛋氨酸、赖氨酸、色氨酸）、食品添加剂（如赖氨酸）、助鲜剂（如谷氨酸钠）、除鱼腥剂（如丙氨酸）、甜味剂（如甘氨酸）、化妆品（如胱氨酸、半胱氨酸）、除草剂（如含磷氨基酸衍生物）等。

（二）多肽类药物

活性多肽以其独特的生物活性，在临床治疗和诊断上发挥了极其重要的作用，使之成为生化药物研究中非常活跃的领域。

1. 多肽类激素

多肽类激素是机体的特定腺体合成并释放的一种物质，通过与远程敏感细胞内或细胞表面的受体相互作用而使靶细胞发生变化。主要有：

垂体多肽激素有促皮质激素（ACTH）、促黑激素（MSH）、催产素（OT）、加压素（AUP）；甲状腺激素有甲状旁腺素（PTH）、降钙素（CT）；胰岛激素有胰高血糖素、胰岛素、胰解痉多肽；胃肠道激素有胃泌素、肠泌素、抑胃肽、缓肽素等；胸腺激素有胸腺素、胸腺素、胸腺血清因子等。这些激素对调节人体发育，促进伤口愈合，治疗贫血、糖尿病，抗衰老，以及治疗呆小症、侏儒症等都有明显的疗效。

2. 多肽类细胞生长因子

多肽类细胞生长因子是小分子的分泌蛋白，具有刺激细胞生长的活性，由不同的细胞分泌，也可以作用于身体的不同细胞，种类非常多，包括神经生长因子、表皮生长因子、复合生长因子、小球藻生长因子、转化生长因子，皮肤生长因子、骨骼生长因子等。心钠素主要是由心肌细胞合成、贮存及释放，具有抑制血管升压素和血管紧张素的作用，并可调节垂体激素的释放与儿茶酚胺的代谢，有利尿、排钠、扩张血管、降低血压等作用，是参与机体水、盐代谢调节的物质。

3. 含多肽的其他类生化药物

脾水解物、肝水解物、胎盘提取物、花粉提取物、神经营养素、心脏激素、氨肽素、脑胺肽、蜂毒、蛇毒等。

对结构已经研究清楚的肽类药物可直接用氨基酸进行化学合成制备，或用分子工程学手段对肽类药物的结构进行改构、修饰，提高其药物效应，也可以用动物组织直接提取，如用小牛胸腺制备胸腺素。20 世纪 70 年代以后，随着基因工程技术的发展，正从微生物和植物细胞的表达向转基因动植物方向发展。

（三）蛋白质类药物

蛋白质类药物对细胞生长的调节、机体被动免疫、抗凝血等均有重要作用，该类药物有的从生物体中提取获得，有的用动物血、植物为原料，经复杂工艺制备而成。例如从骨、皮及鱼鳞提取的白明胶，是制造胶囊、吸收性明胶海绵止血剂和照相胶卷的材料；从胃黏膜可提取胃膜素（一种糖蛋白），用于治疗消化道溃疡；从雄性鱼类生殖细胞可提取鱼精蛋白，它有抗肝素作用，也是配制鱼精蛋白胰岛素的原料；从胎盘血可以提取胎盘球蛋白、丙种球蛋白和白蛋白注射液，前二者是预防疾病、增强免疫力的良好药物，后者是抗休克的血浆代用品；从瓜蒌中可提取天花粉蛋白，可作为中期引产药，也可以治疗绒毛膜上皮癌；从菜豆中提取的植物凝集素和从蓖麻子中提取的蓖麻子毒蛋白都有抗癌作用。

但该类药物存在具有一定抗原性、容易失活、在体内半衰期短及用药途径受限制等难以克服的缺点。因此，利用现代生物技术，对蛋白质类药物进行结构修饰，设计相对简单的小分子来代替某些大分子蛋白药物，寻找新的用药途径已成为研究和发展蛋白类药物的重要方向。

目前研究得较多的蛋白类药物有：

(1) 蛋白质激素，包括生长素（GH）、催乳激素（PRL）、促甲状腺素（TSH）、人绒毛膜促性腺激素（HCG）、绝经期尿促性腺激素（HMG）、松弛素等。

(2) 血浆蛋白质，包括白蛋白、免疫球蛋白、抗血友病球蛋白、纤维蛋白原、凝血因子Ⅲ、凝血因子Ⅷ、凝血因子Ⅸ等。

(3) 蛋白质类细胞生长调节因子，包括干扰素（IFN）α、β、γ、白细胞介素（IL）1～7、神经生长因子（NGF）、肝细胞生长因子（HGF）、血小板衍生因子（PDGF）、肿瘤坏死因子（TNF）、集落刺激因子（CSF）、促红细胞生成素（EPO）、骨发生蛋白（BPM）等。

(4) 黏蛋白，包括内在因子、硫酸糖肽、胃膜素等。

(5) 胶原蛋白，如明胶、阿胶等。

(6)（基因工程）疫苗、菌苗、抗体（单抗）等。

(7) 其他，如植物血凝素（PHA、ConA）、鱼精蛋白、胰蛋白酶抑制剂等。

二、酶和辅酶类药物

（一）酶类药物

自然界已知的酶有两千多种，应用于工农业和医药卫生的酶有数百种，药用酶有近百种。

1. 助消化酶类

这类酶可水解和消化食物中的糖类、脂类和蛋白质等成分，可以补充体内消化酶的不足，帮助恢复正常的消化机能，主要有胃蛋白酶、胰酶、纤维素酶和淀粉酶等。

2. 消炎酶

能分解炎症部位的纤维蛋白或脓液中的黏蛋白，有抗炎、消肿、清创、排脓的作用，以利于药物的渗透和疮口愈合，如糜蛋白酶、溶菌酶、DNA 酶、菠萝蛋白酶、木瓜蛋白酶、胰蛋白酶、胶原酶等。

3. 防治冠心病的酶

如弹性蛋白酶能降低血中胆固醇，用于治疗高脂血症和防治动脉粥样硬化。

4. 止血酶和抗血栓酶

血液凝固的过程涉及许多凝血因子，主要有止血酶，可从马或人的血浆分离制得，它能使纤维蛋白原变成纤维蛋白，从而促使血液凝固。

血块再溶解称为纤溶，催化此过程的酶类称为纤溶酶类，纤溶酶、链激酶、尿激酶等。是纤溶酶原激活剂，可使无活性的纤溶酶原转化为活性纤溶酶，使血块中的纤维蛋白溶解，防止血栓形成。尿激酶来自人尿，无抗原性，可反复使用。

5. 抗肿瘤酶

L-天冬酰胺酶能破坏肿瘤细胞生长所需要的 L-天冬酰胺，抑制肿瘤细胞的生长，用于治疗淋巴肉瘤和白血病，其他如甲硫氨酸酶、酪氨酸酶、精氨酸酶、组氨酸酶等均有一定的抗肿瘤作用。

6. 其他酶类药物

青霉素酶能分解青霉素，可治疗青霉素过敏。从胰腺提取的 RNA 酶、DNA 酶可降低痰液黏度，治疗慢性气管炎。从血、肝提取的超氧歧化酶可治疗风湿性关节炎和放射病。从睾丸提取的透明质酸酶可以分解黏多糖，使组织间质的黏稠性降低，有助于增加组织通透性，是一种重要的药物扩散剂，可促进药物的吸收并可治疗青光眼。

（二）辅酶类药物

辅酶A用于治疗血小板减少症、白细胞过低症及冠心病和肝病的辅助治疗。辅酶 Q_{10} 用于治疗肝病和心脏病，辅酶Ⅰ、辅酶Ⅱ、FMN、FAD也可用作为肝病和心脏病的辅助药物。

（三）酶类抑制剂

利用酶的抑制剂对体内某些酶的抑制作用，达到治疗目的。如抑肽酶可以抑制胰蛋白酶和糜蛋白酶，用它可治疗急性胰腺炎、急性出血（如产后大出血）和抗休克（如烧伤后休克）等。

由于酶的化学本质是蛋白质，具有特异性、不稳定性，容易失活，含量低，常与其他物质共存，因此，在分离纯化等制备过程中，要严格控制条件，保证酶活性不受损失。

三、核酸及其降解物和衍生物类药物

（一）核苷酸、核苷及其衍生物

药用核苷酸制剂种类很多，较为重要的有混合核苷酸、混合脱氧核苷酸、ATP、CTP、CDP-胆碱、GMP、IMP、AMP、cAMP和肌苷等。ATP临床上用于治疗肌萎缩、肝炎、冠心病等；cAMP可缓解冠心病和治疗牛皮癣，对癌细胞在特定条件下也有抑制作用；核酪注射液是核苷和氨基酸混合物，可治疗慢性气管炎和神经衰弱症；肌苷用于急慢性肝炎、心疾患和白细胞-血小板减少症。CTP、CDP-胆碱用于脑震荡、外伤昏迷和中风症。

人工合成的多种核苷衍生物，如5-氟尿嘧啶、2-脱氧核苷、6-巯基嘌呤等具有抗肿瘤的作用，阿糖胞苷、安西他滨、5-氟安西他滨等具有抗病毒的作用。心血通、脉心通、核脉通可治疗动脉硬化。

（二）核酸类

免疫RNA（iRNA）是一种免疫触发剂。肿瘤细胞能摄取完整的正常细胞大分子RNA，摄取后肿瘤细胞的功能和形态可向正常细胞分化转化。因此推测正常RNA分子可在基因水平上，通过对肿瘤细胞的DNA分子进行诱导，或通过反转录酶系统促使癌细胞发生逆分化。iRNA的免疫特异性强，动物的iRNA能将抗肿瘤免疫和其他细胞免疫转移给人体。iRNA没有明显抗原性和种属特异性，把人的肿瘤细胞免疫于大动物，再从动物的淋巴细胞提取iRNA以供临床使用。目前iRNA制剂来自三个方面：正常人的白细胞iRNA、肿瘤临近局部淋巴结的iRNA和异种抗肿瘤的iRNA。

（三）多聚核苷酸

常见的有多聚胞苷酸（PolyC）、多聚次黄苷酸（PolyI）和双链聚肌胞（PolyI：C）。它们都是干扰素诱生剂，能促进细胞合成干扰素，所以具有抗病毒、抗肿瘤作用，并且有刺激吞噬、调整免疫功能的作用，但有一定的毒副作用。

四、多糖类药物

多糖类药物主要以黏多糖最为重要，可分别从动物、植物和微生物中提取。例如，从猪肠黏膜中提取的肝素是天然的抗凝血物质，具有调血脂、抗炎、抗动脉粥样硬化和抗肿瘤作用。从微生物细胞内或者通过微生物发酵也可获得药用多糖，如在临床上广泛使用的右旋糖酐就是以蔗糖为原料经细菌发酵制得的多糖。近年来，从真菌中提取了多种活性多糖，如蘑菇多糖、香菇多糖、银耳多糖、茯苓多糖、云芝多糖、猪苓多糖等。此外还能从中草药中提取一些药用多糖，如黄芪多糖、人参多糖、黄精多糖、海藻多糖和刺五加多糖等。

部分已临床应用的多糖类药物见表 10-1。

表 10-1　部分已临床应用的多糖类药物

名　　称	来　　源	主要用途
右旋糖酐 10、右旋糖酐 40、右旋糖酐 70	蔗糖发酵	扩充血容量
羟甲基淀粉	淀粉修饰	扩充血容量
黄芪多糖	黄芪	增强免疫力、抗肿瘤
猴头菌多糖	猴头菌丝体	改善胃功能
银耳多糖	银耳	增强免疫力、增加白细胞
猪苓多糖	猪苓	增强细胞免疫功能
林芝多糖	赤林芝	增强免疫功能
香菇多糖	香菇	抗肿瘤
肝素	猪肠黏膜	抗凝血、抗血栓
冠心舒	猪十二指肠	抗凝血、抗动脉粥样硬化
抗栓灵	肝素修饰	抗血栓
降脂宁	肝素修饰	降血脂
玻璃酸	鸡冠	黏弹性工具
硫酸软骨素	动物软骨	抗动脉粥样硬化
壳多糖	虾皮、蟹壳	人工皮肤
甲基纤维素、羟甲纤维素	纤维素修饰	制剂辅料
微晶纤维素	纤维素修饰	制剂辅料

五、脂类药物

脂类药物可大体分为如下 5 类：一是磷脂类，如卵磷脂、脑磷脂等；二是胆酸类，如胆酸钠、鹅去氧胆酸、去氢胆酸等；三是不饱和脂肪酸类，如前列腺素、亚油酸、亚麻酸、花生四烯酸等；四是固醇类，如胆固醇、麦角固醇等；五是色素类，如胆红素、胆绿素、血红素等。

部分脂类药物的来源和主要用途见表 10－2。

表 10－2 脂类药物及来源和用途

名　　称	来　　源	主要用途
胆酸钠	牛、羊胆汁	治疗胆囊炎、胆汁缺乏
胆酸	牛、羊胆汁	人工牛黄原料
去氢胆酸	胆酸脱氢	治疗胆囊炎
鹅去氧胆酸	禽胆汁或者半合成	治疗胆结石
猪去氧胆酸	猪胆汁	人工牛黄原料
亚油酸	玉米油、大豆油	降血脂
亚麻酸	月见草油	降血脂
花生四烯酸	猪肾上腺	合成前列腺素 E2 原料
二十碳五烯酸	鱼油	降血脂、抗凝血
二十二碳六烯酸	鱼油	防止动脉粥样硬化、健脑益智
前列腺素 E1、前列腺素 E2	羊精囊提取的酶使有关前体转化	中期引产、催产
脑磷脂	动物脑	止血、防止动脉粥样硬化和神经衰弱
卵磷脂	动物脑、大豆	防止动脉粥样硬化和神经衰弱、治疗肝疾患
胆固醇	动物神经组织、羊毛脂	人工牛黄原料
麦角固醇	发酵	维生素 D_2 原料
胆红素	胆汁	人工牛黄原料
辅酶 Q_{10}	从心肌提取或者发酵、合成	治疗心脏病和肝脏疾患

六、维生素类药物

各种维生素类药物早已广泛应用于临床。如维生素 A 可治疗夜盲症、眼干燥症，维生素 D 可治疗佝偻病，促进钙、磷吸收，维生素 C 可治疗坏血病，维生素 E 可保护生殖器官，维生素 A、C、E 还可抗氧化抗衰老，维生素 K 促凝血，维生素 B_1 治疗脚气病、神经炎，维生素 B_2 治疗口角炎，维生素 PP 治疗癞皮病，维生素 B_6 治疗惊厥，维生素 B_{12} 克治疗恶性贫血，叶酸可预防贫血和促进胎儿神经发育等等。

由于维生素类药物的化学结构各异，决定了生产它们方法的多样性。在工业上大多数维生素是通过化学合成获得，近年来已发展用微生物发酵法来生产维生素，使维生素的产量大为提高，成本显著降低。如维生素 B_2、B_{12} 已用微生物发酵法生产。维生素 C 和叶酸既可用微生物发酵法，也可用生物提取法制备。

七、组织制剂

动植物组织经过加工处理，制成复合药品标准并具有一定疗效的制剂成为组织制剂。

这类制剂未经分离、纯化，有效成分也不完全清楚，但对某些疾病确有一定疗效。常见的有垂体后叶注射液、缩宫素制剂、胎盘组织液、骨宁注射液、助应素和眼宁等。

第三节　生化制药工艺与技术

生化制药是将动物、植物或微生物体内的生物活性物质在其结构和功能不遭破坏的前提下，采用多种生化分离方法提取、纯化的工艺过程。生化药物种类繁多，制备工艺多种多样，而其工艺流程基本如下：原材料破碎→提取→浓缩→分离纯化→除菌（灭菌）→干燥→熔封→成品。大致包括 6 个阶段：

（1）原料的选择和预处理；

（2）组织及细胞的破碎；

（3）从破碎细胞中提取有效成分；

（4）精制；

（5）干燥；

（6）制剂。

由于材料化学组成复杂；生物材料中的生物活性物质含量少，易失活，在分离纯化中易被破坏；且杂质多，较难分离。因此，在实际工作中，根据不同的材料，可采用不同的工艺过程。下面就基本过程加以叙述。

一、生化药物材料的选取与预处理

（一）材料选取

1. 有效成分的含量

根据目的物的分布，首先选择有效成分含量丰富的生物制品或组织器官。例如，制备胃蛋白酶，选用胃为原料；免疫球蛋白选用血液或富含血液的胎盘组织为原料。此外对于那些受生长期影响很大的生物活性物质，还必须根据其生长期进行选择。如提取胸腺素要选用幼年动物如小牛胸腺为原料；制备绒毛膜促性腺激素（HCG），需收集 1～4 个月孕妇的尿。

2. 来源情况

选用材料必须丰富、价格低廉、来源方便，最好是一物多用、综合利用。例如，人胎盘既可生产 γ-球蛋白，也可生产胎盘脂多糖和胎盘水解物；猪胰脏既可以制备胰岛素、胰酶，还可用来制备弹性蛋白酶。

（二）采集与保存

由于具有生理活性的物质容易失活或降解，因此在采集生物材料必须注意材料新鲜，防止腐败，有些还需防氧化。

保存生物材料的主要方法有速冻，冻干，有机溶剂脱水或浸于甘油、丙酮中。如果需培养动物细胞，则将动物细胞保存于液氮中，培养时再复苏。利用培养的细胞可生产疫苗、干扰素、促红细胞生成素和单克隆抗体等。如果材料是微生物，则需进行菌种的选育，获得高产菌株，将菌株保存在液氮中，需要时再将保藏的菌种接种在培养基中进行培养。

（三）组织与细胞的破碎

1. 物理方法

（1）磨切法。工业上常用绞肉机、球磨机、胶磨机等，实验室常用组织匀浆器、乳钵、高速组织搅拌机等。植物组织和动物脏器的破碎常用此法。

（2）震荡法。用超声波破碎细胞。该法产热较多，必须注意冷却要分次进行，一次时间不宜过长。

（3）压力法。用压榨法、高压法和减压法使细胞破碎。

（4）冻融法。将材料先放在－15℃以下冻结，然后融化，反复操作可使细胞与菌体破碎。

2. 化学方法

用稀酸、稀碱、浓盐、有机溶剂或表面活性剂处理细胞，使细胞破碎释放出内溶物。

3. 生物方法

常用溶菌酶处理某些细菌，用胰酶处理猪脑，用细菌蛋白酶、纤维素酶、酯酶等分解细胞壁。

（四）细胞器的分离

为获得结合在细胞器上的一些生化成分或酶系，必须分离得到特定的细胞器，再进一步分离有效成分。首先匀浆破碎细胞，用差速离心或超速离心进行分离，然后收取细胞器。如差速离心分离大鼠肝细胞匀浆中各种细胞器的步骤如图 10－1 所示。

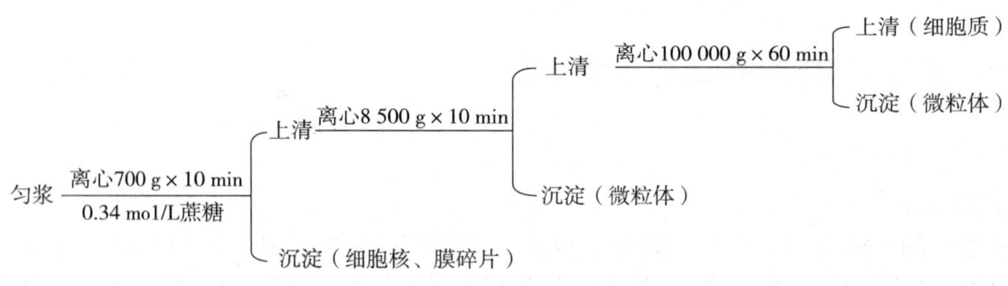

图 10－1　细胞器步骤图

二、生化药物的提取

（一）提取原则

1. 提取方法的选择

要取得好的提取效果，最重要的是根据生物材料和目的物的性质，选择合适的溶剂系统与提取条件。一般需要考虑的性质有溶解性、分子量、等电点、比重、黏度、稳定性、目的物含量、主要杂质的种类、有关酶类的特征等。在提取过程中尽量保证增加目的物的溶解度，减少杂质的溶出度，充分重视目的物在提取过程中的活性变化。工作者可根据文献资料报道，结合自己的实际情况选择合适的提取方法。

2. 保护活性物质的措施

（1）采用缓冲系统。在提取过程中，必须防止目的物受酸性或碱性条件的影响而发生变性导致失活。因此在生化药物制备过程中，一般用较低浓度的缓冲液作为提取液，既可保护目的物的活性，又保证了目的物的溶解性。常用的缓冲液有磷酸缓冲液、Tris 缓冲液、柠檬酸缓冲液、碳酸盐缓冲液、醋酸缓冲液。

（2）添加保护剂。在制备蛋白质、酶等药物时，常添加一些还原剂、金属螯合剂或其他蛋白，以保护目的物活性不受破坏。例如，半胱氨酸、还原型谷胱甘肽、α-巯基乙醇可保护蛋白质和酶活性基团中的巯基，故可防止蛋白质和酶的失活。再如干扰素、白细胞介素-2 等生物制品中，往往需要加入少量的人白蛋白以保护其生物活性。在生化药物制备过程中，常在缓冲液中加入 EDTA 以螯合重金属离子，以保护活性物质的稳定性。

（3）抑制水解酶。抑制水解酶对目的物的作用是提取过程中最重要的保护措施之一。最有效的方法是在提取时添加酶抑制剂，抑制水解酶的活力。如提取 RNA 时，添加十二烷基磺酸钠（SDS）脱氧胆酸、肝素、4-氨基水杨酸钠等核糖核酸酶的抑制剂。提取蛋白质和酶类药物时，加入甲基磺酰氟化物（PMSF）、二异丙基氟磷酸（DFP）、碘乙酸等蛋白酶抑制剂，以避免目的物被水解酶作用而破坏。

（4）其他保护措施。制备生化药物，特别是大分子的蛋白质、酶和核酸时，一定要防止在高温、剧烈搅拌、高频震荡、过酸、过碱和紫外线照射等条件下进行。对一些特殊蛋白制剂，在制备过程中还需要提供特殊的条件，如固氮酶、铜蓝蛋白提取需在无氧条件下进行，免疫球蛋白提取时不宜在低温下冻结，故提取时需根据目的物性质和要求进行保护措施的选择。

（二）提取方法

1. 酸、碱、盐水溶液提取

在有一定的离子强度、pH 及缓冲能力的溶剂中，可以提取水溶性、盐溶性的生化药物，如用稀硫酸提取胰蛋白酶，用 pH 为 3 的浓度为 3%的氯化钠溶液提取。

2. 表面活性剂提取

表面活性剂兼有亲水与疏水基团，可根据目的物选用不同的表面活性剂。例如，十二烷基磺酸钠（SDS）能破坏核酸与蛋白质间的离子键，对核酸酶也有一定作用，常用于核酸的提取。不过用这些表面活性剂提取的目的物进一步纯化有一定困难，因此，在进一步纯化前需除去。

3. 有机溶剂提取

有机溶剂提取生化药物有固-液提取和液-液提取（萃取）两类。所谓固-液提取是指目的物由固相转入液相的过程，如用丙酮从动物脑中提取胆固醇，用氯仿提取胆红素，用酸-醇法从胰脏中提取胰岛素。常用的有机溶剂有甲醇、乙醇、丙酮、乙醚、氯仿、苯等溶剂。所谓液-液提取（萃取），是指目的物在两个互不相溶的溶剂系统中，从一种溶剂相向另一种溶剂相转移的过程，提取的效率（即萃取率）根据目的物在两相中的分配比（即分配系数）和有机溶剂的用量而定。若分配系数大，萃取完全，提取效率高；分配系数小，萃取不完全，提取效率低。适当增加有机溶剂的用量，也可提高萃取率。实际工作中，常采用分次加入溶剂，连续多次提取来提高萃取率。

4. 超临界流体萃取技术

超临界流体萃取技术是20世纪70年代发展起来的物质分离、精致新技术。所谓超临界液体是指在临界压力和临界温度以上相区的气体。超临界液体的特点是扩散系数和黏度接近于气体，而溶剂性能却类似液体。利用这一特性，可在超临界条件下，根据物质溶解性能的差异，通过改变压力或温度来达到物质的分离。此技术可从动、植物中萃取磷脂、脂肪酸及其他物质。

5. 膜分离技术

膜分离技术包括超滤、反渗透析、电渗析、微孔过滤、气体渗析和超精密过滤等，其中超模反渗透析、微孔过滤和超精密过滤在医药领域中的应用较为常见。

6. 凝胶层析技术

混合物随流动相流经装有凝胶作为固定相的层析柱时，因其各种物质分子大小不同而被分离的技术。因不引起生物活性物质变性和失活，广泛应用于分离氨基酸、多肽、蛋白质、酶及多糖等生化物质。

7. 离子交换技术

离子交换技术是利用离子交换剂中的可交换基团与溶液中各种离子间的离子交换能力的不同来进行分离的一种技术，是一种固液分离的方法。离子交换技术主要应用于水处理（水的软化、水的脱盐、冷凝水和超纯水的制备），生化提取（天然生物物质的分离回收、发酵产物的分离回收、制药工业的应用），三废处理（含放射性核素废水的处理、其他工业有害废水废气的处理），湿法冶金等。

（三）影响提取的因素

1. 温度

根据目的物特点的不同，应在提取过程中选择不同的温度。对某些耐热的目的物如多糖类，可用浸煮法提取，加热温度为50 ℃～90 ℃；但大多数生化药物具有生物活性，对热不稳定，不能在较高的温度下提取，一般在0 ℃～10 ℃中进行。大多数不耐热酶的提取，各种细胞因子的提取、免疫球蛋白的提取等均需在低温下进行，特别是用有机溶剂提取目的物时，更要在低温下进行，以防止目的物活性丧失。

2. pH值

多数生化药物需在中性条件下提取，过酸、过碱均会影响生化药物提取的效果和生物活性。一般pH值控制在4～9范围内，但应避免在目的物的等电点附近提取。

有些生化药物如胰蛋白酶、弹性蛋白酶和胰岛素因在酸性条件下稳定，所以可采用偏酸性的介质提取；一些多糖类物质，在微碱性中稳定，故多用偏碱性的溶剂提取。因此，生化药物制备过程中酸碱度的确定，需根据目的物而定，选择恰当就可提高提取率，也可保护目的物生物活性不受破坏。

3. 盐浓度

在提取生化药物时，往往在溶剂中加入少量的盐离子。因为盐离子可减弱生物分子间的离子键和氢键的作用力，使生物大分子表面电荷增多，极性增加，水合作用增强，促使分子表面形成双电层，使生物大分子的溶解度增大，这种现象称盐溶作用。低盐溶液对蛋白质等大分子的这种助溶作用，取决于盐浓度和盐离子强度。一般高价盐的盐溶作用大于低价盐的盐溶作用，因此，在生化药物提取过程中，盐浓度和盐种类的选择直接影响提取效果。

常用的稀盐提取液有氯化钠溶液（0.10 mol/L～0.15 mol/L）、磷酸盐缓冲液（0.02 mol/L～0.05 mol/L）、脚磷酸钠缓冲液（0.02 mol/L～0.05 mol/L）、醋酸盐缓冲液（0.10 mol/L～0.15 mol/L）、柠檬酸缓冲液（0.02 mol/L～0.05 mol/L）。

三、生化药物的分离纯化

（一）分离纯化的基本原理

从生物材料中分离提取的生化药物粗液，常是多种组分的混合物。为获得单一组分，必须对混合物进一步纯化，纯化的主要依据是：

（1）根据分子形状和大小，在外加的作用力下进行分离，如差速离心、超速离心、膜分离（透析、电透析）、超滤和凝胶过滤等。

（2）根据分子电离性质（带电性）的差异进行分离，如离子交换法、电泳法、等电聚焦法等。它们将混合物中不同的组分分配于不同的区域。

（3）根据分子极性大小及溶解度不同进行分离，如盐析法、等电点沉淀法、溶剂提取法及有机溶剂分级沉淀法，可将混合物中各组分分配在不同的物相中。

（4）根据物质吸附性质的不同进行分离，如吸附层析法。

（5）根据配体特异性进行分离，如亲和层析法。

实际工作中，常是将各种分离纯化方法有机配合，达到纯化精制的目的。

（二）分离纯化方法的特点

（1）生物材料组成非常复杂，各成分性质各异，因此分离纯化难度大。

（2）生物材料中目的物含量很少，只有万分之一，甚至百万分之一，而分离纯化步骤多，因此产品的得率不高。

（3）生物活性物质在分离纯化过程中，活性易受破坏，因此活性保护十分重要，但却又十分难。

（4）多种方法，多步骤逐级分离，因此手续烦琐，操作时间长。

（三）分离纯化的基本程序

（1）确定制备物研究目的，设计制订实验方案。

（2）进行预备实验，建立分析和鉴定方法。

（3）处理提取液（粗品），进行抽提和分离纯化，获得纯制品。

（4）测定产物浓度。

由于生化物质种类繁多，因此没有一种分离纯化方法可适用于所有物质的分离纯化，一种物质也不可能只有一种分离纯化方法。所以合理的分离纯化方法要根据目的物的理化性质与生物学特性，并结合文献资料报道和前人的经验，不断摸索和研讨出适合的最佳方案。

（四）生化药物均一性的鉴定

生化药物的均一性是指，制备的产品中只具有一种完全相同成分的程度，即产品的纯度。常用的纯度鉴定方法有溶解度法、化学组成分析法、电泳法、免疫学法、离心沉降分析法、色谱法和生物活性测定法等。对一种生化药物的纯度判断必须经数种方法验证才能确定。随着现代分析技术的不断发展，均一性的稳定，会愈加严格和客观。

四、生化药物的后处理及制剂

（一）浓缩

（1）沉淀（固化）浓缩法：盐析法、有机溶剂沉淀法、调节 pH 至等电点。

（2）均相浓缩法（水转移法）：凝胶（分子筛）浓缩、聚乙二醇浓缩法、超滤法。

（3）薄膜浓缩与真空浓缩：薄膜浓缩是增大蒸发表面积，缩短浓缩时间；真空浓缩是降低蒸发温度。

（二）除菌（灭菌）

不少生化药物，特别是生物制品或血制品，在临床应用中常采用静脉输入或肌肉注射等途径，因此必须保证产品无菌无热源。常用超滤或微孔滤膜进行除菌过滤，有的生化药物可以耐受高温，则可采用高温灭菌（高压蒸汽灭菌）方法。所得制品经动物实验和临床实验合格后，方可成为正式产品。

（三）干燥

干燥是指物质中的水分或其他溶剂被除去后而呈现固体或半固体状态的过程。在生化制药工艺中干燥的目的在于：提高药物或药剂的稳定性，以利于保存与运输；使药剂有一定的规格标准；便于进一步处理。常用的干燥方法有膜式干燥、气流干燥、减压干燥、冷冻干燥、喷雾干燥和红外干燥等，可根据具体情况选择使用。在生化药物的干燥中用得最多的为减压干燥、冷冻干燥和喷雾干燥。

第四节　生化制药工艺技术的发展

一、现代生物技术的发展

现代生物高技术——生物工程（Bio-engineering，Biotechnology）的迅速发展，有力地推动了医药工业的迅速发展。所谓生物工程，就是利用生物体系，应用先进的生物学和工程技术加工（或不加工）底物原料，以提供所需的各种产品或达到某种目的的一门新兴跨学科技术。生物工程的最大优点是不依赖于自然界的有限资源，而是按照人类的需要，以全新的途径来生产和创造各种生物产品。所以利用它来发展生化制药工业具有非常广阔的前景。生物工程包括发酵工程（Ferment Engineering）、酶工程（Enzymatic Engineering）、细胞工程（Cellular Engineering）和基因工程（Genetic Engineering）。

（一）发酵工程

利用生物细胞的某种特定功能（本身具有或经遗传性状改造），给其提供最适宜的生长条件，通过现代工程技术生产出人类所需的产品，该工程技术称发酵工程，又称为微生物工程。

我国自 20 世纪 40 年代利用微生物发酵生产抗生素以来，一直将其作为生化药物生产与开发的重要途径。人们可以直接利用微生物和动植物细胞制备生化药物，也可以利用它们的代谢产物或它们的酶所催化的化学反应生产生化药物。

目前利用发酵工程达到生产规模的生化药物有氨基酸、多肽、蛋白质、酶、核苷酸、抗生素、维生素、生物碱、细胞毒素、激素、有机酸、糖和脂类等。

（二）酶工程

酶工程是通过化学方法、酶学方法和DNA重组技术改善自然酶的组成、结构和性质，提高酶的催化效率、降低成本并在大规模工业化生产中应用的一种技术。其特点是反应特异性高，副产物少，反应易控制。

酶工程于20世纪70年代开始发展，包括酶的修饰改造、固定化酶、固定化细胞技术和设计酶反应器等。尤其是固定化酶技术，其将酶或细胞吸附在固体载体上或用包埋剂包埋起来，使酶不易失活，反复多次使用，从而提高酶的催化效率和利用率。酶的固定方法有4种：吸附法、包埋法、共价键结合法和交联法，如图10-2所示。

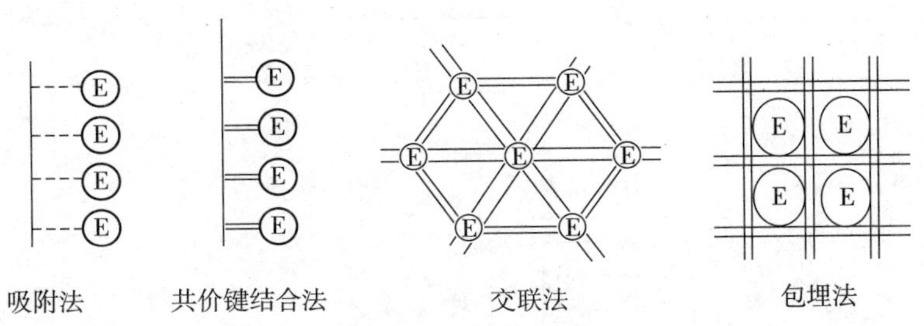

图10-2 酶的固定方法

注：Ⓔ=酶

固定化细胞是固定化酶技术的一个发展，是利用细胞中的酶发挥作用，而不必将酶从细胞中提取出来。目前又发展到固定化增殖细胞，就是固定化了的细胞可以增殖，使催化效率更高。另外，在酶工程开发中，迅速发展的还有生物反应器，所谓生物反应器就是指将生物物质（如微生物、酶、细胞等）和反应设备结合在一起的一种装置。目前设计的生物反应器有活细胞反应器、游离酶反应器、固定化酶和固定化细胞反应器、细胞培养装置等，其中固定化酶反应器有较大发展前途。

利用酶工程进行氨基酸的酶转化、甾体的生物转化、抗生素的半合成、辅酶的再生等均取得了较好效果。

（三）细胞工程

细胞工程指模拟机体生理条件，使离体细胞生长繁殖，然后提取其代谢产物以供药用。细胞工程包括细胞融合技术（细胞杂交）、动植物细胞和组织培养技术、细胞器移植技术、染色体工程等。当前重点发展的是细胞融合技术和动植物细胞大量培养技术。在细胞融合技术中，发展最快的是单克隆抗体技术。

单克隆抗体（Monoclonal Antibody）是1975年英国学者米尔斯坦（Milstein）发明的。他把人体内能产生抗体的B淋巴细胞与繁殖能力很强的骨髓瘤细胞脑进行融合，形成杂交瘤细胞，把这种杂交瘤细胞取出进行培养或注入动物腹腔内繁殖，就可分泌同种抗体，称此为单克隆抗体。单克隆抗体可用于癌瘤的早期诊断、定位和治疗。将单克隆抗体与抗癌药物耦联，作为药物载体注入体内，由于抗体与肿瘤表面的抗原结合，可以使药物定向到达靶细胞，抑制其生长，而不伤害其他正常细胞，被称为“生物导弹”。单克隆抗体的制备原理和过程如图 10－3 所示。

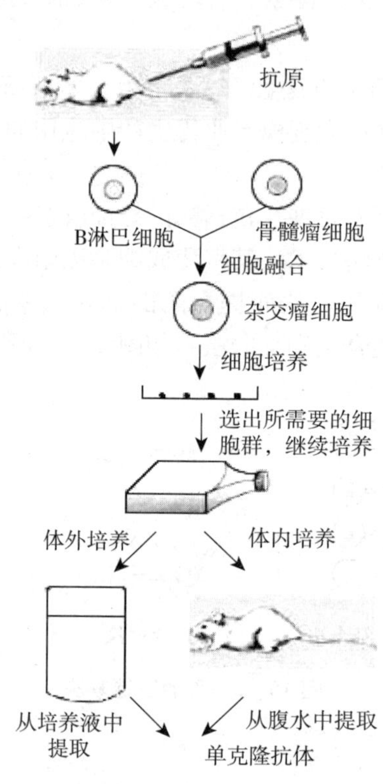

图 10－3　单克隆抗体的制备

近年来，大量培养动物细胞的技术和装置有了较大发展，利用这种方法制备疫苗，生产干扰素等免疫因子和细胞生长因子、尿激酶等贵重药品，前景十分广阔。

（四）基因工程

基因工程又称体外基因（DNA）生理技术，用人工方法将目的基因分离，在体外进行剪接、重组，然后把重组基因导入宿主细胞进行大量复制、表达，以获得高产的目的基因产物。

利用基因工程生产的生化药物有胰岛素、干扰素、白细胞介素-2、肿瘤坏死因子、集落刺激因子、表皮生长因子、乙型肝炎疫苗、尿激酶、HCG、降钙素、胸腺素-α 等多肽、蛋白质类贵重药物，许多含量很低、无法生产的生化药物，也可利用基因工程生产。此外，还可以利用基因工程定向改造物种，创造优良新品种，为人类卫生事业发展做贡献。

值得重视的是，1985 年美国已正式开始对目前没有满意治疗方法的疾病进行体细胞基因治疗的研究。所谓基因疗法就是用制备的正常基因代替病人遗传缺陷基因的方法。随着人类基因组计划（Human Genomes Project，HGP）的完成，基因治疗已不再是遥远的事。

二、生化药物的发展方向

生化药物未来的发展方向将是应用生化理论，扩大开发新资源及资源的综合利用；利用现代生物新技术，大力发展新型药物；发掘中医中药宝库，创制具有我国特点的生化药物；研制药物新剂型，适应临床各种治疗的需要。

例如，利用蛋白工程技术研发制得新型蛋白质类药物；大分子物质片段的制取和化学修饰，如重组集成干扰素的聚乙二醇化及其他变异体、聚乙二醇化重组集成干扰素变异体注射液、注射用重组集成干扰素变异体等；发展大分子药物的新剂型，如喷雾剂、滴鼻剂、注射剂、黏膜吸收剂、透皮给药、气雾剂、口腔粘贴片、阴道泡腾片、栓剂、口含片、控释剂和缓释剂等；开发反义寡核苷酸药物，包括针对感染性疾病、癌症及炎症的反义寡核苷酸药物等。总之，生化药物的发展将为人类的健康长寿开辟新途径，做出新贡献。

本章实验

实验一 植物 DNA 的提取

一、实验目的

学习从新鲜的叶片中提取植物总 DNA 的方法。

二、实验原理

随着植物基因工程的迅速发展，人们经常需要提取一些适合用限制性内切酶降解的高分子量植物的 DNA（如构建某种植物的基因文库）。本实验介绍的就是一种快速简便提取植物总 DNA 的方法：先将新鲜的叶片在液氮中研磨，以机械力破碎细胞壁，然后加入十六烷三甲基溴化铵（HexadecylTrimethyl Ammonium Bromide，简称 CTAB，是一种阳离子去污剂）分离缓冲液，使细胞膜破裂，同时将核酸与植物多糖等杂质分开。再经氯仿-异戊醇抽提去除蛋白，即可得到适合酶切的 DNA。

三、器材与试剂

1. 器材：研钵、电热恒温水浴锅（37 ℃～100 ℃）、离心机、离心管。

2. 试剂：

（1）十六烷三甲基溴化铵分离缓冲液。称取 2 g CTAB，8.81 g NaCl，0.74 g ED-$TANa_2 \cdot 2H_2O$，1 mol/L Tris-HCl 溶液（Ph8.0）加入 10 mL，0.2%巯基乙醇，加水定容至 100 mL。

（2）洗涤缓冲液。76 mL 无水乙醇，0.077 g 乙酸铵，加水至 100 mL。

（3）新鲜的植物叶片。

（4）TE（1 mmol/L EDTA，10 mmol/L Tris-HCl（pH7.4））。

（5）氯仿-异戊醇（24∶1，V∶V）。

（6）液氮。

四、实验步骤

1. 将 10 mLCTAB 分离缓冲液加入 30 mL 的玻璃离心管中，置于 60℃水浴中预热。

2. 称取 1.0～1.5 g 新鲜叶片，置于预冷的研钵内，倒入液氮，将叶片研碎，可重复数直至叶片成为很细的粉末，称重。

3. 将叶片粉末直接加入预热的 CTAB 分离缓冲液中，轻轻转动离心管使之混匀。

4. 样品于 60 ℃保温 30 min。加等体积的氯仿-异戊醇（24∶1），轻轻颠倒混匀。室温下 4 000 min 离心 8 min。

5. 用一开口较大的滴管将上层水相取入另一干净的离心管中，加入 2/3 体积预冷的异丙醇，轻轻混匀使核酸沉淀下来（有些情况下，在这一步会产生可以用玻璃棒搅起来的长链 DNA，或者是云雾状的沉淀。如果观察不到沉淀现象，样品则可以在室温下放置数小时甚至过夜）。

6. 用下述方法收集核酸：

● 如果呈可见的丝状 DNA，可用玻璃棒搅起，转移至 10～20 rnL 的洗涤缓冲液中。

● 如果 DNA 呈云雾状，可在 2 000 r/min 离心 1～2 min，小心地倒去上清液，在松散的沉淀物上加 10～20 mL 洗涤缓冲液，轻轻转动离心管使核酸悬浮起来。

● 如果 DNA 沉淀不可见，则可以在更高转速下离心，但这可能会形成更坚实的沉淀，并且含有更多的杂质。这种沉淀较难洗涤。加入洗涤缓冲液后，常需要用玻璃棒搅动，可能将长链 DNA 打断。

7. 洗涤至少 20 min 后，4 000 r/min 离心 10 min，或用玻璃棒搅出沉淀。小心倒去上溶液，在室温下，使 DNA 沉淀，空气干燥，称重，计算产率。

8. 将 DNA 沉淀溶于 1 mLTE 中。取 15～20 uL DNA 溶液（如有条件，可取同样量的 DNA 溶液做 Hind Ⅲ酶切或 EcoR Ⅰ酶切）做 0.7%的琼脂糖凝胶电泳，以 λDNA 和 Hind Ⅲ酶切的 λDNA 做分子量标准，检查 DNA 的大小和质量。

五、注意事项

提取过程中的机械力可能使大分子 DNA 断裂成小片段，所以为保证 DNA 的完整性，各步操作均应较温和，避免剧烈震荡。

六、思考题

为保证植物 DNA 的完整性，在吸取样品、抽提及电泳时应注意什么？

实验二　离子交换柱层析法分离氨基酸

一、实验目的

通过实验要求学会装柱、洗脱、收集等离子交换柱层析技术。

二、实验原理

树脂（惰性支持物）上结合了阳离子或阴离子后，可与阴离子或阳离子结合。改变溶液的离子强度，则这种离子结合又解离，由于不同的氨基酸在不同的 pH 值及离子强度溶液中的所带电荷各不相同，故对离子交换树脂的亲和力也各不相同，从而可以在洗脱过程中按先后顺序洗出，达到分离的目的。

三、器材与试剂

1. 器材：层析柱 1.2 cm×19 cm、恒流泵、部分收集器、刻度试管 10 mL、烧杯 250 mL、吸管 1.0 mL。

2. 试剂：

（1）732 型阳离子树脂。

（2）柠檬酸缓冲液（洗脱液，0.45 mol/L，pH5.3）：称取 57 g 柠檬酸，用适量的蒸馏水溶解，加入 37.2 gNaOH 和 21 mL 浓 HCl，混匀，用蒸馏水定容至 2 000 mL。

（3）显色剂（0.5%茚三酮）：0.5 g 茚三酮溶于 100 mL 95%乙醇中。

（4）0.1% $CuSO_4$溶液。

（5）氨基酸样品：0.005 mol/L 的天冬氨酸（Asp）和赖氨酸（Lys）（用 0.02 mol/L HCl 配制）。

四、实验步骤

1. 树脂的处理：

干树脂经蒸馏水膨胀，倾去细小颗粒，然后用 4 倍体积的 2 mol/L HCl 及 2 mol/L NaOH 依次浸洗，每次浸 2 h，并分别用蒸馏水洗至中性，再用 1 mol/L NaOH 浸半小时（转型），用蒸馏水洗至中性。

2. 装柱：

垂直装好层析柱，关闭出门，加入柠檬酸缓冲液约 1 cm 高。将处理好的树脂 12～18 mL加等体积缓冲液，搅匀，沿管内壁缓慢加入，柱底沉积约 1 cm 高时，缓慢打开出门，继续加入树脂直至树脂沉积达 8 cm 高，装柱要求连续、均匀，无纹格、无气泡，表面平整，液面不得低于树脂表面，否则要重新装柱。

3. 平衡：

将缓冲液瓶与恒流泵相连，恒流泵出门与层析柱入口相连，树脂表面保留 3～4 cm 左右的液层，开动恒流泵，以 24 mL/h 的流速平衡，直至流出液 pH 与洗脱液 pH 相同（需 2～3 倍柱床体积）。

4. 加样：

揭去层析柱上口盖子，待柱内液体流至树脂表面 1.0～2.0 mm 关闭出口，沿管壁四周小心加入 0.5 mL 样品，慢慢打开出口，使液面降至与树脂表面相平处关闭，吸少量缓冲液冲洗柱内壁数次，加缓冲液至液层 3～4 cm，接上恒流泵。加样时应避免冲破树脂表面，避免将样品全部加在某一局限部位。

5. 洗脱：

以柠檬酸缓冲液洗脱，洗脱流速 24 mL/h，用部分收集器收集洗脱液，4 mL/管×20。

6. 测定

分别取各管洗脱液 1 mL，各加入显色剂 1 mL，混合后沸水浴 5 min，冷却，各加 0.1% $CuSO_4$溶液 3 mL，混匀，测 A_{570nm}。以吸光度值为纵坐标，洗脱液累计体积（每管 4 mL，故 4 mL 为一个单位）为横坐标绘制洗脱曲线。

复习思考题

一、名词解释

1. 生化药物　　2. 生物工程
3. 基因工程　　4. 细胞工程
5. 发酵工程　　6. 酶工程

二、选择题

1. 下列不属于生化药物的是（　　）。
   A. 氨基酸　B. 生物碱　C. 蛋白质　D. 酶
2. 属于氨基酸药物的是（　　）。
   A. 胰岛素　B. 赖氨酸　C. 缩宫素　D. 降钙素
3. 下列不属于消化酶的有（　　）。
   A. 胃蛋白酶　B. 淀粉酶　C. 胰酶　D. 纤维素酶
4. 抗肿瘤作用的酶有（　　）。
   A. 蛋白酶　B. 胰蛋白酶　C. 水解蛋白　D. 天冬酰胺酶
5. 自然界中的 SOD 不包括下面哪一种？（　　）
   A. Zn-SOD　B. Mn-SOD　C. Fe-SOD　D. Cu-SOD
6. 药用化妆品中添加 AKP 的作用（　　）。
   A. 祛斑美白　B. 促进皮肤细胞的再生和新陈代谢
   C. 减少皮肤色素沉着　D. 加强皮肤对不良环境的抵抗能力

三、填空题

1. 动物组织器官的主要来源是____________。
2. 胰酶从动物____________中提取的一种酶的混合物。
3. 超氧化物歧化酶的简称为____________。
4. 氨基酸的生产方法有________、________、________和________。
5. 乙酰半胱氨酸的化学名称为____________。
6. 可以治疗慢性肝炎及砷中毒的氨基酸是____________。
7. 加压素又称为____________。

四、简答题

1. 生化药物有哪些来源？
2. 生化药物有哪些提取方法？提取过程中要考虑哪些影响因素？
3. 简述生化药物分离纯化的原理及常用方法。

参考文献

1. 杨荣武．生物化学．3 版．北京：高等教育出版社，2018.
2. 吴梧桐．生物化学．3 版．北京：中国医药科技出版社，2015.
3. 余蓉．生物化学．2 版．北京：中国医药科技出版社，2015.
4. 赵永芳，黄健．生物化学技术原理及应用．北京：科学出版社，2015.
5. 王希成．生物化学．4 版．北京：清华大学出版社，2015.
6. 张丽萍，杨建雄．生物化学简明教程．5 版．北京：高等教育出版社，2015.
7. 黄纯．生物化学．3 版．北京：科学出版社，2015.
8. 周克元，罗德生．生物化学．2 版．北京：科学出版社，2015.
9. 周爱儒．生物化学．6 版．北京：人民卫生出版社，2015.
10. 李晓华．生物化学．3 版．北京：化学工业出版社，2015.
11. 张洪渊，万海青．生物化学．3 版．北京：化学工业出版社，2014.
12. 宋思扬，楼士林．生物技术概论．4 版．北京：科学出版社，2014.
13. 杨荣武．生物化学．北京：科学出版社，2013.
14. 查锡良，药立波．生物化学与分子生物学．北京：人民卫生出版社，2013.
15. 余瑞元，袁明秀，陈丽蓉．生物化学实验原理和方法．2 版．北京：北京大学出版社，2012.
16. 姚文兵．生物化学．7 版．北京：人民卫生出版社，2011.
17. 王允祥，李峰．生物化学．武汉：华中科技大学出版社，2011.
18. 欧伶，俞建瑛，欧阳立明．应用生物化学．2 版．北京：化学工业出版社，2009.
19. 梁传伟，张苏勤．酶工程．北京：化学工业出版社，2008.
20. 王镜岩，朱圣庚，徐长法．生物化学教程．北京：高等教育出版社，2008.
21. 郑集，陈钧辉．普通生物化学．4 版．北京：高等教育出版社，2007.
22. 王镜岩，朱圣庚，徐长法．生物化学．3 版．北京：高等教育出版社，2007.

图书在版编目（CIP）数据

生物化学/宋瑛，郭立达，李文红主编．--2版．--北京：中国人民大学出版社，2020.7
21世纪高职高专规划教材
ISBN 978-7-300-28253-4

Ⅰ.①生… Ⅱ.①宋… ②郭… ③李… Ⅲ.①生物化学-高等职业教育-教材 Ⅳ.①Q5

中国版本图书馆CIP数据核字（2020）第105271号

21世纪高职高专规划教材
生物化学（第二版）
主　编　宋　瑛　郭立达　李文红
副主编　李扉屏　高秀哲
Shengwu Huaxue

出版发行	中国人民大学出版社		
社　　址	北京中关村大街31号	**邮政编码**	100080
电　　话	010－62511242（总编室）		010－62511770（质管部）
	010－82501766（邮购部）		010－62514148（门市部）
	010－62515195（发行公司）		010－62515275（盗版举报）
网　　址	http://www.crup.com.cn		
经　　销	新华书店		
印　　刷	北京密兴印刷有限公司	**版　　次**	2009年8月第1版
规　　格	185mm×260mm　16开本		2020年7月第2版
印　　张	13.75	**印　　次**	2020年7月第1次印刷
字　　数	323 000	**定　　价**	35.00元